高等职业教育课程改革项目研究成果系列教材

数字电子技术
（第2版）

主　编　龙治红　张　凯　程鸣凤
主　审　黄华飞

U0234220

北京理工大学出版社
BEIJING INSTITUTE OF TECHNOLOGY PRESS

内 容 简 介

本书根据数字电子技术教学大纲要求及编者多年教学、科研和工程实践经验，以实用、能用为目的，注重综合应用能力的培养而编写。编写中，围绕培养目的，不断总结规律，将课程内容进行归纳并口诀化。为加速知识向能力的转化，本书对数字逻辑电路常用的集成电路进行了比较详细的讲解，系统地介绍了数字逻辑电路的分析和设计方法。以相关专业技能标准为培养目标，加入实操项目，注重能力培养。在项目选题上力求做到具有较强的实用性及趣味性，提高学生的学习兴趣及对常用电子产品的综合应用能力。此外，每章给出了大量不同难度的例题、练习题及本章小结，便于自学。

全书内容包括：数字逻辑电路概论、逻辑代数、组合逻辑电路、触发器、时序逻辑电路、逻辑门电路、脉冲波形的变换与产生、数/模和模/数转换器、半导体存储器和可编程逻辑器件。

本书可作为高等职业院校电子、电气、通信、计算机、机电及相关专业的"数字电子技术"课程的教材，也可供相关专业工程技术人员参考。

版权专有　侵权必究

图书在版编目（CIP）数据

数字电子技术/龙治红，张凯，程鸣凤主编 . —2 版 . -- 北京：北京理工大学出版社，2021.8（2022.7重印）
ISBN 978 - 7 - 5763 - 0178 - 6

Ⅰ.①数… Ⅱ.①龙… ②张… ③程… Ⅲ.①数字电路 - 电子技术 - 高等职业教育 - 教材 Ⅳ.①TN79

中国版本图书馆 CIP 数据核字（2021）第 165168 号

出版发行 / 北京理工大学出版社有限责任公司
社　　址 / 北京市海淀区中关村南大街 5 号
邮　　编 / 100081
电　　话 / （010）68914775（总编室）
　　　　　（010）82562903（教材售后服务热线）
　　　　　（010）68944723（其他图书服务热线）
网　　址 / http：//www. bitpress. com. cn
经　　销 / 全国各地新华书店
印　　刷 / 北京国马印刷厂
开　　本 / 787 毫米×1092 毫米　1/16
印　　张 / 20.5　　　　　　　　　　　　　　责任编辑 / 陈莉华
字　　数 / 390 千字　　　　　　　　　　　　文案编辑 / 陈莉华
版　　次 / 2021 年 8 月第 2 版　2022 年 7 月第 2 次印刷　　责任校对 / 刘亚男
定　　价 / 52.00 元　　　　　　　　　　　　责任印制 / 施胜娟

图书出现印装质量问题，请拨打售后服务热线，本社负责调换

前言

数字电子技术是电子、电气、通信、计算机、机电一体化等专业的一门重要的专业基础课程。为适应现代电子技术发展需要，编者根据自己二十多年的教学经验和实践积累，本着以应用为目的编写了此书。

本书在编写中注重循序渐进、难易合理、重点突出、实用性强几个方面，侧重能力培养。具体有以下特色：

（1）合理调整课程结构。结合学生的知识基础，编者大胆创新，将逻辑门电路这一内容编排在第6章，既可避免学生在先学课程时因知识薄弱首先就产生负面情绪，又能与第7章脉冲波形的变换与产生的内容紧密相连。

（2）全面优化课程内容。本着能用、实用的原则，在内容安排上，注重基本理论、基本概念和实际应用，删除了集成电路内部结构的烦琐分析，突出了其特点、功能及应用。如第5章计数器这一节，在介绍二进制和十进制计数器的基础上，重点介绍了目前常用的中规模集成计数器的应用，培养学生运用所学知识，提高解决实际问题的能力。

（3）归纳知识，总结口诀。将基本知识点进行归纳，总结成朗朗上口的口诀。如JK触发器的功能口诀为：00保持，11翻转，其余随J变。不仅能激发学生的兴趣，又能轻松灵活地运用，进而提高学习效率，为实际应用打下坚实的基础。

（4）讲练结合，重点突出。每章前列出本章要点和难点，具体内容介绍配有大量的例题解析，章后附有本章小结、习题等内容。可引导学生通过讲练、讨论、自学等途径逐步学会分析和解决实际问题的方法。

（5）注重新知识的扩充。数字电子技术发展迅速，需不断推陈出新，本书中删减了与目前发展不相适应的电路，注重介绍新技术、新器件、新发展。如在书中第9章介绍了半导体存储和可编程逻辑器件等。

（6）以相关专业技能标准为培养目标，加入实操项目，注重能力培养。在项目选题上力求做到具有较强的实用性及趣味性，目的是通过对这些项目任务的讲、学、做相结合，提高学生的学习兴趣及对常用电子产品的综合应用能力。

本书共9章，第1章为数字逻辑电路概论，第2章为逻辑代数，介绍了数制、码制及逻辑运算关系等基础知识。第 3 章为组合逻辑电路，重点介绍了组合逻辑电路的一般分析和设计方法及几种典型的组合逻辑器件的应用。第 4 章为触发器，介绍了常用的触发器的类型及功能。第 5 章为时序逻辑电路，对时序逻辑电路的一般分析和设计方法进行了介绍，并重点介绍了寄存器和计数器集成电路的应用。第 6 章为逻辑门电路，介绍了半导体的开关特性、TTL 和 CMOS 集成门电路的内部结构及使用特点。第 7 章为脉冲波形的变换与产生，主要包括施密特触发器、单稳态触发器、多谐振荡器，并重点介绍了 555 定时器的功能及应用。第 8 章为数/模和模/数转换器，介绍了 ADC 和 DAC 的基本原理及典型集成电路。第 9 章为半导体存储器和可编程逻辑器件，介绍了 RAM、ROM、PAL、GAL、FPGA 等器件的结构及应用。本书可根据不同专业的具体情况进行内容节选。

本书由张家界航空工业职业技术学院龙治红、张凯、程鸣凤担任主编，黄华飞老师对本稿进行最后审阅，提出了宝贵的意见。龙治红负责全书的组织和统稿。

编书期间，张家界航空工业职业技术学院航空电气学院的同事和长沙航空职业技术学院的刘春英、宋烨老师给予了大力的支持，北京理工大学出版社王艳丽编辑及工作人员给予了热情的帮助，我的家人和学生给予了莫大的理解，在此谨表示深深的感谢！

由于编者水平有限，加之时间比较仓促，书中难免有不妥之处，恳请使用本书的师生和其他读者予以批评指正。

编　者

目录
Contents

第1章 数字逻辑电路概论

本章要点

- 数字逻辑电路的概念、分类及特点
- 常用的计数制及相互转换
- 常用的二进制代码

本章难点

- 二进制、八进制、十进制、十六进制之间的相互转换
- 常用 BCD 码的表示方法

1.1　数字电路概述

数字电路概述

1.1.1　数字电子技术的发展及应用

　　电子技术是 20 世纪发展最迅速、应用最广泛的技术，其发展大致分为电子管（真空管）、晶体管、微电子集成电路三个阶段。随着电子技术的发展，我们正处于一个信息时代，每天都要通过电视、广播、通信、互联网等多种媒体获取大量的信息，而现代信息的存储、处理和传输越来越趋于数字化。如我们生活中常用的计算机、通信产品、视频设备、自动控制等电子系统，均采用数字电路或数字系统。数字电子技术正在改变人类的生产方式、生活方式和思维方式，朝着自动化、智能化方向发展。

　　数字电子技术是在布尔代数和开关理论的基础上发展起来的，其应用的典型代表是电子计算机，计算机技术的产生掀起了一场数字革命。例如照相机，传统的模拟相机用卤化银感光胶片记录影像，胶片的成像过程需要严格的加工技术，且胶片不便于传输和长期保存，而数字相机将影像的光信号转换为数字信号，以像素阵列的形式进行存储，数据量压缩处理后可进行网络的远距离传输。因此，

数字电子技术广泛应用于工业、农业、科教、医疗、娱乐、交通、银行等领域，使人们的生产和生活发生了质的飞跃。

1.1.2　数字信号与数字电路

　　自然界中存在许多的物理量，就其变化规律的特点来说，可分为两大类：一类是在时间和幅值上均是连续变化的信号，称为模拟信号，如图 1.1.1（a）所示，例如，模拟语音的音频信号，模拟温度变化的电压信号等。将传输和处理模拟信号的电子电路称为模拟电路，如模拟电子技术中讲述的放大电路、整流电路等。另一类是时间和幅值上均是离散的，就是说它的变化在时间和幅值上是不连续的，称为数字信号，如图 1.1.1（b）所示，例如灯的工作状态，自动生产线上产品件数的统计。数字信号常用二值量的信息表示，可以用 0、1 分别表示事物的两种对立状态，如用数字电路来记录自动生产线上通过的产品件数时，当有产品通过时记为 1，没有产品通过时电路产生的信号为 0；又如用数字电路表示灯的工作状态时，灯亮用 1 表示，熄灭用 0 表示；当表示电压的高低时，用 1 表示高电平，用 0 表示低电平等。将传输和处理数字信号的电子电路称为数字电路，如本书将介绍的门电路、触发器、计数器、编码器和译码器等。因为任何一个数字电路的输出信号与输入信号之间都存在一定的逻辑关系，所以数字电路又称为数字逻辑电路或逻辑电路。

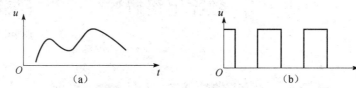

图 1.1.1　模拟信号与数字信号

（a）模拟信号；（b）数字信号

1.1.3　数字电路的分类及特点

一、数字电路的分类

1. 按集成度分

　　数字电路可分为分立元件电路和集成电路两大类。从集成度来说，数字集成电路可分为小规模（SSI）、中规模（MSI）、大规模（LSI）、超大规模（VLSI）和甚大规模（ULSI）数字集成电路。所谓集成度，是指每一芯片所包含的门或元器件的个数，表 1.1.1 所示为数字集成电路的分类。此外，集成电路从应用的角度又可分为通用型和专用型两大类型。

表 1.1.1　数字集成电路的分类

分类	门或元器件的个数	典型集成电路
小规模（SSI）	$1 \sim 10$ 门或 $10 \sim 100$ 元件	逻辑门、触发器等
中规模（MSI）	$10 \sim 100$ 门或 $100 \sim 1\,000$ 元件	编码器、计数器、A/D 转换器等
大规模（LSI）	$100 \sim 10\,000$ 门或 $1\,000 \sim 100\,000$ 元件	小型存储器、门阵列等
超大规模（VLSI）	$10\,000 \sim 10^6$ 门或 $100\,000 \sim 10^7$ 元件	大型存储器、微处理器等
甚大规模（ULSI）	10^6 门或 10^7 元件以上	可编程逻辑器件、多功能专用集成电路等

2. 按所用器件制作工艺的不同分

数字电路可分为双极型（TTL 电路）和单极型（CMOS 电路）两类。

3. 按电路的结构和工作原理的不同分

数字电路可分为组合逻辑电路和时序逻辑电路两类。组合逻辑电路没有记忆功能，其输出信号只与当时的输入信号有关，而与电路原来的状态无关。时序逻辑电路具有记忆功能，其输出信号不仅和当时的输入信号有关，而且与电路原来的状态有关。

二、数字电路的特点

与模拟电路相比，数字电路主要有以下优点。

1. 成本低廉，通用性强

数字电路结构简单，体积小，通用性强，集成化高，容易制造，可大批量生产，因而成本低廉。

2. 工作可靠，稳定性好

数字电路中的电子器件工作在开关状态，对于一个给定的输入信号，输出总是相同的。而模拟电路的输出会很容易受外界温度及器件老化等因素的影响。

3. 高速度，低功耗

随着集成电路工艺的发展，集成电路中单管的速度可以做到小于 10^{-11} s，超大规模集成芯片的功耗可低达几个毫瓦。

4. 加密性好，可长期保存

数字电路的信息采用二进制代码进行存储、处理和传输，具有很好的保密性和存储性。

5. 易于设计，具有可编程性

数字电路只要能可靠地区分 0 和 1 两种状态就可正常工作，故分析和设计相对较容易。同时，用户可根据需要用硬件描述语言（如 VHDL 等）完成设计和仿真后写入芯片，具有极强的灵活性。

1.2 数 制

数制

在表示数的大小时，仅用一位数码往往不够，必须用进位计数的方法组成多位数码。多位数码的每一位构成以及从低位到高位的进位规则称为进位计数制，简称数制。在日常生活中，我们习惯用十进制数，而在数字系统中进行数字的运算和处理采用的是二进制数、八进制数和十六进制数。

本节将介绍几种常用数制的表示方法及相互间的转换。

1.2.1 数的表示方法

首先，我们来看一个十进制数的展开式：

$$(319.58)_{10} = 3 \times 10^2 + 1 \times 10^1 + 9 \times 10^0 + 5 \times 10^{-1} + 8 \times 10^{-2}$$

其中，3、1、9、5、8 为基本符号，10 为基数，10^2、10^1、10^0、10^{-1}、10^{-2} 为位权。我们将一种进制所包含的全部数码称为基本符号。进制计数中按照"逢 N 进一"的规律，将 N 称为基数。在某一进制的数中，每一位的大小都对应该位数码乘以一个固定的数，这个固定的数就是这一位的权。权是一个幂，等于基数的位次方，它表示每一数码在不同位置时，所代表的数值是不同的。N 进制数的第 i 位的权，整数部分由低位到高位分别为 N^0、N^1、N^2、$\cdots$、N^{x-1}；小数部分由高位到低位分别为 N^{-1}、N^{-2}、$\cdots$、N^{-y}。

将基本符号、基数、位权统称为数制的三要素。任意一个进制数都可以表示为基本符号与其对应权的乘积之和，称三要素展开式。如果用 K_i 表示第 i 位的基本符号，对于一个具有 x 位整数和 y 位小数的 N 进制数 M 的三要素展开式为

$$(M)_N = \sum_{i=-y}^{x-1} K_i \times N^i \tag{1.2.1}$$

一、十进制

十进制是以 10 为基数的计数体制，常用下标 10 或符号 D 来表示。有 0、1、2、3、4、5、6、7、8、9 共十个不同的数码，其计数规律是"逢十进一"，即：

$9 + 1 = 10$。

任何一个十进制数的三要素展开式都可写成

$$(M)_{10} = (M)_D = \sum_{i=-y}^{x-1} K_i \times 10^i \qquad (1.2.2)$$

例如：

$$(5\ 368.27)_D = 5 \times 10^3 + 3 \times 10^2 + 6 \times 10^1 + 8 \times 10^0 + 2 \times 10^{-1} + 7 \times 10^{-2}$$

二、二进制

二进制是以 2 为基数的计数体制，常用下标 2 或符号 B 来表示。只有 0 和 1 两个数码，它的每一位都可以用电子元件来实现，且运算规则简单，相应的运算电路也容易实现。其计数规律是"逢二进一"，即：$1 + 1 = 10$。

任何一个二进制数的三要素展开式都可写成

$$(M)_2 = (M)_B = \sum_{i=-y}^{x-1} K_i \times 2^i \qquad (1.2.3)$$

例如：

$$(101.01)_B = 1 \times 2^2 + 0 \times 2^1 + 1 \times 2^0 + 0 \times 2^{-1} + 1 \times 2^{-2}$$

三、八进制

八进制是以 8 为基数的计数体制，常用下标 8 或符号 O 来表示。有 0、1、2、3、4、5、6、7 共八个不同的数码，其计数规律是"逢八进一"，即：$7 + 1 = 10$。

任何一个八进制数的三要素展开式都可写成

$$(M)_8 = (M)_O = \sum_{i=-y}^{x-1} K_i \times 8^i \qquad (1.2.4)$$

例如：

$$(367.15)_O = 3 \times 8^2 + 6 \times 8^1 + 7 \times 8^0 + 1 \times 8^{-1} + 5 \times 8^{-2}$$

四、十六进制

十六进制是以 16 为基数的计数体制，常用下标 16 或符号 H 来表示。有 0、1、2、3、4、5、6、7、8、9、A、B、C、D、E、F 共十六个不同的数码，其中 A、B、C、D、E、F 依次相当于十进制数中的 10、11、12、13、14、15。十六进制的计数规律是"逢十六进一"，即：$F + 1 = 10$。

任何一个十六进制数的三要素展开式都可写成

$$(M)_{16} = (M)_H = \sum_{i=-y}^{x-1} K_i \times 16^i \qquad (1.2.5)$$

例如：

$$(6D8.A)_H = 6 \times 16^2 + 13 \times 16^1 + 8 \times 16^0 + 10 \times 16^{-1}$$

表 1.2.1 中列出了十进制、二进制、八进制、十六进制等不同数制的对照关系。

表 1.2.1 十进制、二进制、八进制、十六进制对照表

十进制	二进制	八进制	十六进制
0	0000	0	0
1	0001	1	1
2	0010	2	2
3	0011	3	3
4	0100	4	4
5	0101	5	5
6	0110	6	6
7	0111	7	7
8	1000	10	8
9	1001	11	9
10	1010	12	A
11	1011	13	B
12	1100	14	C
13	1101	15	D
14	1110	16	E
15	1111	17	F

1.2.2 数制转换

既然同一个数可采用不同的计数体制来表示，那么各种数制表示的数之间可以进行相互转换。数制转换指将一个数从一种数制的表示形式转换成等值的另一种数制的表示形式，其实质为权值转换。数制相互转换的原则是：转换前后两个数的整数部分和小数部分必定分别相等。

一、非十进制数转换为十进制数

转换方法：写出需要转换的非十进制数的三要素展开式，计算出相应的结果即为对应的十进制数。

[例 1.2.1] 将 $(101.01)_B$、$(207.04)_O$、$(D8.A)_H$ 分别转换成对应的十进制数。

解: $(101.01)_B = 1 \times 2^2 + 0 \times 2^1 + 1 \times 2^0 + 0 \times 2^{-1} + 1 \times 2^{-2}$

$= (5.25)_D$

$(207.04)_O = 2 \times 8^2 + 0 \times 8^1 + 7 \times 8^0 + 0 \times 8^{-1} + 4 \times 8^{-2}$

$= (135.0625)_D$

$(D8.A)_H = 13 \times 16^1 + 8 \times 16^0 + 10 \times 16^{-1}$

$= (216.625)_D$

二、十进制数转换为非十进制数

将十进制数转换为非十进制数时,其整数部分和小数部分的转换方法不同,因此必须分别进行转换,然后再将两部分转换结果合并得完整的目标数制形式。

1. 整数部分的转换

转换方法:"除基取余",即将十进制的整数部分逐次除以转换目标数制的基数,保留余数,将所得商数部分再除以基数,依此类推,直到商为 0 为止。每次所得的余数便为要转换的数码,第一个余数为最低位,最后一个余数为最高位。

[**例 1.2.2**] 将 $(67)_D$ 分别转换成对应的二进制、八进制、十六进制。

解: 根据整数部分的"除基取余"法,可得

(1) $(67)_D = (1000011)_B$

			余数	
2	67		…… $1 = K_0$	低位 ↑
2	33		…… $1 = K_1$	
2	16		…… $0 = K_2$	
2	8		…… $0 = K_3$	
2	4		…… $0 = K_4$	
2	2		…… $0 = K_5$	
2	1		…… $1 = K_6$	高位
	0			

(2) $(67)_D = (103)_O$

			余数	
8	67		…… $3 = K_0$	低位 ↑
8	8		…… $0 = K_1$	
8	1		…… $1 = K_2$	高位
	0			

（3）$(67)_D = (43)_H$

$$
\begin{array}{r}
& & 余数 \\
16\ \underline{|\ 67} & & \cdots\cdots & 3=K_0 & 低位 \\
16\ \underline{|\ \ 4} & & \cdots\cdots & 4=K_1 & 高位 \\
0 & & &
\end{array}
$$

2. 小数部分的转换

转换方法："乘基取整"，即将十进制的小数部分逐次乘以转换目标数制的基数，保留整数，将剩下的小数部分再乘以基数，依此类推。每次所得的整数便为要转换的小数部分，第一个整数为最高位，最后一个整数为最低位。

［例 1. 2. 3］ 将 $(0.723)_D$ 分别转换成对应的二进制数，要求其误差不大于 2^{-6}。

解： 根据小数部分的"乘基取整"法，可得

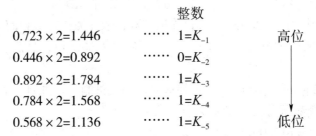

$$
\begin{array}{lll}
& & 整数 \\
0.723 \times 2=1.446 & \cdots\cdots & 1=K_{-1} & 高位 \\
0.446 \times 2=0.892 & \cdots\cdots & 0=K_{-2} & \\
0.892 \times 2=1.784 & \cdots\cdots & 1=K_{-3} & \\
0.784 \times 2=1.568 & \cdots\cdots & 1=K_{-4} & \\
0.568 \times 2=1.136 & \cdots\cdots & 1=K_{-5} & 低位
\end{array}
$$

由于最后得到的小数 0.136 小于 0.5，根据"四舍五入"的原则，K_{-6} 应为 0，所以 $(0.723)_D = (0.10111)_B$，其误差小于 2^{-6}。

［例 1. 2. 4］ 将 $(139.625)_D$ 转换成对应的二进制数、十六进制数。

解： （1）转换成二进制数：

整数部分

$$
\begin{array}{r}
& & 余数 \\
2\ \underline{|\ 139} & & \cdots\cdots & 1=K_0 & 低位 \\
2\ \underline{|\ \ 69} & & \cdots\cdots & 1=K_1 & \\
2\ \underline{|\ \ 34} & & \cdots\cdots & 0=K_2 & \\
2\ \underline{|\ \ 17} & & \cdots\cdots & 1=K_3 & \\
2\ \underline{|\ \ \ 8} & & \cdots\cdots & 0=K_4 & \\
2\ \underline{|\ \ \ 4} & & \cdots\cdots & 0=K_5 & \\
2\ \underline{|\ \ \ 2} & & \cdots\cdots & 0=K_6 & \\
2\ \underline{|\ \ \ 1} & & \cdots\cdots & 1=K_7 & 高位 \\
0 & & &
\end{array}
$$

小数部分

$$
\begin{array}{lll}
 & & 整数 \\
0.625 \times 2 = 1.25 & \cdots\cdots & 1 = K_{-1} \quad 高位 \\
0.25 \times 2 = 0.5 & \cdots\cdots & 0 = K_{-2} \\
0.5 \times 2 = 1.0 & \cdots\cdots & 1 = K_{-3} \quad 低位
\end{array}
$$

所以可得：$(139.625)_D = (10001011.101)_B$

（2）转换成十六进制数：

整数部分

$$
\begin{array}{lll}
 & & 余数 \\
16 \big| 139 & \cdots\cdots & B = K_0 \quad 低位 \\
16 \big| \ \ 8 & \cdots\cdots & 8 = K_1 \quad 高位 \\
\quad\ \ 0
\end{array}
$$

小数部分

$$
\begin{array}{ll}
 & 整数 \\
0.625 \times 16 = 10 & \cdots\cdots A = K_{-1}
\end{array}
$$

所以可得：$(139.625)_D = (8B.A)_H$

三、非十进制数转换为非十进制数

将一般关系的非十进制数转换为非十进制数时，可将十进制作为二者之间的桥梁，借助上述两种转换方法即可实现，即将被转换的非十进制数转换成十进制数，然后将该十进制数转换成目标非十进制数。但如果被转换的非十进制数和目标非十进制数之间存在一定的关系，如它们之间满足 $2^x = N$（如二进制和八进制，二进制和十六进制等），则可用 x 位的二进制数表示 1 位的 N 进制数，具体方法如下。

1. 二进制数和八进制数之间的转换

因为 $2^3 = 8$，故将二进制数转换成八进制数时，可用 3 位的二进制数表示 1 位的八进制数。

转换方法：整数部分从右至左，小数部分从左至右，将二进制数的整数部分和小数部分每三位分为一组，不足三位的分别在整数的最高位前和小数的最低位后加"0"补足，然后每组用等值的八进制数替代，即得目标数制。反之，则可将八进制数转换成二进制数。

[例1.2.5] 将 $(11010111.0100111)_B$ 转换成对应的八进制数。

解：根据转换方法，每 3 位的二进制数用 1 位的八进制数表示，具体如下：

二进制数	011	010	111	.	010	011	100
八进制数	3	2	7		2	3	4

所以可得：$(11010111.0100111)_B = (327.234)_O$

[例 1.2.6]　将 $(426.35)_O$ 转换成对应的二进制数。

解：根据转换方法，每 1 位的八进制数用 3 位的二进制数表示，具体如下：

八进制数	4	2	6	.	3	5
二进制数	100	010	110	.	011	101

所以可得 $(426.35)_O = (100010110.011101)_B$

2. 二进制数和十六进制数之间的转换

与上同理，因为 $2^4 = 16$，故须用 4 位二进制数构成 1 位十六进制数，同样采用分组对应转换法，所不同的是此时每 4 位为一组。

转换方法：整数部分从右至左，小数部分从左至右，每 4 位分为一组，不足 4 位的分别在整数的最高位前和小数的最低位后加"0"补足，然后每组用等值的十六进制数替代，即得目标数制。反之，可将十六进制数转换成二进制数。

[例 1.2.7]　将 $(111011.10101)_B$ 转换成对应的十六进制数。

解：根据转换方法，每 4 位的二进制数用 1 位的十六进制数表示，具体如下：

二进制数	0011	1011	.	1010	1000
十六进制数	3	B		A	8

所以可得：$(111011.10101)_B = (3B.A8)_H$

各种数制形式之间的转换方法中，最基本的是十进制与二进制之间的转换，八进制和十六进制可以借助二进制来实现相应的转换。

1.3　二进制代码

二进制代码

数字系统中的信息可分为两类，一类是数值，另一类是文字符号。数值表示的方法如前所述。因为数字系统只能识别 0 和 1，文字符号信息往往也采用一定位数的二进制数码表示，这些数码并不表示数量的大小，仅仅区别不同的事物而已。将若干个二进制数码 0 和 1 按一定的规则排列起来的具有某种特定含义的代码，称为二进制代码。用一定位数的二进制数来表示十进制数、字母、符号等的过程称为编码。将二进制代码还原成所表示的十进制数、字母、符号等的过程称为译码。

下面介绍数字电路中常用的二进制代码。

1.3.1　二 – 十进制代码

将十进制数中的 0~9 十个数字用 4 位二进制数来表示的代码，称为二 – 十进制代码，简称 BCD 码。

由于 4 位二进制数有 16 种不同的组合方式，即 16 种代码，根据不同的规则从中选择 10 种来表示十进制的 10 个数码，其方案有若干种。表 1.3.1 中给出了几种常用的二 – 十进制代码。

表 1.3.1　常用的二 – 十进制代码

十进制数	8421BCD 码	余 3 BCD 码	2421BCD（A）码	2421BCD（B）码	5421BCD 码
0	0000	0011	0000	0000	0000
1	0001	0100	0001	0001	0001
2	0010	0101	0010	0010	0010
3	0011	0110	0011	0011	0011
4	0100	0111	0100	0100	0100
5	0101	1000	0101	1011	1000
6	0110	1001	0110	1100	1001
7	0111	1010	0111	1101	1010
8	1000	1011	1110	1110	1011
9	1001	1100	1111	1111	1100
权	8421	无权码	2421	2421	5421

一、8421BCD 码

8421BCD 码是最常用的一种 BCD 码，它选取 0000 ~ 1001 这 10 个状态来表示十进制数。这种代码每一位的权值是固定不变的，为恒权码。8421BCD 码的特点是：

（1）8421BCD 码实际上就是二进制数按其自然顺序所对应的十进制数，十进制数每一位的表示和通常二进制数一样。因此这种编码最自然、最简单，很容易识别和记忆，与十进制数的转换比较方便。

（2）8421BCD 码 4 位数码所对应的权分别为 2^3、2^2、2^1、2^0，即十进制数的

8、4、2、1，所以称这种编码为 8421BCD 码。

（3）其余 6 种组合 1010～1111 是无效的，叫禁用码。

[例1.3.1] 将（139）$_D$ 转换为 8421BCD 码。

解：（139）$_D$ =（0001 0011 1001）$_{8421BCD}$

二、余3 BCD 码

余 3 BCD 码又称余 3 码，这种代码没有固定的值，为无权码，它是由 8421BCD 码加 3（0011）得出，故也可称为余 3 8421BCD 码。余 3 BCD 码是自补码，由表 1.3.1 可以看出：0 和 9、1 和 8、2 和 7、3 和 6、4 和 5 这 5 对代码互为反码。

[例1.3.2] 将（658）$_D$ 转换为余 3 BCD 码。

解：（658）$_D$ =（1001 1000 1011）$_{余3 BCD}$

反之，将余 3 BCD 码转换成十进制数时，只要将余 3 BCD 码中的数先按照 8421BCD 码转换成对应的十进制数，然后再减 3 即可。

[例1.3.3] 将（1010 0100 0110）$_{余3 BCD}$ 转换为十进制数。

解：（1010 0100 0110）$_{余3 BCD}$ =（713）$_D$

三、5421BCD 码和 2421BCD 码

它们也是恒权码。从高位到低位对应的权值分别为 5、4、2、1 和 2、4、2、1，也是它们名称得来的理由。按编码方式不同，2421BCD 码有（A）码和（B）码两种。

一般情况下，恒权码所对应的十进制数与二进制代码之间可用下式来表示

$$（M）_D = X_3 A_3 + X_2 A_2 + X_1 A_1 + X_0 A_0 \tag{1.3.1}$$

式（1.3.1）中 $X_3 \sim X_0$ 为 BCD 码中各位的权值，$A_3 \sim A_0$ 为 4 位的 BCD 恒权码。

[例1.3.4] 分别将（3681）$_D$ 转换为 5421BCD 码、2421BCD（A）码。

解：（3681）$_D$ =（0011 1001 1011 0001）$_{5421BCD}$

（3681）$_D$ =（0011 0110 1110 0001）$_{2421BCD（A）}$

1.3.2　可靠性代码

为使二进制代码在传送过程中出现错误时容易发现并进行校正，须采用可靠性代码，常用的可靠性代码有格雷码、奇偶校验码等。

一、格雷码

格雷码是一种无权码，其编码表如表 1.3.2 所示。它具有相邻性，即任意两组相邻的代码之间只有一位取值不同，其余各位均相同。由表可以看出，格雷码的组成规律是：最低位按 0110 依次循环，次低位按 00111100 依次循环，次次低

位按 0000111111110000 依次循环……依此类推。而且，格雷码也是一种循环码，即 0 和最大数对应的两组格雷码之间也只有一位不同。格雷码的特点使它在形成和传输过程中引起的误差较小，可避免错一位码就会使数值误差很大的情况。例如，在格雷码中误将"0100"变成了"1100"时，只是将 7 变成 8 而已，而在二进制中就将 4 变成 12 了。

表 1.3.2 格雷码

十进制数	二进制	格雷码	十进制数	二进制	格雷码
0	0000	0000	8	1000	1100
1	0001	0001	9	1001	1101
2	0010	0011	10	1010	1111
3	0011	0010	11	1011	1110
4	0100	0110	12	1100	1010
5	0101	0111	13	1101	1011
6	0110	0101	14	1110	1001
7	0111	0100	15	1111	1000

二、奇偶校验码

奇偶校验码是一种抗干扰能力很强的二进制代码，它由两部分组成：一是需要传送的信息本身，是位数不限的二进制代码；二是 1 位的奇偶校验位，其值应使整个代码中"1"的个数为奇数或偶数。"1"的个数为奇数的为奇校验；"1"的个数为偶数的为偶校验。如表 1.3.3 所示，如偶校验码在传送过程中多一个或少一个"1"，就出现奇数个"1"，用偶校验电路就可检测出错误。同理，奇校验码在传送过程中的错误也很容易发现。

表 1.3.3 8421BCD 奇偶校验码

十进制数	8421BCD 奇校验码		8421BCD 偶校验码	
	信息位	校验位	信息位	校验位
0	0000	1	0000	0
1	0001	0	0001	1
2	0010	0	0010	1
3	0011	1	0011	0
4	0100	0	0100	1
5	0101	1	0101	0

续表

十进制数	8421BCD 奇校验码		8421BCD 偶校验码	
	信息位	校验位	信息位	校验位
6	0110	1	0110	0
7	0111	0	0111	1
8	1000	0	1000	1
9	1001	1	1001	0

 本章小结 <<<

（1）数字信号是指在时间和幅值上不连续变化的信号，将传输和处理数字信号的电子线路称为数字电路。数字电路中的信号只有高电平和低电平两个取值，通常用 1 表示高电平，用 0 表示低电平，正好与二进制数中 1 和 0 对应，因此，数字电路中主要采用二进制。

（2）数字电路的主要优点是易于高度集成化、工作可靠性高、抗干扰能力强、保密性好和易于设计等。

（3）日常生活中使用十进制，在计算机中常使用二进制，有时也使用八进制或十六进制。任何一种数制的三要素展开式都可写成

$$(M)_N = \sum_{i=-y}^{x-1} K_i \times N^i$$

（4）非十进制数转换成十进制数的方法是：按三要素展开式展开，计算出结果即可。十进制数转换成非十进制数的方法是：整数部分采用"除基取余"，小数部分采用"乘基取整"，写出转换结果时须注意读数的顺序。非十进制数转换成非十进制数的方法是：如满足 $2^x = N$（如二进制和八进制，二进制和十六进制等），则可用 x 位的二进制数表示 1 位的 N 进制数。

（5）二进制代码指将若干个二进制数码 0 和 1 按一定规则排列起来表示某种特定含义的代码，简称二进制码。常用的 BCD 码有 8421BCD 码、余 3 BCD 码、5421BCD 码和 2421BCD 码等，其中 8421BCD 码最为常用。

（6）采用可靠性代码能有效地提高设备的抗干扰能力，常用的可靠性代码有格雷码和奇偶校验码。格雷码是一种循环码，其特点是任意两组相邻的代码之间只有一位取值不同，其余各位均相同。奇偶校验码中，使"1"的个数为奇数的称奇校验，为偶数的称偶校验。

习 题 <<<

1.1 写出下列各数的三要素展开式。

(1) $(385.29)_D$ (2) $(101101.101)_B$

(3) $(275.31)_O$ (4) $(9AC2.18)_H$

1.2 将下列各数转换成十进制数。

(1) $(565.4)_O$ (2) $(1110101.11)_B$

(3) $(2EF.8)_H$ (4) $(110110.01)_B$

1.3 将下列十进制数分别转换为二进制数、八进制数和十六进制数。

(1) $(267.25)_D$ (2) $(85.5)_D$

(3) $(96.125)_D$ (4) $(125.0625)_D$

1.4 将下列二进制数分别转换为八进制数和十六进制数。

(1) $(1110101.11)_B$ (2) $(100111101.0101)_B$

(3) $(10100110101.11001)_B$ (4) $(1010110101.01)_B$

1.5 将下列八进制数和十六进制数分别转换为二进制数。

(1) $(17.56)_O$ (2) $(3B2.3)_H$

(3) $(625.214)_O$ (4) $(AE7.DF)_H$

1.6 将下列十进制数转换为8421BCD 码。

(1) $(744.9)_D$ (2) $(1680.13)_D$

(3) $(32.87)_D$ (4) $(125.5)_D$

1.7 将下列十进制数分别转换为余3 BCD 码和5421BCD 码。

(1) $(63.2)_D$ (2) $(432.86)_D$

(3) $(864.3)_D$ (4) $(1024.54)_D$

1.8 将下列数码分别作为自然二进制数和8421BCD 码时，求出相应的十进制数。

(1) 10010011.0101   (2) 001001001001

(3) 01100111.1000   (4) 010110010001

第 2 章　逻辑代数

本章要点

- 几种常用的逻辑运算关系
- 逻辑函数表示方法及其转换
- 逻辑代数的基本公式、定律和规则
- 逻辑代数的公式化简法
- 逻辑代数的卡诺图化简法

本章难点

- 逻辑代数的公式化简法
- 逻辑代数的卡诺图化简法

2.1　概　述

概述

　　逻辑是指事物的因果关系，或者说条件和结果的关系。在数字电路中，利用输入信号来反映"条件"，用输出信号来反映"结果"，这些因果关系可以用逻辑运算来表示，也就是用逻辑代数来描述。

　　逻辑代数又称为布尔代数，它是由英国数学家乔治·布尔于 1847 年提出的用于描述客观事物对立关系的数学方法。逻辑代数是分析和设计数字逻辑电路的基本工具。逻辑代数中的变量称为逻辑变量，用大写字母表示。逻辑变量的取值只有 0 和 1 两种逻辑值，并不表示数量的大小，而是表示两种对立的逻辑状态。用 0 和 1 表示相互对立的逻辑状态时，可以有两种不同的表示方法：用 1 表示高电平，用 0 表示低电平，称为正逻辑体制（简称正逻辑）；用 1 表示低电平，用 0 表示高电平，称为负逻辑体制（简称负逻辑）。

　　对于同一电路，可以采用正逻辑体制，也可以采用负逻辑体制，但应事先规定。即使同一电路，由于选择的体制不同，功能也不相同。若无特殊说明，一般采用正逻辑体制。

2.2 逻辑代数中常用的逻辑运算关系

逻辑代数中常用的逻辑运算关系

2.2.1 基本逻辑运算

任何事物的因果关系均可用逻辑代数中的逻辑关系表示，这些逻辑关系也称为逻辑运算。逻辑代数中，最基本的逻辑运算关系有三种：与运算、或运算、非运算。

一、与运算

图 2.2.1 所示为一个简单的与逻辑运算关系电路。在该电路中，开关 A 和开关 B 是串联的。只要其中有一个或两个断开时，灯泡不亮；只有开关 A 和 B 同时闭合时，灯泡才会亮。它们之间的关系如表 2.2.1 所示。可以看出它们之间的逻辑关系是："只有当决定一件事情的所有条件全部具备时，这件事情才会发生"。这种因果关系称为与逻辑关系。

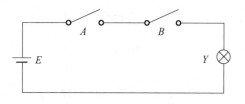

图 2.2.1 与逻辑运算关系电路

表 2.2.1 与运算功能表

开关 A	开关 B	灯泡 Y
断开	断开	灭
断开	闭合	灭
闭合	断开	灭
闭合	闭合	亮

如开关断开和灯不亮均用 0 表示，而开关闭合和灯亮均用 1 表示，则可得表 2.2.2，该表描述了输入逻辑变量的所有取值组合与其对应的输出逻辑函数值之间的关系，将此表格称为真值表。

表 2.2.2　与运算真值表

A	B	Y
0	0	0
0	1	0
1	0	0
1	1	1

从真值表可以看出，与逻辑运算的功能是："有 0 出 0，全 1 出 1"。它所对应的逻辑函数关系式可表示为：

$$Y = A \cdot B \qquad\qquad (2.2.1)$$

式中小圆点"·"表示 A、B 的与运算，也称为逻辑乘，读作"Y 等于 A 与 B"。在不致引起混淆的前提下，符号"·"可省略，写成 $Y = AB$。能实现与运算的逻辑电路称为与门，其逻辑符号如图 2.2.2 所示，本书中采用图 2.2.2（a）所示的国标符号，在大规模集成电路中常使用 IEEE 标准中的特异形符号（见图 2.2.2（b））。图 2.2.2 中 A、B 表示输入变量，Y 表示输出变量。

（a）　　　　　　　　　（b）

图 2.2.2　与门逻辑符号

（a）国标符号；（b）特异形符号

与门的输入变量为两个或两个以上。

二、或运算

图 2.2.3 所示为一个简单的或逻辑运算关系电路。在该电路中，开关 A 和开关 B 是并联的，只要其中有一个或两个闭合时，灯泡亮；只有开关 A 和 B 同时断开时，灯泡不亮。它们之间的关系如表 2.2.3 所示。可以看出它们之间的逻辑关系是："当决定一件事情的所有条件中有一个或几个条件具备时，这件事情就会发生"。这种因果关系称为或逻辑关系。

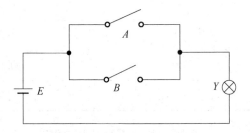

图 2.2.3　或运算关系电路

或运算的功能表和真值表如表 2.2.3 和表 2.2.4 所示。

表 2.2.3 或运算功能表

开关 A	开关 B	灯泡 Y
断开	断开	灭
断开	闭合	亮
闭合	断开	亮
闭合	闭合	亮

表 2.2.4 或运算真值表

A	B	Y
0	0	0
0	1	1
1	0	1
1	1	1

从真值表可以看出，或逻辑运算的功能是："有 1 出 1，全 0 出 0"。它所对应的逻辑函数关系式可表示为：

$$Y = A + B \qquad (2.2.2)$$

式中符号"+"表示 A、B 的或运算，也称为逻辑加，读作"Y 等于 A 或 B"。能实现或运算的逻辑电路称为或门，其逻辑符号如图 2.2.4 所示。图 2.2.4 中 A、B 表示输入变量，Y 表示输出变量。

图 2.2.4 或门逻辑符号

（a）国标符号；（b）特异形符号

或门的输入变量为两个或两个以上。

三、非运算

图 2.2.5 所示为一个非逻辑运算关系电路。开关 A 和灯 Y 是并联的，当开关 A 闭合时，灯 Y 灭；当开关 A 断开时，灯亮。它们之间的关系如表 2.2.5 所示。可以看出它们之间的逻辑关系是："当决定一件事情的条件具备时，事情不会发生；当决定一件事情的条件不具备时，事情反而会发生"。这种因果关系称为非逻辑关

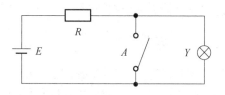

图 2.2.5 非逻辑运算关系电路

系，也叫反逻辑关系。

非运算的功能表和真值表如表 2.2.5 和表 2.2.6 所示。

表 2.2.5　非运算功能表

开关 A	灯泡 Y
断开	亮
闭合	灭

表 2.2.6　非运算真值表

A	Y
0	1
1	0

从真值表可以看出，非逻辑运算的功能是："有 0 出 1，有 1 出 0"。它所对应的逻辑函数关系式可表示为：

$$Y = \overline{A} \tag{2.2.3}$$

式中，符号 $\overline{A}$ 读作 " A 非"，也称为逻辑反。能实现非运算的逻辑电路称为非门，其逻辑符号如图 2.2.6 所示。

（a）　　　　　　　　　　　　　（b）

图 2.2.6　非门逻辑符号

（a）国标符号；（b）特异形符号

2.2.2　复合逻辑运算

数字电路中除了与、或、非 3 种基本的逻辑运算外，还有 5 种常用的复合逻辑运算，分别是与非运算、或非运算、与或非运算、异或运算、同或运算。这 5 种复合逻辑运算都是由 3 种基本逻辑运算组合而成，下面分别介绍它们的逻辑表达式、真值表和逻辑符号。

一、与非运算

与非运算是与运算和非运算组合在一起的复合逻辑运算，即先进行与运算，再进行非运算，其真值表如表 2.2.7 所示。

表 2.2.7　与非运算真值表

A	B	Y
0	0	1
0	1	1
1	0	1
1	1	0

从真值表可以看出，与非运算的逻辑功能是："有 0 出 1，全 1 出 0"。其逻辑表达式如下：

$$Y = \overline{AB} \tag{2.2.4}$$

实现与非运算的逻辑电路称为与非门，其逻辑符号如 2.2.7 所示。

（a）　　　　　　　　　　　　　（b）

图 2.2.7　与非门逻辑符号

（a）国标符号；（b）特异形符号

二、或非运算

或非运算是或运算和非运算组合在一起的复合逻辑运算，其真值表如表 2.2.8 所示。

表 2.2.8　或非运算真值表

A	B	Y
0	0	1
0	1	0
1	0	0
1	1	0

从真值表可以看出，或非运算的逻辑功能是："有 1 出 0，全 0 出 1"。其逻辑表达式如下：

$$Y = \overline{A + B} \tag{2.2.5}$$

实现或非运算的逻辑电路称为或非门，其逻辑符号如图 2.2.8 所示。

（a）　　　　　　　　　　　　　（b）

图 2.2.8　或非门逻辑符号

（a）国标符号；（b）特异形符号

三、与或非运算

与或非运算是与运算、或运算和非运算组合在一起的复合逻辑运算，真值表如表2.2.9所示。

表2.2.9　与或非运算真值表

A	B	C	D	Y	A	B	C	D	Y
0	0	0	0	1	1	0	0	0	1
0	0	0	1	1	1	0	0	1	1
0	0	1	0	1	1	0	1	0	1
0	0	1	1	0	1	0	1	1	0
0	1	0	0	1	1	1	0	0	0
0	1	0	1	1	1	1	0	1	0
0	1	1	0	1	1	1	1	0	0
0	1	1	1	0	1	1	1	1	0

从真值表可以看出，与或非运算的逻辑功能是："每组与运算中至少有1个输入端为0时出1，至少有1组与运算输入端全为1时出0"。其逻辑表达式如下：

$$Y = \overline{AB + CD} \tag{2.2.6}$$

实现与或非运算的逻辑电路称为与或非门，其逻辑符号如图2.2.9所示。

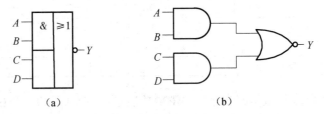

（a）　　　　　　　　（b）

图2.2.9　与或非门逻辑符号

（a）国标符号；（b）特异形符号

四、异或运算

异或运算是只有两个输入变量的逻辑运算。异或运算的逻辑关系是：当两个输入信号相同时，输出为0；而当两个输入信号不同时，输出为1。异或运算的真值表如表2.2.10所示。

表 2.2.10   异或运算真值表

A	B	Y
0	0	0
0	1	1
1	0	1
1	1	0

由真值表可以看出，异或运算的逻辑功能为："异入出 1，同入出 0"。其逻辑表达式如下：

$$Y = A \oplus B = \overline{A}B + A\overline{B} \tag{2.2.7}$$

式中符号"$\oplus$"表示 A、B 间的异或运算。实现异或运算的逻辑电路称为异或门，其逻辑符号如图 2.2.10 所示。

图 2.2.10   异或门逻辑符号

（a）国标符号；（b）特异形符号

五、同或运算

同或运算同样只有两个输入变量。同或运算的逻辑关系是：当两个输入信号相同时，输出为 1；而当两个输入信号不同时，输出为 0。同或运算的真值表如表 2.2.11 所示。

表 2.2.11   同或运算真值表

A	B	Y
0	0	1
0	1	0
1	0	0
1	1	1

由真值表可以看出，同或运算的逻辑功能为："同入出 1，异入出 0"。比较表 2.2.10 和表 2.2.11 可以看出，同或运算和异或运算的逻辑功能完全相反，即同或运算可由异或运算加非运算组合而成，反之也如此。其逻辑表达式如下：

$$Y = A \odot B = \overline{A}\,\overline{B} + AB \tag{2.2.8}$$
$$= \overline{A \oplus B} = \overline{\overline{A}B + A\overline{B}}$$

式中，符号"$\odot$"表示 A、B 间的同或运算。实现同或运算的逻辑电路称为同或门，其逻辑符号如图 2.2.11 所示。

图 2.2.11　同或门逻辑符号

（a）国标符号；（b）特异形符号

2.3　逻辑函数及其表示方法

逻辑函数及
表示方法

2.3.1　逻辑函数

在逻辑电路中，逻辑变量分为两种：输入逻辑变量和输出逻辑变量。如果将原因作为输入变量，将结果作为输出变量，那么当输入的取值确定之后，输出的取值便随之唯一地确定。描述数字逻辑电路输入变量和输出变量之间的因果关系的表达式称为逻辑函数，可表示为

$$Y = f(A,B,C,\cdots) \tag{2.3.1}$$

任何一个具体事物的因果关系都可以用一个逻辑函数来描述。由于逻辑变量只有 0、1 两种取值，因此逻辑函数是二值逻辑函数。

2.3.2　逻辑函数的表示方法

常用逻辑函数的表示方法有真值表、逻辑表达式、逻辑电路图、波形图和卡诺图等，它们之间可以任意地相互转换。本节只介绍前 4 种表示方法，用卡诺图表示逻辑函数的方法将在本章第 2.6 节中详细介绍。

一、真值表

逻辑真值表简称真值表，是反映输入逻辑变量的所有取值组合与输出函数值之间对应关系的表格。

由于每个输入逻辑变量的取值只有 0 和 1 两种，因此，n 个输入变量有 2^n 种不同的取值组合。真值表具有唯一性，即如果两个逻辑函数的真值表相同，则表示两个逻辑函数相等。

图 2.3.1 所示为控制楼道照明的开关电路。两个单刀双掷开关 A 和 B 分别安装在楼上和楼下。上

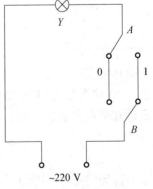

图 2.3.1　楼道照明控制电路

楼之前，在楼下开灯，上楼后关灯；反之，下楼之前，在楼上开灯，下楼后关灯。设开关 A、B 合向左侧时为 0 状态，合向右侧时为 1 状态；$Y=1$ 时表示灯亮，$Y=0$ 时表示灯灭。则 Y 与 A、B 的逻辑关系真值表如表 2.3.1 所示。

表 2.3.1　楼道照明电路真值表

A	B	Y
0	0	1
0	1	0
1	0	0
1	1	1

二、逻辑表达式

逻辑表达式也叫逻辑函数式，是用基本逻辑运算和复合逻辑运算来表示逻辑函数与输入变量之间关系的逻辑代数式。表 2.3.1 所对应的逻辑表达式为

$$Y = \overline{A}\,\overline{B} + AB \qquad\qquad (2.3.2)$$

逻辑表达式表示法的主要特点是方便、灵活，但不如真值表直观明了。

三、逻辑电路图

用基本逻辑门符号和复合逻辑门符号组成的具有某一逻辑功能的电路图，称为逻辑电路图，简称逻辑图。将逻辑函数表达式中各逻辑运算用相应的逻辑符号代替，就可画出对应的逻辑图，式（2.3.2）所表示的逻辑电路图如图 2.3.2 所示。

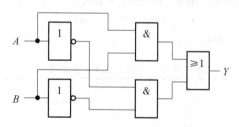

图 2.3.2　式（2.3.2）的逻辑电路图

四、波形图

反映逻辑函数的输入变量和对应的输出变量随时间变化的图形称为逻辑函数的波形图，也称为时序图。波形图能直观地表达输入变量在不同逻辑信号作用下对应输出信号的变化规律。常常通过计算机仿真工具和实验仪器分析波形图，以检验逻辑电路是否正确。式（2.3.2）中输入变量 A、B 取不同值时，可画出 Y 的波形图如图 2.3.3 所示。

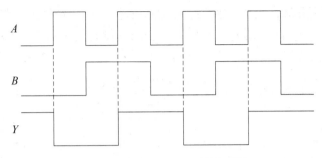

图 2.3.3　式（2.3.2）的波形图

2.3.3　逻辑函数表示方法之间的相互转换

既然同一逻辑函数可以有多种表示方法，它们之间肯定有着必然的联系，可以进行相互转换。

一、真值表与逻辑表达式之间的相互转换

1. 根据真值表写出逻辑表达式

具体转换方法为：

（1）选出真值表中使输出变量 $Y=1$ 的输入变量的取值组合。

（2）分别写出这些取值组合对应的与项（乘积项），其中输入变量为 1 的用原变量表示，输入变量为 0 的用反变量（非变量）表示。

（3）将每个与项相或，即得对应的逻辑函数表达式。

为了便于理解，下面以一个具体的例子来说明。

[例 2.3.1]　已知真值表如表 2.3.2 所示，试写出对应的逻辑表达式。

表 2.3.2　[例 2.3.1] 真值表

A	B	C	Y
0	0	0	0
0	0	1	0
0	1	0	0
0	1	1	0
1	0	0	0
1	0	1	1
1	1	0	1
1	1	1	1

解：根据上述转换方法，

（1）选出输出变量 $Y=1$ 的取值组合：101、110、111。

（2）分别写出组合 101、110、111 对应的与项：$A\overline{B}C$、$AB\overline{C}$、ABC。

（3）将每个与项相或，可得

$$Y = A\overline{B}C + AB\overline{C} + ABC$$

2. 根据逻辑表达式列出真值表

由逻辑表达式列出真值表的方法与上面相反，具体转换方法为：

（1）列出逻辑表达式中输入变量的所有取值组合，n 个输入变量列出 2^n 种取值组合。

（2）找出表达式中每一个与项对应的输入变量组合：与项中的非变量取 0，原变量取 1，没有出现的输入变量可以不作考虑。

（3）将对应输入变量组合的输出变量 Y 取值为 1，其余 Y 取值为 0。

当然，也可将输入变量的所有取值组合逐一代入逻辑表达式中，得出对应的 Y 值，填入表中相应的位置，即可得到真值表。但这种方法较为麻烦，一般不建议采用。

［例 2.3.2］ 列出表达式 $Y = \overline{B}C + AB\overline{C}$ 对应的真值表。

解：根据上述转换方法，

（1）3 个输入变量 A、B、C 有 000～111 共 8 种组合。

（2）找出每个与项对应的输入变量组合：$\overline{B}C$ 项对应的输入组合 BC 取值为 01（即 ABC 的取值包含 001、101 两种情况），$AB\overline{C}$ 项对应的输入组合 ABC 取值为 110。

（3）分别将输入组合 001、101、110 对应的输出 Y 取值为 1，其余 Y 取值为 0。所得真值表如表 2.3.3 所示。

表 2.3.3　［例 2.3.2］真值表

A	B	C	Y
0	0	0	0
0	0	1	1
0	1	0	0
0	1	1	0
1	0	0	0
1	0	1	1
1	1	0	1
1	1	1	0

二、逻辑表达式与逻辑图之间的相互转换

1. 根据逻辑表达式画出逻辑电路图

方法：将逻辑表达式中的逻辑运算关系用相应的逻辑图形符号代替，并按照运算的优先顺序将它们连接起来，即可得到对应的逻辑电路图。

2. 根据逻辑电路图写出逻辑表达式

方法：在逻辑电路图中从输入端到输出端逐级写出每个逻辑符号的输出表达式，代入后得到总输出逻辑表达式。

[例 2.3.3]　画出表达式 $Y = \overline{B}C + AB\overline{C}$ 对应的逻辑电路图。

解：将式中所有的与、或、非的运算符号用相应的图形符号代替，并依据优先顺序将这些图形符号连接，得到图 2.3.4。

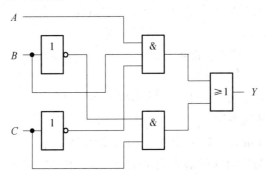

图 2.3.4　[例 2.3.3] 逻辑电路图

[例 2.3.4]　已知逻辑图如图 2.3.5 所示，试写出它的逻辑表达式。

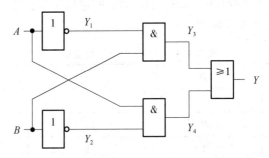

图 2.3.5　[例 2.3.4] 逻辑电路图

解：从输入端 A、B 开始逐个写出每个图形符号对应的表达式，可得

$$Y_1 = \overline{A}$$

$$Y_2 = \overline{B}$$

$$Y_3 = Y_1 B = \overline{A}B$$

$$Y_4 = AY_2 = A\overline{B}$$

整理后，得

$$Y = Y_3 + Y_4 = \overline{A}B + A\overline{B}$$

三、波形图与真值表之间的相互转换

1. 根据波形图列出真值表

方法：先从波形图上找出每个时间段输入变量与输出变量的取值，然后将这些取值组合对应列表，即得到真值表。

2. 根据真值表画出波形图

方法：将真值表中所有的输入变量与对应的输出变量取值依次排列画成以时间为横轴的波形，即可得到所求的波形图。

2.4　逻辑代数的基本公式、定律和规则

逻辑代数有一系列的公式、定律和规则，用它们对逻辑表达式进行处理，可以完成对逻辑电路的化简、变换、分析和设计。

逻辑代数的基本公式、定律和规则

2.4.1　逻辑代数的基本定律

一、基本逻辑运算

根据与、或、非三种运算关系的逻辑功能，可以很容易得到表 2.4.1。

表 2.4.1　基本逻辑运算

与运算（有0出0，全1出1）	或运算（有1出1，全0出0）	非运算（有0出1，有1出0）
$0 \cdot 0 = 0$	$0 + 0 = 0$	$\overline{0} = 1$
$0 \cdot 1 = 0$	$0 + 1 = 1$	
$1 \cdot 0 = 0$	$1 + 0 = 1$	$\overline{1} = 0$
$1 \cdot 1 = 1$	$1 + 1 = 1$	

二、基本定律

根据基本运算法则和变量与常量之间的关系可以推导出下面常用的逻辑代数的基本定律和恒等式，如表 2.4.2 所示。

表 2.4.2 逻辑代数的基本定律

名称	基本公式和定律		说明
0－1律	$A \cdot 0 = 0$	$A + 0 = A$	与、或、非运算的逻辑功能
	$A \cdot 1 = A$	$A + 1 = 1$	
重叠律	$A \cdot A = A$	$A + A = A$	
互补律	$A \cdot \overline{A} = 0$	$A + \overline{A} = 1$	
还原律	$\overline{\overline{A}} = A$		
交换律	$A \cdot B = B \cdot A$	$A + B = B + A$	与普通代数相似的定律
结合律	$A \cdot B \cdot C = A \cdot (B \cdot C)$	$A + B + C = A + (B + C)$	
分配律	$A(B + C) = AB + AC$	$(A + B)(A + C) = A + BC$	注意：后者与普通代数不同
反演律（摩根定律）	$\overline{AB} = \overline{A} + \overline{B}$	$\overline{A + B} = \overline{A} \cdot \overline{B}$	广泛应用的逻辑代数特殊定律

表 2.4.2 中摩根定律可以推广到多个变量，等式依然成立。可总结摩根定律等式的规律为：多变量整体的非变为单变量的非，中间的与号、或号互换。推广式可表示为

$$\overline{ABC\cdots} = \overline{A} + \overline{B} + \overline{C} + \cdots \tag{2.4.1}$$

$$\overline{A + B + C + \cdots} = \overline{A} \cdot \overline{B} \cdot \overline{C} \cdots \tag{2.4.2}$$

这些公式的正确性可以用列真值表的方法加以验证。如果等式成立，那么将任何一组变量的取值代入公式两边所得的结果应该相等。因此，等式两边所对应的真值表也必然相同。

[例 2.4.1]　用真值表证明反演律 $\overline{A \cdot B} = \overline{A} + \overline{B}$。

证明：将输入变量 A、B 的各种取值分别代入等式左边和右边，结果见表 2.4.3。

表 2.4.3　[例 2.4.1] 的真值表

A	B	$\overline{A} + \overline{B}$	$\overline{AB}$
0	0	1	1
0	1	1	1
1	0	1	1
1	1	0	0

由表 2.4.3 可以看出，A、B 的各种取值都使等式两边的表达式相等，故等式 $\overline{A \cdot B} = \overline{A} + \overline{B}$ 成立。同理，可以证明等式 $\overline{A + B} = \overline{A} \cdot \overline{B}$ 同样成立。

2.4.2　逻辑代数常用公式

根据前面讨论的基本定律可以推导出几个常用公式，它们对逻辑函数的化简非常有用。

公式 1 $\qquad\qquad AB + A\overline{B} = A$ $\qquad\qquad$ (2.4.3)

证明 $\qquad\qquad AB + A\overline{B} = A(B + \overline{B}) = A \cdot 1 = A$

公式说明：如果两个乘积项中一项含有原变量，另一项含有反变量，其余因子相同，则得到的是公因子。

公式 2 $\qquad\qquad A + AB = A$ $\qquad\qquad$ (2.4.4)

证明 $\qquad\qquad A + AB = A(1 + B) = A \cdot 1 = A$

公式说明：如果一个乘积项是另外一个乘积项的部分因子，则另外一个乘积项是多余的。

公式 3 $\qquad\qquad A + \overline{A}B = A + B$ $\qquad\qquad$ (2.4.5)

利用公式 2 可以证明此等式成立，具体过程如下：

$$A + \overline{A}B$$
$$= (A + AB) + \overline{A}B$$
$$= A + B(A + \overline{A})$$
$$= A + B \cdot 1 = A + B$$

公式说明：两个乘积项中，如果一个乘积项的反是另一个乘积项的一个因子，则该因子是多余的。

公式 4 $\qquad\qquad AB + \overline{A}C + BC = AB + \overline{A}C$ $\qquad\qquad$ (2.4.6)

利用公式 2 可以证明此等式成立，具体过程如下：

$$AB + \overline{A}C + BC$$
$$= AB + \overline{A}C + BC(A + \overline{A})$$
$$= AB + ABC + \overline{A}C + \overline{A}BC$$
$$= AB + \overline{A}C$$

推广式： $\qquad\qquad AB + \overline{A}C + BCD = AB + \overline{A}C$

证明如上，略。

公式说明：如果一个乘积项中含有原变量，另一个乘积项中含有反变量，而这两个乘积项的其余因子是第三个乘积项的因子或全部时，则第三个乘积项是多余的。

公式 5 $\qquad\qquad \overline{A\overline{B} + \overline{A}C} = AB + \overline{A}\,\overline{C}$ $\qquad\qquad$ (2.4.7)

利用摩根定律和公式 4 可以证明此等式成立，具体过程如下：

$$\overline{A\overline{B} + \overline{A}C} = \overline{A\overline{B}} \cdot \overline{\overline{A}C}$$
$$= (\overline{A} + B)(A + \overline{C})$$

$$= A\overline{A} + \overline{A}\,\overline{C} + AB + B\overline{C}$$
$$= \overline{A}\,\overline{C} + AB + B\overline{C}$$
$$= AB + \overline{A}\,\overline{C}$$

公式说明：两个乘积项中，如果一个乘积项中含有原变量，另一个乘积项中含有反变量，将这两个乘积项中的其余因子取反，得到的是原函数的反函数。

其中，异或运算求反得同或运算，同或运算求反得异或运算即为该公式的特例。

2.4.3 逻辑代数的三个基本规则

一、代入规则

在任何一个逻辑等式中，如果将等式两边所有的同一变量均用同一个逻辑函数式代入，等式依然成立，这就是代入规则。

利用代入规则很容易将摩根定律的基本公式推广为多变量的形式。

[例 2.4.2]　用代入规则证明摩根定律也适用于多变量的情况。

解：已知二变量的摩根定律为

$$\overline{A + B} = \overline{A} \cdot \overline{B}$$

现以 $C + D$ 同时代入等式左边和右边 B 的位置，得

$$\overline{A + C + D} = \overline{A} \cdot \overline{C + D}$$
$$= \overline{A} \cdot \overline{C} \cdot \overline{D}$$

依此类推，摩根定律对任意多个变量都成立。

二、反演规则

对于任何一个函数表达式 Y，若将其中所有的"·"换成"+"，"+"换成"·"，"0"换成"1"，"1"换成"0"，原变量换成反变量，反变量换成原变量，则得到的结果就是原函数 Y 的反函数 $\overline{Y}$，这个规则称为反演规则。

反演规则为求已知逻辑表达式的反逻辑表达式提供了方便。

在使用反演规则时，还须注意以下两点：

（1）保持原来运算的优先顺序，即先进行括号内的运算，再进行与运算，后进行或运算。

（2）不属于单个变量上的非号保持不变。

回顾一下摩根定律便可发现，它只不过是反演规则的一个特例而已。正是由于这个原因，才将它称为反演律。

[例 2.4.3]　已知 $Y = A\overline{B} + A\overline{BC}$，求 $\overline{Y}$。

解：根据反演规则可写出

$$\overline{Y} = (\overline{A} + B) \cdot (\overline{A} + \overline{\overline{B}} + \overline{C})$$

如果利用基本公式和常用公式进行求反运算，也可得到同样结果，但是常常要麻烦得多。

三、对偶规则

对于任何一个逻辑函数式 Y，若将其中所有的"·"换成"+"，"+"换成"·"，"0"换成"1"，"1"换成"0"，则得到一个新的逻辑式 Y'。Y' 为 Y 的对偶式，这就是对偶规则。

[例2.4.4] 已知 $Y = A(B + \overline{C})$，求 Y'。

解： 根据对偶规则可写出

$$Y' = A + B \cdot \overline{C}$$

与反演规则相同，在使用对偶规则写出逻辑函数的对偶式时，同样应注意保持原来运算的优先顺序，同时，所有变量上的非号都保持不变。

如果两个逻辑表达式相等，则它们的对偶式也必定相等。故有时证明两个逻辑表达式相等可以通过证明它们的对偶式相等来完成，因为有些情况下证明它们的对偶式相等更加容易。

2.5　逻辑函数的公式化简法

逻辑函数的
公式化简法

2.5.1　逻辑函数化简的意义与最简的标准

一、逻辑函数化简的意义

根据逻辑函数表达式，可以画出相应的逻辑图。但是，根据某种逻辑要求归纳出来的逻辑表达式往往不是最简形式，这就需要对逻辑函数进行化简。逻辑式越简单，它所表示的逻辑关系越明显，可以节省器件、降低成本、提高数字系统的稳定性。如

$$Y = A + \overline{A}D + ABC + \overline{C}D \tag{2.5.1}$$
$$= A + D + ABC + \overline{C}D$$
$$= A + D \tag{2.5.2}$$

显然，式（2.5.2）比式（2.5.1）简单得多。所以，在进行逻辑电路设计时，对逻辑函数的化简很重要。

二、最简与或式的标准

化简后的逻辑函数表达式称为最简表达式。多种形式的表达式中，与或表达式是逻辑函数最基本的表达形式。

判断最简与或表达式的标准是：

（1）与或表达式中乘积项（与项）最少。

（2）每个乘积项中所含的因子最少。

化简逻辑函数的目的就是要消去多余的乘积项和每个乘积项中多余的因子，以得到逻辑函数式的最简形式，达到简化电路的目的。

三、常见的逻辑函数表达式

一个逻辑函数表达式可以有多种不同的表达形式，如

$$Y = \overline{A}B + AC$$

式中，$\overline{A}B$ 和 AC 两项都是由与运算把变量连接起来，称为与项，然后由或运算将这两个与项连接起来，这种类型的表达式称为与或表达式。常用的逻辑函数的表达形式有五种：与或表达式、与非 – 与非表达式、或与表达式、或非 – 或非表达式、与 – 或 – 非表达式。根据不同门电路的需要，五种逻辑函数表达式之间可以进行相互转换。

（1）$Y = \overline{A}B + AC$　　　　　　　　　　　　与或表达式

（2）对与或表达式两次求反，上面的反号不变，下面的反号用摩根定律展开，即可得到与非 – 与非式。

$$Y = \overline{\overline{\overline{A}B + AC}} = \overline{\overline{\overline{A}B} \cdot \overline{AC}}$$　　　　　　　与非 – 与非表达式

（3）先用反演规则求与或表达式的反函数 $\overline{Y}$，并将 $\overline{Y}$ 变为与或式，然后再次对 Y 求反即可得到与 – 或 – 非式。

$$\overline{Y} = (A + \overline{B})(\overline{A} + \overline{C}) = A\,\overline{C} + \overline{A}\,\overline{B} + \overline{B}\,\overline{C} = A\,\overline{C} + \overline{A}\,\overline{B}$$

$$Y = \overline{\overline{Y}} = \overline{A\,\overline{C} + \overline{A}\,\overline{B}}$$　　　　　　　　　与 – 或 – 非表达式

（4）将与或表达式两次求对偶式，并将第一次求对偶的结果用摩根定律展开为与或式，然后再次求对偶即可得到或与式。或者，将与 – 或 – 非表达式两次用摩根定律展开即可得到或与式。

$$Y' = (\overline{A} + B)(A + C) = \overline{A}C + AB + BC = \overline{A}C + AB$$

$$Y = Y'' = (\overline{A} + C) \cdot (A + B)$$　　　　　　　　　或与表达式

或将与 – 或 – 非表达式两次用摩根定律展开，得

$$Y = \overline{A\,\overline{C} + \overline{A}\,\overline{B}} = \overline{A\,\overline{C}} \cdot \overline{\overline{A}\,\overline{B}} = (\overline{A} + C) \cdot (A + B)$$

（5）对或与表达式两次求反，上面的反号不变，下面的反号用摩根定律展开，即可得到或非 – 或非式。

$$Y = \overline{\overline{(\overline{A} + C)(A + B)}} = \overline{\overline{\overline{A} + C} + \overline{A + B}}$$　　　或非 – 或非表达式

一种形式的函数表达式对应于一种逻辑电路。尽管一个逻辑函数表达式的各种表示形式不同，但逻辑功能是相同的。

2.5.2 逻辑函数的公式化简法

一、逻辑函数公式化简的方法

逻辑函数的化简有两种，一种是公式化简法，另一种是卡诺图化简法。所谓公式化简法就是用逻辑代数的基本公式和常用公式消去函数中多余的乘积项和多余的因子，从而化简函数表达式的方法。常见的方法如下：

（1）并项法：利用公式 $AB + A\bar{B} = A$，将两乘积项合并为一项，并消去一个互补（相反）的变量。如

$$Y = \bar{A}BC + ABC + \bar{B}C$$
$$= BC + \bar{B}C$$
$$= C$$

（2）吸收法：利用公式 $A + AB = A$，吸收多余的乘积项。如

$$Y = \bar{A}B + \bar{A}D + \bar{B}E$$
$$= \bar{A} + \bar{B} + \bar{A}D + \bar{B}E$$
$$= \bar{A} + \bar{B}$$

（3）消去法：利用公式 $AB + \bar{A}C + BC = AB + \bar{A}C$ 消去多余项 BC；利用公式 $A + \bar{A}B = A + B$，消去多余因子 $\bar{A}$。如

$$Y = \bar{A} + AC + B\bar{C}D$$
$$= \bar{A} + C + B\bar{C}D$$
$$= \bar{A} + C + BD$$

（4）配项法：利用公式 $A + \bar{A} = 1$ 及 $AB + \bar{A}C + BC = AB + \bar{A}C$ 等，给函数配上适当的项，进而可以消去原函数式中的某些项。如

$$Y = A\bar{B} + B\bar{C} + \bar{B}C + \bar{A}B$$
$$= A\bar{B} + B\bar{C} + \bar{B}C + \bar{A}B + \bar{A}C$$
$$= A\bar{B} + B\bar{C} + \bar{A}C$$

$$Y = A\bar{B} + B\bar{C} + \bar{B}C + \bar{A}B$$
$$= A\bar{B}(C + \bar{C}) + B\bar{C}(A + \bar{A}) + \bar{B}C + \bar{A}B$$
$$= A\bar{B}C + A\bar{B}\bar{C} + AB\bar{C} + \bar{A}B\bar{C} + \bar{B}C + \bar{A}B$$
$$= (A\bar{B}C + \bar{B}C) + (A\bar{B}\bar{C} + AB\bar{C}) + (\bar{A}B\bar{C} + \bar{A}B)$$
$$= \bar{B}C + \bar{B}C + A\bar{C}$$

可以看出，公式化简法的结果并不一定是唯一的。如果两个结果形式（项数、每项中变量数）相同，则二者均正确，可以验证二者逻辑相等。

注意：使用配项法需要一定的经验，否则越配越复杂。

二、逻辑函数化简综合举例

通常利用公式法对逻辑表达式进行化简时，常常要综合使用上述几种技巧，才能得到最简与或表达式。下面举例说明。

[例2.5.1]　化简逻辑函数 $Y = AD + A\overline{D} + AB + \overline{A}C + BD + A\overline{B}EF + \overline{B}EF$。

解： 利用 $AD + A\overline{D} = A$ 消去因子 D 和 $\overline{D}$，合并后为 A，得

$$Y = A + AB + \overline{A}C + BD + A\overline{B}EF + \overline{B}EF$$

利用 $A + AB = A$ 消去含有因子 A 的乘积项，得

$$Y = A + \overline{A}C + BD + \overline{B}EF$$

利用 $A + \overline{A}C = A + C$ 消去 $\overline{A}C$ 中的 $\overline{A}$，得

$$Y = A + C + BD + \overline{B}EF$$

[例2.5.2]　化简逻辑函数 $Y = AD + \overline{A}C + \overline{C}D$。

解： 利用 $AD + \overline{A}C = AD + \overline{A}C + CD$ 配项，得

$$Y = AD + \overline{A}C + CD + \overline{C}D$$

$$Y = AD + \overline{A}C + D$$

利用 $D + AD = D$ 消去乘积项 AD，得

$$Y = \overline{A}C + D$$

[例2.5.3]　化简逻辑函数 $Y = AB + A\overline{C} + \overline{B}C + B\overline{C} + \overline{B}D + B\overline{D} + ADE(F + G)$。

解： 利用 $AB + \overline{B}C = AB + \overline{B}C + AC$ 配项，得

$$Y = AB + \overline{B}C + AC + A\overline{C} + B\overline{C} + \overline{B}D + B\overline{D} + ADE(F + G)$$

利用 $AC + A\overline{C} = A$ 合并，得

$$Y = AB + \overline{B}C + A + B\overline{C} + \overline{B}D + B\overline{D} + ADE(F + G)$$

利用 $A + AB = A$ 消去乘积项 AB 和 $ADE(F + G)$，得

$$Y = A + \overline{B}C + B\overline{C} + \overline{B}D + B\overline{D}$$

利用 $\overline{B}C + B\overline{D} = \overline{B}C + B\overline{D} + C\overline{D}$ 配项，得

$$Y = A + \overline{B}C + B\overline{C} + \overline{B}D + B\overline{D} + C\overline{D}$$

利用 $C\overline{D} + B\overline{C} + B\overline{D} = C\overline{D} + B\overline{C}$ 和 $C\overline{D} + \overline{B}D + \overline{B}C = C\overline{D} + \overline{B}D$ 消去乘积项 $B\overline{D}$ 和 $\overline{B}C$，得

$$Y = A + C\overline{D} + B\overline{C} + \overline{B}D$$

[例2.5.4]　已知逻辑函数表达式为 $Y = AB\overline{D} + \overline{A}\,\overline{B}\,\overline{D} + ABD + \overline{A}\,\overline{B}CD + \overline{A}\,\overline{B}CD$，试用与非门画出最简表达式的电路图。

解：（1）先将函数化简为最简与或式

$$Y = AB\overline{D} + \overline{A}\,\overline{B}\,\overline{D} + ABD + \overline{A}\,\overline{B}CD + \overline{A}\,\overline{B}CD$$

$$= AB + \overline{A}\,\overline{B}\,\overline{D} + \overline{A}\,\overline{B}D$$

$$= AB + \overline{A}\,\overline{B}$$

（2）将最简与或式变换为与非 – 与非式

$$Y = AB + \overline{A}\,\overline{B} = \overline{\overline{AB + \overline{A}\,\overline{B}}} = \overline{\overline{AB} \cdot \overline{\overline{A}\,\overline{B}}}$$

（3）画出对应的电路图如图 2.5.1 所示。

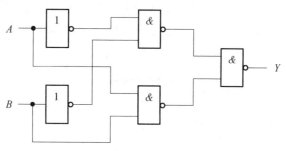

图 2.5.1 ［例 2.5.4］电路图

逻辑函数的化简结果不是唯一的。公式化简法的优点是不受输入变量数目的限制。缺点是没有固定的步骤可循，需要熟练并灵活运用各种公式和定理，在化简一些较为复杂的逻辑函数时还需要一定的技巧和经验，有时很难判定化简结果是否为最简式。

2.6 逻辑函数的卡诺图化简法

逻辑函数的卡诺图化简法

2.6.1 逻辑函数的最小项

一、逻辑函数的标准与或式

前面讲过由真值表写表达式的方法，即把所有的输出变量为 1 对应的乘积项（与项）相或得到真值表对应的表达。如 2.3 节 ［例 2.3.1］ 中表 2.3.2 对应的表达式为

$$Y = A\,\overline{B}C + AB\,\overline{C} + ABC \tag{2.6.1}$$

式中，每一个乘积项（与项）都是标准形式，这种标准形式的与项为最小项，因此式（2.6.1）被称为标准与或式，也叫最小项表达式。

二、最小项的定义

在式（2.6.1）中，$A\,\overline{B}C$、$AB\,\overline{C}$、ABC 三个乘积项的共同特点是：

（1）每个与项包含该逻辑函数的全部输入变量；

（2）每个变量均以原变量或反变量的形式在乘积项中出现且只出现一次。

将满足上述特点的与项称为逻辑函数的最小项。

n 个输入变量的逻辑函数共有 2^n 个最小项，即 n 个输入变量的每组取值组合分别对应一个最小项。

如果逻辑函数有 A、B、C 三个输入变量，则它的全部的最小项共有 $2^3 = 8$ 个。分别是：$\overline{A}\,\overline{B}\,\overline{C}$、$\overline{A}\,\overline{B}C$、$\overline{A}B\,\overline{C}$、$\overline{A}BC$、$A\,\overline{B}\,\overline{C}$、$A\,\overline{B}C$、$AB\,\overline{C}$、$ABC$。表 2.6.1 列出了三变量的全部最小项及其编号。

表 2.6.1　三变量的全部最小项及编号

| $A\,B\,C$ | m_0 | m_1 | m_2 | m_3 | m_4 | m_5 | m_6 | m_7 |
	$\overline{A}\,\overline{B}\,\overline{C}$	$\overline{A}\,\overline{B}C$	$\overline{A}B\,\overline{C}$	$\overline{A}BC$	$A\,\overline{B}\,\overline{C}$	$A\,\overline{B}C$	$AB\,\overline{C}$	ABC
0 0 0	1	0	0	0	0	0	0	0
0 0 1	0	1	0	0	0	0	0	0
0 1 0	0	0	1	0	0	0	0	0
0 1 1	0	0	0	1	0	0	0	0
1 0 0	0	0	0	0	1	0	0	0
1 0 1	0	0	0	0	0	1	0	0
1 1 0	0	0	0	0	0	0	1	0
1 1 1	0	0	0	0	0	0	0	1

三、最小项的编号

为了书写方便，对最小项采用编号的形式。编号的方法是：

（1）将最小项中的原变量当作 1，反变量当作 0，则得到一组对应的二进制数；

（2）将二进制数转换为十进制数；

（3）该十进制数就是最小项对应的编号，记作 m_i。

例如，三变量最小项 $\overline{A}B\,\overline{C}$ 对应的二进制数为 010，相应的十进制数为 2，所以 $\overline{A}B\,\overline{C}$ 记作 m_2，即 $m_2 = \overline{A}B\,\overline{C}$。

四、最小项的性质

观察表 2.6.1 可以看出，最小项具有下列性质：

（1）对于任意一个最小项，只有一组输入变量的取值能使它的值为 1，对于其他组取值，这个最小项的取值均为 0。

（2）不同的最小项，使它的值为 1 的那一组变量取值不相同。

（3）对于输入变量的任一组取值，全体最小项之和为 1。

（4）对于输入变量的任一组取值，任意两最小项之积为 0。

（5）若两个最小项仅有一个因子不同，则称它们为相邻最小项。相邻最小

项合并（相或）可消去相异因子，如

$$ABC + \bar{A}BC = BC$$

利用逻辑代数的基本定律，利用 $A + \bar{A} = 1$ 的形式进行配项，可以将任何一个逻辑函数变成标准与或式。

[例2.6.1] 写出函数 $Y = AB + BC$ 的标准与或式。

解：$Y = AB + BC$

$= AB(C + \bar{C}) + BC(\bar{A} + A)$

$= ABC + AB\bar{C} + \bar{A}BC$

为了简便，可将上式记为

$$Y = m_7 + m_6 + m_3$$

$$= \sum (m_3, m_6, m_7)$$

$$= \sum m(3,6,7)$$

[例2.6.2] 写出函数 $Y = \overline{A + B} + A\bar{C}$ 的标准与或式。

$Y = \overline{A + B} + A\bar{C}$

$= \bar{A} \cdot \bar{B} + A\bar{C}$

$= \bar{A}\bar{B}\bar{C} + \bar{A}\bar{B}C + A\bar{B}\bar{C} + AB\bar{C}$

$= m_0 + m_1 + m_4 + m_6$

$$= \sum m(0,1,4,6)$$

2.6.2 逻辑函数的卡诺图表示法

一、卡诺图的画法

卡诺图也叫真值图，是逻辑函数真值表的几何图形表示法。它是将逻辑函数的最小项按一定的规律排列而成的方格矩阵，每个小方格对应一个最小项，因此，卡诺图又叫最小项方格图。

画卡诺图的具体步骤如下：

（1）n 个输入变量的逻辑函数画出 2^n 个小方格，每个小方格对应一个最小项。

（2）各变量的取值符合几何相邻和逻辑相邻重合的原则，即变量的取值按循环码（也叫格雷码）的顺序排列。

这里先介绍几何相邻和逻辑相邻的定义。

几何相邻：卡诺图中在几何位置上下左右相接的最小项。每一行或每一列两端的最小项也具有几何相邻性，故卡诺图可看成一个上下、左右对折的立体图形的展开形式。

逻辑相邻：只有一个变量互为反变量，其余变量均相同的两个最小项叫作在逻辑上是相邻的。如三变量 ABC 和 $AB\overline{C}$ 中只有 C 和 $\overline{C}$ 不同，其余变量相同，所以 ABC 和 $AB\overline{C}$ 是逻辑相邻的最小项。

两个逻辑相邻项可以进行合并，$ABC + AB\overline{C} = AB$，因此，两个逻辑相邻项可合并为一项，合并的结果为两个最小项的共有因子，消去互补因子。

下面分别介绍二变量到四变量卡诺图的画法。

二变量的卡诺图：二变量 A、B 共有 $2^2 = 4$ 个最小项，$m_0 = \overline{A}\,\overline{B}$、$m_1 = \overline{A}B$、$m_2 = A\overline{B}$、$m_3 = AB$，根据其相邻性可画出图 2.6.1 所示的卡诺图。由图可以看出：横向变量和纵向变量相交的小方格表示的最小项为这些变量的与组合，如果其中原变量用 1 表示，反变量用 0 表示，则卡诺图可用最小项编号表示。

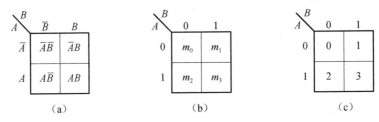

（a） （b） （c）

图 2.6.1 二变量的卡诺图

（a）方格内标最小项；（b）方格内标最小项编号；（c）简化形式

三变量的卡诺图：三变量 A、B、C 共有 $2^3 = 8$ 个最小项，为了符合几何相邻和逻辑相邻重合的原则，变量 BC 的取值不是按自然二进制数的顺序（00、01、10、11）排列，而是按格雷码的顺序（00、01、11、10）排列的。三变量的卡诺图还可以画成如图 2.6.2（d）的形式。

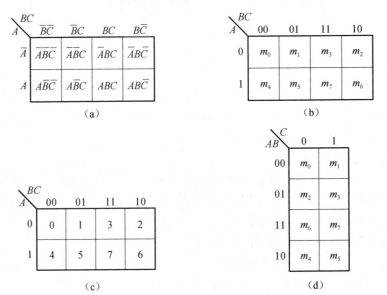

（a） （b）

（c） （d）

图 2.6.2 三变量的卡诺图

（a）方格内标最小项；（b）方格内标最小项编号；（c）简化形式；（d）其他形式的画法

四变量的卡诺图：四变量 A、B、C、D 共有 $2^4=16$ 个最小项，为了符合几何相邻和逻辑相邻重合的原则，横向变量 AB 和纵向变量 CD 均按格雷码的顺序排列，如图 2.6.3 所示。

AB \ CD	$\bar{C}\bar{D}$	$\bar{C}D$	CD	$C\bar{D}$
$\bar{A}\bar{B}$	$\bar{A}\bar{B}\bar{C}\bar{D}$	$\bar{A}\bar{B}\bar{C}D$	$\bar{A}\bar{B}CD$	$\bar{A}\bar{B}C\bar{D}$
$\bar{A}B$	$\bar{A}B\bar{C}\bar{D}$	$\bar{A}B\bar{C}D$	$\bar{A}BCD$	$\bar{A}BC\bar{D}$
AB	$AB\bar{C}\bar{D}$	$AB\bar{C}D$	$ABCD$	$ABC\bar{D}$
$A\bar{B}$	$A\bar{B}\bar{C}\bar{D}$	$A\bar{B}\bar{C}D$	$A\bar{B}CD$	$A\bar{B}C\bar{D}$

AB \ CD	00	01	11	10
00	0	1	3	2
01	4	5	7	6
11	12	13	15	14
10	8	9	11	10

图 2.6.3　四变量的卡诺图

（a）方格内标最小项；（b）简化形式

二、逻辑函数的卡诺图表示法

采用卡诺图化简逻辑函数时，必须先画出逻辑函数对应的卡诺图。常用的方法有 2 种，由真值表画逻辑函数卡诺图或由表达式画逻辑函数卡诺图。

1. 由真值表画逻辑函数卡诺图

方法：将真值表中每组输入变量的取值组合所对应的函数值填入卡诺图相应的小方格中，即函数值为 1 的最小项所对应的小方格中填 1，函数值为 0 的最小项所对应的小方格中填 0。

[例 2.6.3]　画出表 2.6.2 对应的卡诺图。

表 2.6.2　[例 2.6.3] 的真值表

A	B	C	Y
0	0	0	0
0	0	1	1
0	1	0	0
0	1	1	1
1	0	0	0
1	0	1	1
1	1	0	0
1	1	1	1

解： 表中所描述的是三变量的逻辑函数。

(1) 画出三变量的卡诺图。

（2）填写卡诺图。由于表中对应变量取值组合 001、011、101、111 的函数值为 1，故在卡诺图中相应的小方格内填 1，其余的小方格填 0。如图 2.6.4 所示。

2. 由表达式画逻辑函数卡诺图

（1）由标准与或式画逻辑函数卡诺图。

方法：先根据输入变量个数画出卡诺图，然后在卡诺图中将标准与或式中的每个最小项对应的小方格填入 1，其余的小方格填 0。

[例 2.6.4] 画出逻辑函数 $Y = \overline{A}BC + A\overline{B}C + AB\overline{C} + ABC$ 对应的卡诺图。

解：先画出三变量卡诺图，表达式中含有 $\overline{A}BC(m_3)$、$A\overline{B}C(m_5)$、$AB\overline{C}(m_6)$、$ABC(m_7)$ 4 个最小项，在对应的小方格内填 1，其余的小方格填 0。如图 2.6.5 所示。

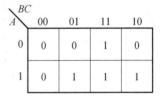

A \ BC	00	01	11	10
0	0	1	1	0
1	0	1	1	0

图 2.6.4 [例 2.6.3] 卡诺图

A \ BC	00	01	11	10
0	0	0	1	0
1	0	1	1	1

图 2.6.5 [例 2.6.4] 卡诺图

（2）由一般与或式画逻辑函数卡诺图。

方法：首先画出输入变量对应的卡诺图；然后根据表达式中与项的特征将最小项填入卡诺图，具体如下：与项中的原变量用 1 表示，非变量用 0 表示，与项中的变量在卡诺图中横向和纵向相交的小方格便为所求的最小项，填入 1，其余的小方格填 0。

当然，也可以先将一般与或式变换为最小项表达式，然后将最小项填入对应的卡诺图。但这种方法十分烦琐，而且容易出现差错，一般不建议采用。

[例 2.6.5] 画出逻辑函数 $Y = \overline{A}CD + \overline{B}\,\overline{C}D + AB$ 对应的卡诺图。

解：表达式中与项 $\overline{A}CD$ 对应的取值为 $A = 0$、$C = 1$、$D = 1$，横向第 1、2 行包含 $\overline{A}$，纵向第 3 列对应 CD，故在第 1、2 行和第 3 列相交的两个小方格中填入 1；与项 $\overline{B}\,\overline{C}D$ 对应的取值 $B = 0$、$C = 0$、$D = 1$，横向第 1、4 行包含 $\overline{B}$，纵向第 2 列对应 $\overline{C}D$，故第 1、4 行和第 2 列相交的两个小方格中填入 1；同理，与项 AB 的取值为 $A = 1$、$B = 1$，横向第 3 行包含 AB，故在横向第 3 行的四个小方格中填入 1；其余的小方格填入 0。如图 2.6.6 所示。

此题也可用以下传统的方法进行填写：

含有 $\overline{A}CD$ 公因子的最小项有 2 个：$\overline{A}B CD$、$\overline{A}\,\overline{B}CD$；含有 $\overline{B}\,\overline{C}D$ 公因子的最小项有 2 个：$\overline{A}\,\overline{B}\,\overline{C}D$、$A\,\overline{B}\,\overline{C}D$；含有 AB 公因子的最小项有 4 个：$AB\,\overline{C}\,\overline{D}$、$AB\,\overline{C}D$、$ABC\overline{D}$、$ABCD$。在卡诺图中把以上最小项对应的小方格填 1，其余的小方格填 0。结果与上面相同。

（3）由非与或式画逻辑函数卡诺图

方法：将非与或式变成一般与或式，再由一般与或式画逻辑函数卡诺图。

[**例2.6.6**]　画出逻辑函数 $Y = \overline{\overline{\overline{ABC} \cdot \overline{B}\,\overline{CD}}}$ 对应的卡诺图。

解：先将函数变为一般与或式，得

$$Y = \overline{\overline{\overline{ABC} \cdot \overline{B}\,\overline{CD}}}$$

$$= \overline{ABC} + \overline{B}\,\overline{CD}$$

然后用上述方法画出与或式对应的卡诺图，如图2.6.7所示。

AB \ CD	00	01	11	10
00	0	1	1	0
01	0	0	1	0
11	1	1	1	1
10	0	1	0	0

图2.6.6　[例2.6.5]卡诺图

AB \ CD	00	01	11	10
00	0	1	0	0
01	0	0	1	1
11	0	0	0	0
10	0	1	0	0

图2.6.7　[例2.6.6]卡诺图

2.6.3　逻辑函数的卡诺图化简法

一、最小项合并的规律

由于卡诺图中的最小项是按几何相邻与逻辑相邻重合的规律排列的，因此，凡是几何相邻的最小项均可以合并。利用卡诺图合并最小项有2种方法：采用圈1的方法，得到原函数；采用圈0的方法，得到反函数。通常我们采用圈1的方法。

最小项合并时可消去相关变量，但必须满足 2^n 个最小项才能合并，即2个最小项合并可消去1个变量，4个最小项合并可消去2个变量，8个最小项合并可消去3个变量，依此类推，2^n 个最小项合并可消去 n 个变量。

最小项合并的方法：消去互反的变量，保留共有的变量。

图2.6.8、图2.6.9、图2.6.10中分别给出了两个相邻最小项、四个相邻最小项、八个相邻最小项合并的规律。

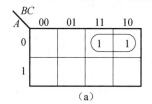 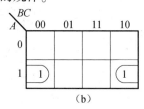 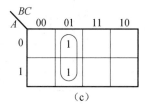

(a)　　　　　　　　(b)　　　　　　　　(c)

图2.6.8　两个相邻最小项的合并

(a) $Y = \overline{A}B$；(b) $Y = A\overline{C}$；(c) $Y = \overline{B}C$

（a）图：$Y = m_2 + m_3 = \overline{A}B\overline{C} + \overline{A}BC = \overline{A}B(\overline{C} + C) = \overline{A}B$

（b）图：$Y = m_4 + m_6 = A\overline{B}\overline{C} + AB\overline{C} = A\overline{C}(B + \overline{B}) = A\overline{C}$

（c）图：$Y = m_1 + m_5 = \overline{A}\overline{B}C + A\overline{B}C = \overline{B}C(\overline{A} + A) = \overline{B}C$

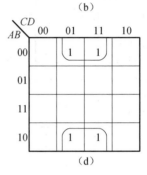

图 2.6.9　四个相邻最小项的合并

（a）$Y = C$；（b）$Y = \overline{C}$；（c）$Y = \overline{B}\overline{D}$；（d）$Y = \overline{B}D$

（a）图：$Y = m_1 + m_3 + m_5 + m_7 = \overline{A}\overline{B}C + \overline{A}BC + A\overline{B}C + ABC$

$\qquad = \overline{A}C(B + \overline{B}) + AC(B + \overline{B})$

$\qquad = \overline{A}C + AC$

$\qquad = C(A + \overline{A}) = C$

（b）图：$Y = m_0 + m_2 + m_4 + m_6 = \overline{A}\overline{B}\overline{C} + \overline{A}B\overline{C} + A\overline{B}\overline{C} + AB\overline{C}$

$\qquad\qquad = \overline{A}\overline{C} + A\overline{C}$

$\qquad\qquad = \overline{C}$

（c）图：同理，$Y = \overline{B}\overline{D}$

（d）图：同理，$Y = \overline{B}D$

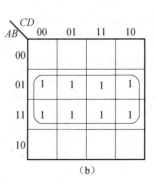

图 2.6.10　八个相邻最小项的合并

（a）$Y = \overline{D}$；（b）$Y = B$

二、用卡诺图化简逻辑函数

利用卡诺图化简逻辑函数的方法称为图形法。它和公式法相比具有两个优点：一是不用熟记公式和定理；二是公式法化简时，是否为最简式很难判断，而卡诺图化简利用几何相邻和逻辑相邻性，很容易得到最简式。

1. 卡诺图化简的步骤

（1）画出逻辑函数对应的卡诺图。

（2）合并相邻的最小项，即圈组。

（3）写出最简与或式：每个圈合并后用一个与项表示，然后将每个与项相或即得到最简与或式。

2. 合并最小项（圈组）时应注意的几点

（1）必须是 2^n 个几何相邻的最小项进行合并，消去 n 个变量，得到共有的因子。

（2）合并最小项时，圈尽可能地大，圈的个数尽可能地少。因为圈越大，消去的变量就越多；圈的个数越少，对应的与项就越少，函数表达式才越简单。

（3）每个最小项至少圈一次，可以重复被圈。但每个圈中至少包含 1 个新的最小项（只被圈过一次），否则该圈是多余的。

（4）注意卡诺图的循环相邻性。即相邻方格包括上下底相邻、左右边相邻和四个角相邻。

（5）有时合并最小项的方法并不是唯一的，故得到的最简式也不是唯一的。

[**例2.6.7**] 用卡诺图化简逻辑函数 $Y(A, B, C, D) = \sum m(0, 4, 5, 11, 12, 13, 15)$。

解：（1）画出函数对应的卡诺图，如图2.6.11所示。

（2）包圈合并最小项，得最简与或式。

$$Y = B\bar{C} + \bar{A}\,\bar{C}\,\bar{D} + ACD$$

[**例2.6.8**] 用卡诺图化简逻辑函数 $Y = \bar{A}\bar{B}CD + \bar{A}B\,\bar{C}\,\bar{D} + A\,\bar{C}D + ABC + BD$。

解：（1）画出函数对应的卡诺图，如图2.6.12所示。

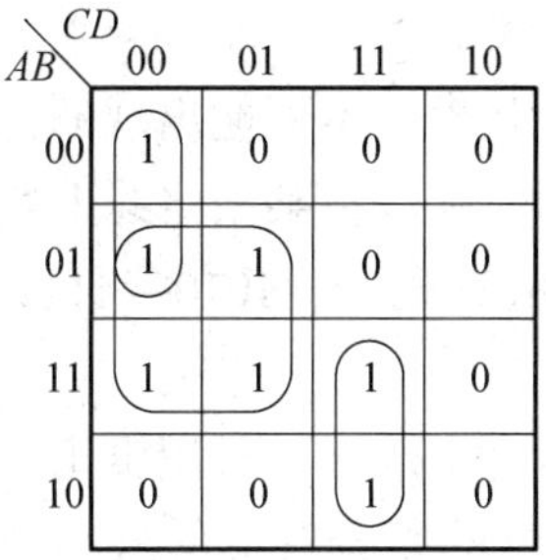

图 2.6.11　[例2.6.7]的卡诺图 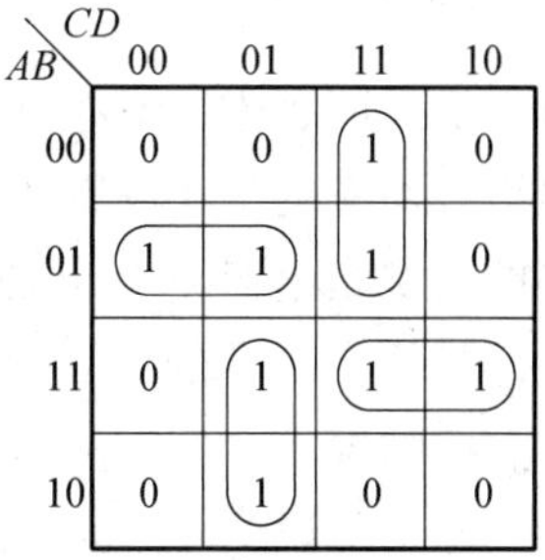　　图 2.6.12　[例2.6.8]的卡诺图

（2）包圈合并最小项，得最简与或式。

$$Y = \overline{A}CD + \overline{A}B\overline{C} + A\overline{C}D + ABC$$

[例2.6.9]　用卡诺图化简逻辑函数 $Y(A, B, C, D) = \sum m(0, 1, 2, 3, 4, 5, 6, 8, 9, 10, 11, 12, 13, 14)$。

解：（1）画出函数对应的卡诺图，如图2.6.13所示。

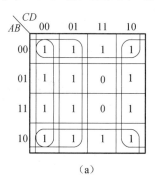 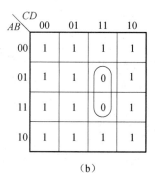

图2.6.13　[例2.6.9]的卡诺图

（a）圈1的卡诺图；（b）圈0的卡诺图

（2）包圈合并最小项，得最简与或式。

方法一：用圈1的方法化简，如图2.6.13（a）所示，得

$$Y = \overline{B} + \overline{C} + \overline{D}$$

方法二：用圈0的方法化简，如图2.6.13（b）所示，得

$$\overline{Y} = BCD$$

再对函数 Y 求反，得

$$Y = \overline{B} + \overline{C} + \overline{D}$$

两种方法结果相同。

2.6.4　具有无关项的逻辑函数的卡诺图化简

一、无关项

在许多实际问题中，有些输入变量的取值组合是根本不可能出现的，我们把这些取值组合对应的最小项称为约束项。例如交通红绿灯在某条路线上红灯和绿灯同时亮的情况是绝对不会出现的；又如在8421BCD码中，1010～1111这六种组合的代码是不会出现的，受到约束。

而在有些情况下，逻辑函数在某些变量取值组合出现时，对逻辑函数值没有任何影响，其值可以为0，也可以为1，把这些变量的组合对应的最小项称为任意项。

约束项和任意项统称为无关项。

合理地利用无关项，可使逻辑函数得到进一步化简。

[例2.6.10] 有一逻辑函数 Y，输入变量为 A、B、C。当输入变量有一个取值为1时，Y 的值为1；当3个输入变量全部取0时，Y 的值为0；不允许有两个和两个以上的输入变量同时为1。试列出逻辑函数 Y 的真值表。

解：根据题意列出真值表如表2.6.3所示。

表2.6.3 [例2.6.10] 的真值表

A	B	C	Y
0	0	0	0
0	0	1	1
0	1	0	1
0	1	1	（无关项）
1	0	0	1
1	0	1	（无关项）
1	1	0	（无关项）
1	1	1	（无关项）

二、具有无关项的逻辑函数化简

在逻辑函数中，无关项用"d"来表示，在真值表和卡诺图中用"×"或"ϕ"来表示，以区别其他的最小项。因为它不会出现，对逻辑函数的值没有任何影响，故无关项既可以取0，也可以取1，可根据逻辑函数尽量简化而定。

[例2.6.11] 求逻辑函数的最简与或式。

$$Y(A,B,C,D) = \sum m(1,3,5,7,9) + \sum d(10,11,12,13,14,15)$$

解：先画出逻辑函数对应的卡诺图，如图2.6.14所示。

利用无关项化简得最简与或式为

$$Y = D$$

[例2.6.12] 用卡诺图化简逻辑函数

$$\begin{cases} Y = \overline{B}CD + B\overline{C} + \overline{A}\,\overline{C}D + A\overline{B}C \\ B \cdot C = 0(\text{约束条件}) \end{cases}$$

解：先画出逻辑函数对应的卡诺图，如图2.6.15所示。

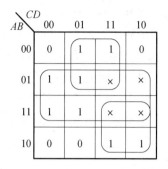

图 2.6.14　　［例 2.6.11］的卡诺图　　图 2.6.15　　［例 2.6.12］的卡诺图

利用无关项化简得最简与或式为

$$Y = B + \overline{A}D + AC$$

若不利用无关项化简，逻辑函数的最简与或式为

$$Y = B\overline{C} + \overline{A}\,\overline{B}D + A\overline{B}C$$

可见，结果要复杂得多。

卡诺图化简法直观简便，易判断结果是否最简，但一般用于四变量以下函数的化简。

 本章小结 <<<

（1）逻辑函数和逻辑变量的取值只有两个：0 或 1。逻辑代数中的 0 和 1 并不表示数量大小，仅用来表示两种截然不同的状态。正逻辑体制规定高电平为逻辑 1，低电平为逻辑 0；负逻辑体制则规定低电平为逻辑 1、高电平为逻辑 0。未加说明则默认为正逻辑体制。

（2）逻辑代数是分析和设计逻辑电路的工具，逻辑代数中的基本定律及基本公式是逻辑代数运算的基础，熟练掌握这些定律及公式可提高运算速度。

（3）基本逻辑运算有与运算（逻辑乘）、或运算（逻辑加）和非运算（逻辑反）3 种。常用复合逻辑运算有与非运算、或非运算、与或非运算、异或运算和同或运算。任何复杂的逻辑关系均由基本逻辑运算关系组合而成。

（4）逻辑函数常用的表示方法有：真值表、逻辑表达式、逻辑电路图和卡诺图等。真值表常用于分析逻辑函数的功能和证明逻辑等式等，逻辑表达式用于进行运算和变换，卡诺图主要用于化简逻辑式，逻辑图是分析和安装实际电路的依据。它们之间可以相互转换。

（5）逻辑函数化简方法主要有公式法和卡诺图法。公式化简法可化简任何复杂的逻辑函数，但需要一定的技巧和经验，而且不易判断结果是否最简。卡诺图化简法直观简便，易判断结果是否最简，但一般用于四变量以下逻辑函数的化简。

（6）最小项的特点是：包含全部输入变量，每个变量在该与项中以原变量或反变量形式出现且只出现一次。若两个最小项只有一个变量互为反变量，其余变量均相同，则称为相邻最小项。

（7）无关项有约束项和任意项两种情况，其取值对逻辑函数值没有影响。因此，化简时应视需要将无关项看作 1 或 0，使包围圈最少而且最大，从而使结果最简。

 习 题 <<<

2.1 用真值表证明下列恒等式。

（1）$(A + B)(A + C) = A + BC$

（2）$\overline{A \oplus B} = \overline{A}\,\overline{B} + AB$

（3）$A \oplus 1 = \overline{A}$

（4）$A \oplus B \oplus C = A \oplus (B \oplus C)$

（5）$A(B \oplus C) = AB \oplus AC$

2.2 用公式和定理证明下列等式。

（1）$AB + \overline{A}B + A\overline{B} + \overline{A}\,\overline{B} = 1$

（2）$\overline{\overline{AB} + \overline{BC} + A\,\overline{C}} = ABC + \overline{A}\,\overline{B}\,\overline{C}$

（3）$AB + \overline{B}CD + \overline{A}C + ACD + \overline{C}D = AB + \overline{A}C + D$

（4）$\overline{A}(C \oplus D) + B\,\overline{C}D + AC\overline{D} + A\,\overline{B}\,\overline{C}D = C \oplus D$

（5）$A \odot B \odot C = A \oplus B \oplus C$

（6）$ABC + A\,\overline{B}C + AB\overline{C} = AB + AC$

（7）$\overline{AB + \overline{A}\,\overline{B} + C} = (A \oplus B)\overline{C}$

（8）$A\,\overline{B}(C + D) + D + \overline{D}(A + B)(B + \overline{C}) = A + B + D$

2.3 用公式法化简下列各逻辑表达式。

（1）$Y = A\,\overline{B}C + \overline{A} + B + \overline{C}$

（2）$Y = A\,\overline{B} + \overline{A}B + B$

（3）$Y = \overline{\overline{A\,\overline{B} + ABC} + A(B + A\,\overline{B})}$

（4）$Y = ABC\overline{D} + \overline{A}BD + BC\overline{D} + ABCD + B\,\overline{C}$

（5）$Y = (A \oplus B)\overline{AB} + \overline{A}\,\overline{B} + AB$

（6）$Y = (\overline{A} + \overline{B} + \overline{C})(\overline{D} + \overline{E})(\overline{A} + \overline{B} + \overline{C} + DE)$

（7）$Y = A + A\,\overline{B}\,\overline{C} + \overline{A}CD + (\overline{C} + \overline{D})E$

（8）$Y = AC + \overline{B}C + B\overline{D} + A(B + \overline{C}) + \overline{A}BC\overline{D} + A\overline{B}DE$

（9）$Y = A\overline{B} + \overline{A}C + BC + CE(F + D)$

（10）$Y = \overline{B} + ABC + \overline{AC} + \overline{AB}$

2.4 画出实现下列逻辑表达式的逻辑电路图。

（1）$Y = \overline{D(A + B)}$

（2）$Y = AB + \overline{AC}$

（3）$Y = B \oplus \overline{C}\overline{D}$

（4）$Y = (A + BC)DE$

（5）$Y = \overline{\overline{\overline{A + B + CD} + \overline{C} + D}}$

2.5 求下列逻辑表达式的反演式和对偶式。

（1）$Y = \overline{(A + \overline{B})CD + \overline{E}}$

（2）$Y = \overline{AB + A\overline{C}}$

（3）$Y = (A + B\overline{C})\overline{DE}$

（4）$Y = \overline{AB} + \overline{CD}$

（5）$Y = \overline{A}\,\overline{B} + AB$

2.6 写出下列函数的标准与或式。

（1）$Y = AC + \overline{B}$

（2）$Y = A + \overline{\overline{A}C} + B$

（3）$Y = A\overline{B} + B\overline{C} + \overline{A}C$

（4）$Y = \overline{\overline{AB} + ABD}(B + \overline{C}D)$

（5）$Y = (AB + CD)\overline{B}$

2.7 已知逻辑函数 $Y = A\overline{B} + B\overline{C} + \overline{A}C$，试用真值表、卡诺图和逻辑图（限用与非门）表示。

2.8 用卡诺图法将下列逻辑函数化简成最简与或式。

（1）$Y(A,B,C) = \sum m(0,1,2,3,5,7)$

（2）$Y(A,B,C,D) = \sum m(2,6,7,8,9,10,11,13,14,15)$

（3）$Y(A,B,C,D) = \sum m(1,3,8,9,10,11,14,15)$

（4）$Y(A,B,C,D) = \sum m(0,1,2,3,4,6,8,9,10,11,12,14)$

（5）$Y(A,B,C,D) = \sum m(0,2,4,8,10,12)$

（6）$Y(A,B,C,D) = \sum m(0,1,2,5,6,8,9,10,13,14)$

（7）$Y = \overline{A}\,\overline{B} + \overline{A}BC\overline{D} + BC\overline{D} + AB\overline{C} + AC$

（8）$Y = \overline{AC + \overline{A}BC + \overline{B}C + AB\overline{C}}$

（9）$Y = A\overline{B} + A\overline{D} + \overline{A}B\overline{C} + AB\overline{C}D + \overline{A}BCD$

（10）$Y = \overline{A}\,\overline{B} + ABD(B + \overline{C}D)$

2.9 用卡诺图法将下列具有无关项的逻辑函数化简成最简与或式。

(1) $Y(A,B,C,D) = \sum m(0,1,4,9,12,13) + \sum d(2,3,6,7,8,10,11,14)$

(2) $Y(A,B,C,D) = \sum m(4,6,9,11) + \sum d(5,7,12,13,14,15)$

(3) $Y(A,B,C,D) = \sum m(0,1,4,6,9,13) + \sum d(3,5,7,11,15)$

(4) $Y(A,B,C,D) = \sum m(0,13,14,15) + \sum d(1,2,3,9,10,11)$

(5) $Y(A,B,C,D) = \sum m(2,4,6,12,14) + \sum d(0,1,13,15)$

(6) $Y(A,B,C,D) = \sum m(1,3,5,8,9,13) + \sum d(7,10,11,14,15)$

2.10 用卡诺图法将下列具有无关项的逻辑函数化简成最简与或式。约束条件为：$A \cdot B = 0$。

(1) $Y = \overline{A}\,\overline{B}D + \overline{A}BD + A\,\overline{B}\,\overline{D}$

(2) $Y = \overline{A}\,\overline{B}\,\overline{C} + \overline{A}B\,\overline{C} + \overline{A}BD + \overline{A}BC$

2.11 已知函数 $Y_1(A,B,C) = \sum m(0,1,3)$、$Y_2(A,B,C) = \sum m(3,5,6)$，试用卡诺图分别求出 $Y_1 + Y_2$、$Y_1 \cdot Y_2$、$Y_1 \oplus Y_2$、$Y_1 \odot Y_2$。

2.12 试分别用与非门、或非门、与或非门实现函数 $Y = AB + AC$。

第 3 章 　组合逻辑电路

本章要点

- 组合逻辑电路的分析
- 组合逻辑电路的设计
- 几种典型的组合逻辑单元电路：编码器、译码器、数据选择器、数据分配器、加法器、数值比较器
- 常用中规模集成组合逻辑电路的逻辑功能、使用方法及应用
- 组合逻辑电路的竞争与冒险

本章难点

- 典型组合逻辑单元电路的工作原理
- 用中规模集成电路设计组合逻辑电路

3.1　概　述

概述

组合逻辑电路的功能特点是：电路在任意时刻的输出状态只取决于该时刻的输入状态，而与电路的原有状态没有关系。

组合逻辑电路的结构特点是：由门电路构成，电路中没有记忆单元，只存在从输入到输出的通路，没有反馈回路。组合逻辑电路可以有一个或多个输入端，也可以有一个或多个输出端，电路的一般框图如图 3.1.1 所示。图中 $A_1 \sim A_i$ 为输入变量，

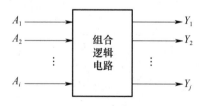

图 3.1.1　组合逻辑电路的一般框图

$Y_1 \sim Y_j$ 为输出变量，其输出变量与输入变量之间的逻辑关系可用如下的函数表达式来描述，即

$$\begin{cases} Y_1 = f_1(A_1, A_2, A_3, \cdots, A_i) \\ Y_2 = f_2(A_1, A_2, A_3, \cdots, A_i) \\ \qquad\qquad\vdots \\ Y_j = f_j(A_1, A_2, A_3, \cdots, A_i) \end{cases} \tag{3.1.1}$$

组合逻辑电路功能的描述方法主要有：逻辑表达式、真值表、卡诺图和逻辑电路图等。

研究组合逻辑电路的主要任务是：

（1）分析已给定组合电路的逻辑功能。

（2）根据命题要求，设计组合逻辑电路。

（3）掌握常用中规模集成电路的逻辑功能，选择和应用到工程实际中去。

3.2 组合逻辑电路的分析

组合逻辑电路的分析

分析组合逻辑电路的目的是：根据一个给定的逻辑电路，找出电路输出和输入之间的逻辑关系，从而确定该电路的逻辑功能。

3.2.1 组合逻辑电路的分析步骤

组合逻辑电路的一般分析步骤如下。

1. 写出输出逻辑表达式

观察逻辑电路的组成，根据给定的组合逻辑电路图，从输入到输出逐级写出各逻辑门的逻辑表达式，最后得出输出端与输入信号的逻辑表达式。

2. 将逻辑表达式变为一般与或式

对已得到的逻辑函数表达式进行整理（变形或化简），得到一般与或式。

3. 列出真值表

根据一般与或式列出对应的真值表。为了避免列写时遗漏，一般按 n 位二进制数递增的方式列出。

4. 确定电路的逻辑功能

根据真值表的特点分析逻辑电路的规律，最后确定该组合电路的逻辑功能。

3.2.2 组合逻辑电路的分析举例

下面举例说明组合逻辑电路的分析方法。

[例3.2.1]　已知组合逻辑电路如图3.2.1所示，试分析该电路的逻辑功能。

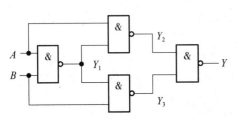

图3.2.1　[例3.2.1]的逻辑图

解：（1）根据逻辑电路逐级写出各逻辑门的表达式，最后写出输出函数的表达式。

$$Y_1 = \overline{AB}$$

$$Y_2 = \overline{A \cdot Y_1} = \overline{A \cdot \overline{AB}}$$

$$Y_3 = \overline{B \cdot Y_1} = \overline{B \cdot \overline{AB}}$$

$$Y = \overline{Y_2 \cdot Y_3} = \overline{\overline{A \cdot \overline{AB}} \cdot \overline{B \cdot \overline{AB}}}$$

（2）将得到的输出表达式整理成一般与或式。

$$Y = \overline{Y_2 \cdot Y_3} = \overline{\overline{A \cdot \overline{AB}} \cdot \overline{B \cdot \overline{AB}}}$$
$$= A(\overline{A} + \overline{B}) + B(\overline{A} + \overline{B})$$
$$= A\overline{B} + \overline{A}B$$

（3）根据逻辑函数式列出真值表。将2个输入变量的各种取值组合——列出，并填写对应的输出变量的值，如表3.2.1所示。

表3.2.1　[例3.2.1]的真值表

A	B	Y
0	0	0
0	1	1
1	0	1
1	1	0

（4）分析电路的逻辑功能。

由真值表可以看出：当A、B输入状态相同时，$Y=0$；当A、B输入状态不同时，$Y=1$。故此电路具有异或门的逻辑功能，所以该电路是由4个与非门构成的异或逻辑电路。

[例3.2.2]　已知组合逻辑电路如图3.2.2所示，试分析该电路的逻辑功能。

解：（1）根据逻辑电路写出输出函数的表达式。

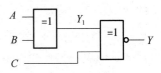

图3.2.2　[例3.2.2]的逻辑图

$$Y_1 = A \oplus B$$

$$Y = Y_1 \odot C$$

（2）将表达式整理成一般与或式。

$$Y = A \oplus B \odot C$$
$$= (\overline{A}B + A\overline{B}) \odot C$$

$$= \overline{A}BC + A\overline{B}C + AB\overline{C} + \overline{A}\ \overline{B}\ \overline{C}$$

（3）根据逻辑函数式列出真值表，如表 3.2.2 所示。

表 3.2.2　[例 3.2.2] 的真值表

A	B	C	Y
0	0	0	1
0	0	1	0
0	1	0	0
0	1	1	1
1	0	0	0
1	0	1	1
1	1	0	1
1	1	1	0

（4）根据真值表分析电路的功能。

由真值表可以看出：当 A、B、C 输入端中有偶数个 1 时，输出 $Y = 1$；当 A、B、C 输入端中有奇数个 1 时，输出 $Y = 0$。故该电路是 3 位的判偶电路，又称为偶校验电路。

3.3　组合逻辑电路的设计

组合逻辑电路的设计与组合逻辑电路的分析互为逆过程。组合逻辑电路设计的任务是对于提出的实际逻辑要求，设计出能实现该功能的最简单的组合逻辑电路，并将其转化为实际装置。电路的实现可以采用小规模集成门电路、中规模组合逻辑器件等。

组合逻辑电
路的设计

3.3.1　组合逻辑电路的设计步骤

组合逻辑电路的一般设计步骤如下。

1. 分析设计要求，确定逻辑变量

在进行组合逻辑电路设计之前，要仔细分析设计要求，将实际问题逻辑化，确定输入、输出逻辑变量的个数。在实际逻辑问题中，一般将引起事件的原因设定为输入变量，将事件的结果设定为输出变量。

2. 根据设计要求列出真值表

规定输入和输出逻辑变量的符号，并分别用"0"和"1"定义逻辑取值。然后分析输出变量和输入变量间的逻辑关系，列出对应的真值表。

3. 化简和变换逻辑表达式

可根据需要由真值表写出逻辑表达式后用公式法化简，或由真值表直接用卡诺图法化简，求出最简与或式。然后根据具体设计要求，将最简与或式变换成符合特定要求的门电路类型所对应的最简表达式。

4. 画出逻辑电路图

根据化简和变换后的最简逻辑函数表达式，画出符合要求的逻辑电路图。

3.3.2 组合逻辑电路的设计举例

下面举例说明组合逻辑电路的设计方法。

[例3.3.1]　设计一个三人表决电路，至少两人同意结果才可通过，只有一人同意则结果被否定。试用与非门实现逻辑电路。

解：（1）分析设计要求，确定输入输出变量。

设 A、B、C 分别代表三个人，用 Y 表示表决结果，则根据题意 A、B、C 分别是电路的三个输入端，同意为 1，不同意为 0。Y 是电路的输出端，通过为 1，否定为 0。

（2）列出真值表如表 3.3.1 所示。

表 3.3.1　[例3.3.1] 的真值表

A	B	C	Y
0	0	0	0
0	0	1	0
0	1	0	0
0	1	1	1
1	0	0	0
1	0	1	1
1	1	0	1
1	1	1	1

（3）化简和变换逻辑表达式。

根据真值表写出逻辑表达式，并化简为

$$Y = \overline{A}BC + A\overline{B}C + AB\overline{C} + ABC$$
$$= BC + AC + AB$$

或用卡诺图法化简，如图3.3.1所示，可得：

$$Y = BC + AB + AC$$

题意要求用与非门实现，故将最简与或表达式变换为与非－与非表达式，得

$$Y = AB + BC + AC$$
$$= \overline{\overline{AB} \cdot \overline{BC} \cdot \overline{AC}}$$

（4）画出对应的逻辑电路图，如图3.3.2所示。

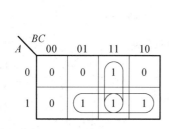

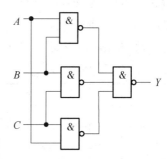

图 3.3.1　［例 3.3.1］的卡诺图　　　　图 3.3.2　［例 3.3.1］的逻辑图

［例 3.3.2］　设计一个二输入端控制电路，当控制信号 $C = 0$ 时，输出与输入状态相同，当控制信号 $C = 1$ 时，输出与输入状态相反。

解：（1）根据设计要求，列出真值表如表3.3.2所示。其中 C 为控制信号，X_1、X_0 为输入信号，Y_1、Y_0 为输出信号。

表 3.3.2　［例 3.3.2］的真值表

C	X_1	X_0	Y_1	Y_0
0	0	0	0	0
0	0	1	0	1
0	1	0	1	0
0	1	1	1	1
1	0	0	1	1
1	0	1	1	0
1	1	0	0	1
1	1	1	0	0

（2）化简得最简表达式：

$$Y_1 = \overline{C}X_1\overline{X}_0 + \overline{C}X_1X_0 + C\overline{X}_1\overline{X}_0 + C\overline{X}_1X_0$$

$$= \overline{C}X_1 + C\overline{X}_1$$

$$= C \oplus X_1$$

$$Y_0 = \overline{C}\,\overline{X}_1X_0 + \overline{C}X_1X_0 + C\overline{X}_1\overline{X}_0 + CX_1\overline{X}_0$$

$$= \overline{C}X_0 + C\overline{X}_0$$

$$= C \oplus X_0$$

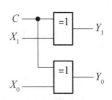

（3）画出逻辑电路图如图 3.3.3 所示。

[例 3.3.3] 设计一个将余 3 码变换成 8421BCD 码的组合逻辑电路。

图 3.3.3 [例 3.3.2] 的逻辑图

解：（1）根据题目要求，列出真值表如表 3.3.3 所示。

表 3.3.3 [例 3.3.3] 的真值表

A_3	A_2	A_1	A_0	Y_3	Y_2	Y_1	Y_0
0	0	0	0	×	×	×	×
0	0	0	1	×	×	×	×
0	0	1	0	×	×	×	×
0	0	1	1	0	0	0	0
0	1	0	0	0	0	0	1
0	1	0	1	0	0	1	0
0	1	1	0	0	0	1	1
0	1	1	1	0	1	0	0
1	0	0	0	0	1	0	1
1	0	0	1	0	1	1	0
1	0	1	0	0	1	1	1
1	0	1	1	1	0	0	0
1	1	0	0	1	0	0	1
1	1	0	1	×	×	×	×
1	1	1	0	×	×	×	×
1	1	1	1	×	×	×	×

（2）用卡诺图进行化简，如图 3.3.4 所示。（注意利用无关项）

化简后得最简逻辑表达式为：

$$Y_3 = A_3A_2 + A_3A_1A_0 = \overline{\overline{A_3A_2} \cdot \overline{A_3A_1A_0}}$$

$$Y_2 = \overline{A}_2\overline{A}_0 + \overline{A}_2\overline{A}_1 + A_2A_1A_0 = \overline{\overline{A_2\overline{A}_0} \cdot \overline{\overline{A}_2\overline{A}_1} \cdot \overline{A_2A_1A_0}}$$

$$Y_1 = A_1\overline{A}_0 + \overline{A}_1A_0 = \overline{\overline{A_1\overline{A}_0} \cdot \overline{\overline{A}_1A_0}}$$

$$Y_0 = \overline{A}_0$$

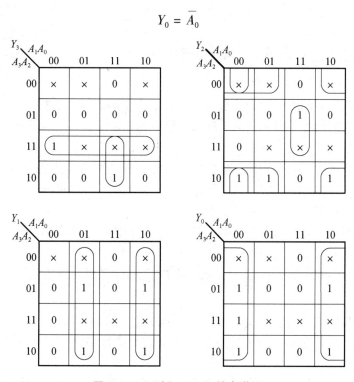

图 3.3.4 ［例 3.3.3］的卡诺图

（3）由逻辑表达式画出逻辑图，如图 3.3.5 所示。

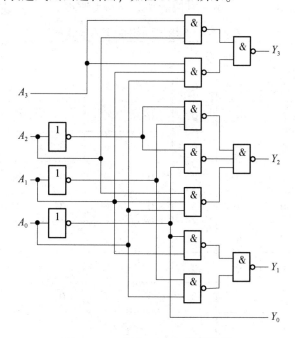

图 3.3.5 ［例 3.3.3］的逻辑图

3.4 编 码 器

编码器

数字系统中存储或处理的信息常常是用二进制码表示的。将具有特定意义的信息编成相应的二进制代码的过程称为编码。实现编码功能的逻辑电路称为编码器。

在数字系统中，要表示的信息量越多，二进制代码的位数就越多。n 位二进制代码有 2^n 个状态，可以表示 2^n 个信息。对 N 个输入信号进行编码时，可根据公式 $2^n \geq N$ 来确定二进制代码的位数。

常用的编码器有二进制编码器、二–十进制编码器、优先编码器等。

3.4.1 二进制编码器

二进制编码器是将 2^n 个输入信号转换成 n 位二进制代码输出的逻辑电路。

[例3.4.1] 用与非门设计一个将 8 个输入信号编成二进制代码输出的编码器。

解：（1）分析设计要求，列出真值表。由题意可知有 8 个输入信号，用 1 表示有编码请求，用 0 表示无编码请求。根据公式 $2^n \geq N$ 可得输出需要 3 位二进制代码，分别用 Y_2、Y_1、Y_0 表示。真值表如表 3.4.1 所示。

表 3.4.1 8 线 –3 线编码器真值表

输　　入								输　　出		
I_0	I_1	I_2	I_3	I_4	I_5	I_6	I_7	Y_2	Y_1	Y_0
1	0	0	0	0	0	0	0	0	0	0
0	1	0	0	0	0	0	0	0	0	1
0	0	1	0	0	0	0	0	0	1	0
0	0	0	1	0	0	0	0	0	1	1
0	0	0	0	1	0	0	0	1	0	0
0	0	0	0	0	1	0	0	1	0	1
0	0	0	0	0	0	1	0	1	1	0
0	0	0	0	0	0	0	1	1	1	1

（2）根据真值表写出逻辑函数表达式。在编码器中，因为某一时刻只能对一个请求编码的输入信号进行编码，否则输出就会发生混乱，故在根据真值表进行卡诺图化简时，将输入信号中有 2 个或 2 个以上输入信号同时请求编码的取值组合所对应的最小项当作无关项，利用无关项化简得到的最简输出表达式为

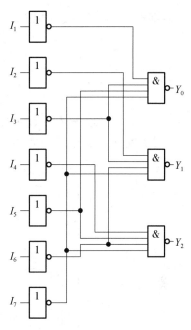

$$\begin{cases} Y_2 = I_4 + I_5 + I_6 + I_7 = \overline{\overline{I_4} \cdot \overline{I_5} \cdot \overline{I_6} \cdot \overline{I_7}} \\ Y_1 = I_2 + I_3 + I_6 + I_7 = \overline{\overline{I_2} \cdot \overline{I_3} \cdot \overline{I_6} \cdot \overline{I_7}} \quad (3.4.1) \\ Y_0 = I_1 + I_3 + I_5 + I_7 = \overline{\overline{I_1} \cdot \overline{I_3} \cdot \overline{I_5} \cdot \overline{I_7}} \end{cases}$$

（3）画出逻辑电路图。根据式（3.4.1）画出对应的电路如图 3.4.1 所示。当 $I_1 \sim I_7$ 均取值为 0 时，输出 $Y_2 Y_1 Y_0 = 000$，故 I_0 可以不画。该电路共有 8 个输入端，3 个输出端，故称为 8 线 – 3 线编码器。

图 3.4.1 3 位二进制编码器

3.4.2 二 – 十进制编码器

二 – 十进制编码器是将十进制的 10 个数码 0 ~ 9 编成二进制代码的逻辑电路。这种二进制代码又称为二 – 十进制代码，简称 BCD 码。该编码器有 10 个输入端，4 个输出端，是 10 线 – 4 线编码器，真值表如表 3.4.2 所示。

表 3.4.2 8421BCD 编码器真值表

输　　　　　入										输　　出			
I_0	I_1	I_2	I_3	I_4	I_5	I_6	I_7	I_8	I_9	Y_3	Y_2	Y_1	Y_0
1	0	0	0	0	0	0	0	0	0	0	0	0	0
0	1	0	0	0	0	0	0	0	0	0	0	0	1
0	0	1	0	0	0	0	0	0	0	0	0	1	0
0	0	0	1	0	0	0	0	0	0	0	0	1	1
0	0	0	0	1	0	0	0	0	0	0	1	0	0
0	0	0	0	0	1	0	0	0	0	0	1	0	1
0	0	0	0	0	0	1	0	0	0	0	1	1	0
0	0	0	0	0	0	0	1	0	0	0	1	1	1
0	0	0	0	0	0	0	0	1	0	1	0	0	0
0	0	0	0	0	0	0	0	0	1	1	0	0	1

根据真值表得 10 线 -4 线编码器对应的输出逻辑函数表达式如下：

$$\begin{cases} Y_3 = I_8 + I_9 = \overline{\overline{I_8} \cdot \overline{I_9}} \\ Y_2 = I_4 + I_5 + I_6 + I_7 = \overline{\overline{I_4} \cdot \overline{I_5} \cdot \overline{I_6} \cdot \overline{I_7}} \\ Y_1 = I_2 + I_3 + I_6 + I_7 = \overline{\overline{I_2} \cdot \overline{I_3} \cdot \overline{I_6} \cdot \overline{I_7}} \\ Y_0 = I_1 + I_3 + I_5 + I_7 + I_9 = \overline{\overline{I_1} \cdot \overline{I_3} \cdot \overline{I_5} \cdot \overline{I_7} \cdot \overline{I_9}} \end{cases} \quad (3.4.2)$$

画出对应的逻辑电路图如图 3.4.2 所示，与 8 线 -3 线编码器相似，I_0 也可以不画。

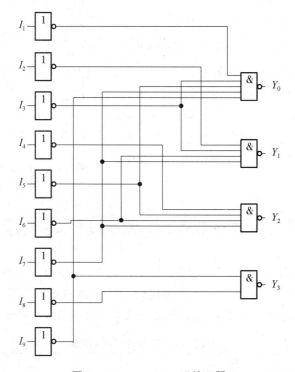

图 3.4.2　8421BCD 码编码器

3.4.3　优先编码器

前面讨论的编码器在 2 个或 2 个以上的输入信号同时有效时，其输出将是混乱的。在实际应用中，经常会遇到 2 个及以上的输入信号同时有效的情况。如火车站的特快、普快、慢车三种类型的客运列车可能会同时要求进站，但指示列车进站的逻辑电路在某一时刻只能响应其中一个请求。因此，必须根据事情的轻重缓急，规定好这些控制对象允许操作的先后顺序，即优先级别。对多个请求信号的优先级别进行编码的逻辑电路称为优先编码器。输入信号优先级别的高低由设计者根据工作需要事先设定。

图 3.4.3 所示为 8 线 – 3 线优先编码器 CT74LS148 的逻辑功能示意图。其真值表如表 3.4.3 所示。

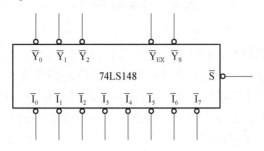

图 3.4.3 CT74LS148 的逻辑功能示意图

表 3.4.3 8 线 – 3 线优先编码器 CT74LS148 真值表

$\overline{S}$	$\overline{I_7}$	$\overline{I_6}$	$\overline{I_5}$	$\overline{I_4}$	$\overline{I_3}$	$\overline{I_2}$	$\overline{I_1}$	$\overline{I_0}$	$\overline{Y_2}$	$\overline{Y_1}$	$\overline{Y_0}$	$\overline{Y_S}$	$\overline{Y_{EX}}$
1	×	×	×	×	×	×	×	×	1	1	1	1	1
0	0	×	×	×	×	×	×	×	0	0	0	1	0
0	1	0	×	×	×	×	×	×	0	0	1	1	0
0	1	1	0	×	×	×	×	×	0	1	0	1	0
0	1	1	1	0	×	×	×	×	0	1	1	1	0
0	1	1	1	1	0	×	×	×	1	0	0	1	0
0	1	1	1	1	1	0	×	×	1	0	1	1	0
0	1	1	1	1	1	1	0	×	1	1	0	1	0
0	1	1	1	1	1	1	1	0	1	1	1	1	0
0	1	1	1	1	1	1	1	1	1	1	1	0	1

为了便于级联扩展，优先编码器 CT74LS148 增加了使能端 $\overline{S}$（低电平有效）和优先扩展端 $\overline{Y_{EX}}$ 和 $\overline{Y_S}$。当 $\overline{S}=1$ 时，电路处于禁止状态，即禁止编码，输出均为高电平；当 $\overline{S}=0$ 时，电路处于编码状态，即允许编码。只有当 $\overline{I_7} \sim \overline{I_0}$ 全为 1 时，$\overline{Y_S}$ 才为 0，其余情况 $\overline{Y_S}$ 均为 1，故 $\overline{Y_S}=0$ 表示"电路工作，但无编码输入"；当 $\overline{I_7} \sim \overline{I_0}$ 至少有 1 个为有效电平时，$\overline{Y_{EX}}=0$，表示"电路工作，且有编码输入"。

当 $\overline{S}=0$ 时，根据不同的优先级别输出对应的编码。在 $\overline{I_7} \sim \overline{I_0}$ 中，$\overline{I_7}$ 的优先级别最高，$\overline{I_6}$ 次之，其余依此类推，$\overline{I_0}$ 的级别最低。也就是说，当 $\overline{I_7}=0$ 时，其余输入信号不论是 0 还是 1 都不起作用，电路只对 $\overline{I_7}$ 进行编码，输出 $\overline{Y_2}\,\overline{Y_1}\,\overline{Y_0}=000$，此码为反码，其原码为 111，其余类推。可见，这 8 个输入信号优先级别的高低次序依次为 $\overline{I_7}$、$\overline{I_6}$、$\overline{I_5}$、$\overline{I_4}$、$\overline{I_3}$、$\overline{I_2}$、$\overline{I_1}$、$\overline{I_0}$。

3.5 译码器

译码器

译码是编码的逆过程，它的功能是将具有特定含义的二进制代码转换成对应的输出信号。具有译码功能的逻辑电路称为译码器。译码器可分为两种类型。一种是将输入代码转换成与之唯一对应的特定信号，如二进制译码器、二－十进制译码器。另一种是将一种输入代码转换成另一种代码的输出，如显示译码器。

3.5.1 二进制译码器

将输入二进制代码按其原意转换成对应特定信号输出的逻辑电路称为二进制译码器。图 3.5.1 表示二进制译码器的方框图，它有 n 个输入变量（即 n 位的二进制代码输入），2^n 个输出变量，每一组输入代码唯一对应一个输出变量。

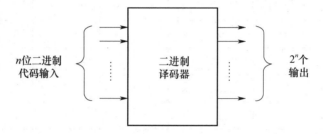

图 3.5.1　二进制译码器方框图

下面以 3 位二进制译码器为例，分析译码器的电路结构和工作原理。

3 位二进制译码器有 3 个输入端 A_2、A_1、A_0，$2^3 = 8$ 个输出端 $Y_0 \sim Y_7$，故称 3 线 －8 线译码器。其真值表如表 3.5.1 所示。

表 3.5.1　3 线 －8 线译码器真值表

输　　入			输　　出							
A_2	A_1	A_0	Y_0	Y_1	Y_2	Y_3	Y_4	Y_5	Y_6	Y_7
0	0	0	1	0	0	0	0	0	0	0
0	0	1	0	1	0	0	0	0	0	0
0	1	0	0	0	1	0	0	0	0	0
0	1	1	0	0	0	1	0	0	0	0
1	0	0	0	0	0	0	1	0	0	0
1	0	1	0	0	0	0	0	1	0	0
1	1	0	0	0	0	0	0	0	1	0
1	1	1	0	0	0	0	0	0	0	1

根据真值表写出各输出表达式为：

$$
\begin{cases}
Y_0 = \overline{A_2}\,\overline{A_1}\,\overline{A_0} = m_0 & Y_4 = A_2\overline{A_1}\,\overline{A_0} = m_4 \\
Y_1 = \overline{A_2}\,\overline{A_1}A_0 = m_1 & Y_5 = A_2\overline{A_1}A_0 = m_5 \\
Y_2 = \overline{A_2}A_1\overline{A_0} = m_2 & Y_6 = A_2A_1\overline{A_0} = m_6 \\
Y_3 = \overline{A_2}A_1A_0 = m_3 & Y_7 = A_2A_1A_0 = m_7
\end{cases}
\tag{3.5.1}
$$

由式（3.5.1）可看出，3 线 – 8 线译码器的 8 个输出逻辑函数为 8 个不同的最小项，即为 3 个输入二进制代码变量的全部最小项，所以把这种译码器称为全译码器，又称最小项译码器。

根据表达式画出逻辑电路图，如图 3.5.2 所示。

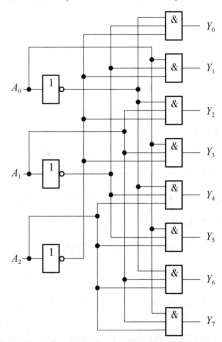

图 3.5.2 3 线 – 8 线译码器的逻辑电路图

CT74LS138 是由 TTL 与非门组成的 3 线 – 8 线译码器，它的逻辑功能示意图如图 3.5.3 所示。

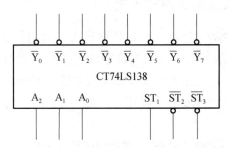

图 3.5.3 CT74LS138 的逻辑功能示意图

图中 A_2、A_1、A_0 为二进制代码输入端，$\overline{Y_0} \sim \overline{Y_7}$ 为输出端，低电平有效；ST_1、$\overline{ST_2}$、$\overline{ST_3}$ 为 3 个使能输入端，也称为"片选"输入端。当 $ST_1 = 1$，且 $\overline{ST_2} = \overline{ST_3} = 0$ 时，译码器处于工作状态，否则译码器处于禁止状态。CT74LS138 功能表如表 3.5.2 所示。

表 3.5.2　CT74LS138 功能表

输　入						输　出							
ST_1	$\overline{ST_2}$	$\overline{ST_3}$	A_2	A_1	A_0	$\overline{Y_0}$	$\overline{Y_1}$	$\overline{Y_2}$	$\overline{Y_3}$	$\overline{Y_4}$	$\overline{Y_5}$	$\overline{Y_6}$	$\overline{Y_7}$
×	1	×	×	×	×	1	1	1	1	1	1	1	1
×	×	1	×	×	×	1	1	1	1	1	1	1	1
0	×	×	×	×	×	1	1	1	1	1	1	1	1
1	0	0	0	0	0	0	1	1	1	1	1	1	1
1	0	0	0	0	1	1	0	1	1	1	1	1	1
1	0	0	0	1	0	1	1	0	1	1	1	1	1
1	0	0	0	1	1	1	1	1	0	1	1	1	1
1	0	0	1	0	0	1	1	1	1	0	1	1	1
1	0	0	1	0	1	1	1	1	1	1	0	1	1
1	0	0	1	1	0	1	1	1	1	1	1	0	1
1	0	0	1	1	1	1	1	1	1	1	1	1	0

由真值表可知，当电路工作时，输出低电平有效，其表达式如式（3.5.2）所示。

$$\left.\begin{array}{ll}
\overline{Y_0} = \overline{\overline{A_2}\,\overline{A_1}\,\overline{A_0}} = \overline{m_0} & \overline{Y_4} = \overline{A_2\,\overline{A_1}\,\overline{A_0}} = \overline{m_4} \\
\overline{Y_1} = \overline{\overline{A_2}\,\overline{A_1}\,A_0} = \overline{m_1} & \overline{Y_5} = \overline{A_2\,\overline{A_1}\,A_0} = \overline{m_5} \\
\overline{Y_2} = \overline{\overline{A_2}\,A_1\,\overline{A_0}} = \overline{m_2} & \overline{Y_6} = \overline{A_2\,A_1\,\overline{A_0}} = \overline{m_6} \\
\overline{Y_3} = \overline{\overline{A_2}\,A_1\,A_0} = \overline{m_3} & \overline{Y_7} = \overline{A_2\,A_1\,A_0} = \overline{m_7}
\end{array}\right\} \qquad (3.5.2)$$

3.5.2　二进制译码器的应用

一、用译码器实现组合逻辑电路

因为 n 个输入变量的二进制译码器的输出为其对应的 2^n 个最小项（或最小项的反），而任一逻辑函数均可表示为最小项表达式（即标准与或式）的形式，故利用二进制译码器和门电路可实现单输出或多输出组合逻辑电路的设计。使用方法为：当译码器的输出为低电平有效时，选用与非门；当译码器的输出为高电平有效时，选用或门。

［例 3.5.1］　试用 CT74LS138 实现逻辑函数 $Y = \overline{A}C + A\,\overline{B}$。

解：（1）写出函数的最小项表达式

$$Y = \overline{A}\,\overline{B}C + \overline{A}BC + A\,\overline{B}\,\overline{C} + A\overline{B}C$$

$$= m_1 + m_3 + m_4 + m_5$$

$$= \overline{\overline{m_1} \cdot \overline{m_3} \cdot \overline{m_4} \cdot \overline{m_5}}$$

（2）令 $A = A_2$、$B = A_1$、$C = A_0$，则上式可以写为

$$Y = \overline{\overline{Y_1} \cdot \overline{Y_3} \cdot \overline{Y_4} \cdot \overline{Y_5}} \tag{3.5.3}$$

（3）画出逻辑函数对应的电路图，如图 3.5.4 所示。

如果本题采用高电平输出有效的译码器设计时，则表达式可写为

$$Y = Y_1 + Y_3 + Y_4 + Y_5 \tag{3.5.4}$$

则其逻辑函数对应的电路图如图 3.5.5 所示。

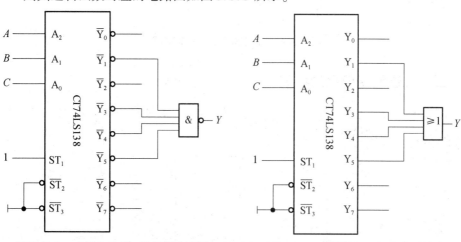

图 3.5.4　［例 3.5.1］的逻辑电路图　　　　图 3.5.5　［例 3.5.1］高电平输出
　　　　　　　　　　　　　　　　　　　　　　　　　　有效的逻辑图

［**例 3.5.2**］　试用 74LS138 和门电路实现多输出组合逻辑电路，输出函数式为

$$Y_A = \overline{A}\,\overline{B} + AB\overline{C}$$

$$Y_B = A + \overline{B}C$$

$$Y_C = \overline{A}B + A\overline{B}$$

解：（1）写出函数的最小项表达式

$$
\begin{cases}
Y_A = \overline{A}\,\overline{B} + AB\overline{C} = m_0 + m_1 + m_6 \\
Y_B = A + \overline{B}C = m_1 + m_4 + m_5 + m_6 + m_7 \\
Y_C = \overline{A}B + A\overline{B} = m_2 + m_3 + m_4 + m_5
\end{cases}
$$

（2）令 $A = A_2$、$B = A_1$、$C = A_0$，则上式可以写为

$$
\begin{cases}
Y_A = \overline{\overline{m_0} \cdot \overline{m_1} \cdot \overline{m_6}} = \overline{\overline{Y_0} \cdot \overline{Y_1} \cdot \overline{Y_6}} \\
Y_B = \overline{\overline{m_1} \cdot \overline{m_4} \cdot \overline{m_5} \cdot \overline{m_6} \cdot \overline{m_7}} = \overline{\overline{Y_1} \cdot \overline{Y_4} \cdot \overline{Y_5} \cdot \overline{Y_6} \cdot \overline{Y_7}} \\
Y_C = \overline{\overline{m_2} \cdot \overline{m_3} \cdot \overline{m_4} \cdot \overline{m_5}} = \overline{\overline{Y_2} \cdot \overline{Y_3} \cdot \overline{Y_4} \cdot \overline{Y_5}}
\end{cases}
\tag{3.5.5}
$$

（3）画出逻辑函数对应的电路图，如图 3.5.6 所示。

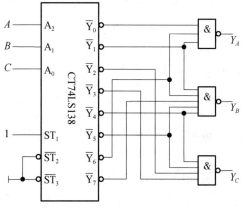

图 3.5.6 ［例 3.5.2］的逻辑图

二、二进制译码器的扩展

图 3.5.7 所示为两片 CT74LS138 构成的 4 线 – 16 线译码器，CT74LS138（1）为低位片，CT74LS138（2）为高位片。

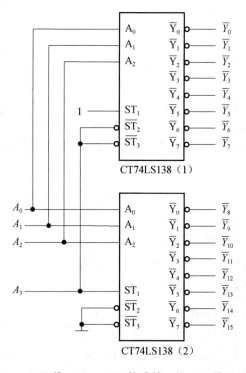

图 3.5.7 两片 CT74LS138 构成的 4 线 – 16 线译码器

当输入 $A_3 = 0$ 时，低位片 CT74LS138（1）工作，当输入 $A_3 A_2 A_1 A_0$ 在 0000 ~

0111之间变化时，$\overline{Y}_0 \sim \overline{Y}_7$ 对应的输出端输出有效的低电平 0，而此时高位片 CT74LS138(2) 因 $A_3 = 0$，被禁止译码，输出 $\overline{Y}_8 \sim \overline{Y}_{15}$ 均为高电平 1。

当输入 $A_3 = 1$ 时，低位片 CT74LS138(1) 因 $A_3 = 1$ 而禁止译码，输出 $\overline{Y}_0 \sim \overline{Y}_7$ 均为高电平 1，高位片 CT74LS138(2) 工作，这时输入 $A_3A_2A_1A_0$ 在 1000 ~ 1111 之间变化时，$\overline{Y}_8 \sim \overline{Y}_{15}$ 对应的输出端输出有效的低电平 0。

3.5.3 二 – 十进制译码器

二 – 十进制译码器的逻辑功能是将输入的 10 个 BCD 代码译成 0 ~ 9 共 10 个对应的输出信号。它有 4 个输入端，10 个输出端。

表 3.5.3 为二 – 十进制译码器 CT74LS42 的功能表，由表可知，输入为 4 位的 8421BCD 码，前 10 种组合对应输出 0 ~ 9 共 10 个十进制数，而后 6 种组合 1010 ~ 1111 均无有效电平输出，译码器拒绝"翻译"，所以这个电路不会出现误译码，这种译码方式称为完全译码方式。

表 3.5.3 二 – 十进制译码器 CT74LS42 的功能表

序号	输入				输出									
	A_3	A_2	A_1	A_0	$\overline{Y}_0$	$\overline{Y}_1$	$\overline{Y}_2$	$\overline{Y}_3$	$\overline{Y}_4$	$\overline{Y}_5$	$\overline{Y}_6$	$\overline{Y}_7$	$\overline{Y}_8$	$\overline{Y}_9$
0	0	0	0	0	0	1	1	1	1	1	1	1	1	1
1	0	0	0	1	1	0	1	1	1	1	1	1	1	1
2	0	0	1	0	1	1	0	1	1	1	1	1	1	1
3	0	0	1	1	1	1	1	0	1	1	1	1	1	1
4	0	1	0	0	1	1	1	1	0	1	1	1	1	1
5	0	1	0	1	1	1	1	1	1	0	1	1	1	1
6	0	1	1	0	1	1	1	1	1	1	0	1	1	1
7	0	1	1	1	1	1	1	1	1	1	1	0	1	1
8	1	0	0	0	1	1	1	1	1	1	1	1	0	1
9	1	0	0	1	1	1	1	1	1	1	1	1	1	0
伪码	1	0	1	0	1	1	1	1	1	1	1	1	1	1
	1	0	1	1	1	1	1	1	1	1	1	1	1	1
	1	1	0	0	1	1	1	1	1	1	1	1	1	1
	1	1	0	1	1	1	1	1	1	1	1	1	1	1
	1	1	1	0	1	1	1	1	1	1	1	1	1	1
	1	1	1	1	1	1	1	1	1	1	1	1	1	1

根据表 3.5.3 写出二 – 十进制译码器 CT74LS42 的逻辑函数表达式为

$$
\begin{cases}
\overline{Y_0} = \overline{\overline{A_3}\,\overline{A_2}\,\overline{A_1}\,\overline{A_0}} \\
\overline{Y_1} = \overline{\overline{A_3}\,\overline{A_2}\,\overline{A_1}\,A_0} \\
\overline{Y_2} = \overline{\overline{A_3}\,\overline{A_2}\,A_1\,\overline{A_0}} \\
\overline{Y_3} = \overline{\overline{A_3}\,\overline{A_2}\,A_1\,A_0} \\
\overline{Y_4} = \overline{\overline{A_3}\,A_2\,\overline{A_1}\,\overline{A_0}} \\
\overline{Y_5} = \overline{\overline{A_3}\,A_2\,\overline{A_1}\,A_0} \\
\overline{Y_6} = \overline{\overline{A_3}\,A_2\,A_1\,\overline{A_0}} \\
\overline{Y_7} = \overline{\overline{A_3}\,A_2\,A_1\,A_0} \\
\overline{Y_8} = \overline{A_3\,\overline{A_2}\,\overline{A_1}\,\overline{A_0}} \\
\overline{Y_9} = \overline{A_3\,\overline{A_2}\,\overline{A_1}\,A_0}
\end{cases}
\tag{3.5.6}
$$

这种采用完全译码方式的逻辑电路具有很高的工作稳定性。

3.5.4　显示译码器

在数字测量仪表和各种数字系统中，都需要将数字量直观地显示出来，数字显示电路通常由译码驱动器和显示器等部分组成。数码显示器是用来显示数字、文字、符号的器件，七段式数字显示器是目前常用的数字显示方式，其发光器件主要有发光二极管和液晶显示器，这里主要介绍前者。

一、常见的显示器件

1. 半导体七段显示器（LED）

七段发光二极管组成的半导体显示器如图 3.5.8 所示，它有 $a \sim g$ 共 7 个发光段，利用发光段的不同组合，可显示 $0 \sim 9$ 共十个数字。例如，当 8421BCD 码为 0101 状态时，对应的十进制数为 5，则译码驱动器应使 a、c、d、f、g 各段点亮，显示字型 5。

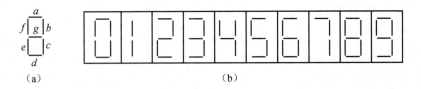

图 3.5.8　半导体七段显示器发光段组合图

（a）显示器分段图；（b）七段组合图

半导体显示器的优点是工作电压低（1.5 ~ 3 V）、体积小、寿命长、响应速度快、亮度高、颜色丰富等。缺点是工作电流较大（一般为 10 mA 左右）。为防止发光二极管因工作电流过大而损坏，通常串接一个限流电阻 R。

常用的集成七段显示器的内部接法有两种，如图 3.5.9 所示。图 3.5.9 (a) 为共阳极接法的显示器。图 3.5.9 (b) 为共阴极接法的显示器。

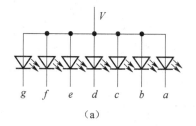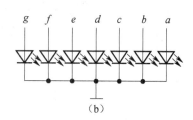

图 3.5.9　半导体显示器的内部接法

(a) 共阳极接法；(b) 共阴极接法

2. 液晶显示器（LCD）

液晶是液态晶体的简称，是一种有机化合物。在一定的温度范围内，它既具有液体的流动性，又具有晶体的光学特性，其透明度和颜色随电场、磁场、光等外界条件的变化而变化。其显示方式分为分段式显示和点阵式显示两种。

液晶显示器是利用液晶在电场作用下对光的折射率发生变化的原理来实现显示的。无外加电场作用时，液晶分子排列整齐，入射的光线绝大部分被反射回来，液晶呈透明状态，不显示数字。当在相应字段的电极上加电压时，液晶中的离子在电场力的作用下做定向运动，在运动过程中不断撞击液晶分子，破坏了液晶分子的整齐排列，液晶对入射光产生散射而变成了暗灰色，于是显示出相应的数字，这就是所谓的"动态散射效应"。当外加电压断开后，液晶分子又将恢复到整齐排列状态，字型随之消失。

液晶显示器是一种被动的显示器件，液晶本身不发光，而是借助自然光或外界光源显示的，使用时，要求周围的环境有足够的光线。它的优点是：工作电压低、功耗小、寿命长等；缺点是工作温度范围较窄（-10~60 ℃）、响应速度低等。目前其广泛应用于电子计算机、数字仪表、计算器、电子手表等电路中。

二、七段显示译码器

七段显示译码器的输入为 8421BCD 码，输出为 $Y_a \sim Y_g$ 共 7 个信号，分别驱动显示器的七个光段，故也称为 4 线/7 段译码器。

常用的 4 线/7 段显示译码器的逻辑符号如图 3.5.10 所示，功能表如表 3.5.4 所示。该译码器具有较大的输出电流驱动能

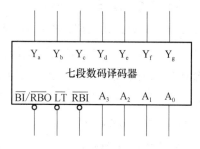

图 3.5.10　4 线/7 段显示译码器的逻辑符号

力，可直接驱动半导体显示器。图中 A_3、A_2、A_1、A_0 为 8421BCD 码输入端，$Y_a \sim Y_g$ 为输出端，输出高电平有效，用以驱动共阴极显示器。

表 3.5.4　4 线/7 段译码器 74LS48 功能表

十进制数	输入							输出							字形
	$\overline{LT}$	$\overline{BI}/\overline{RBO}$	$\overline{RBI}$	A_3	A_2	A_1	A_0	Y_a	Y_b	Y_c	Y_d	Y_e	Y_f	Y_g	
0	1	1	1	0	0	0	0	1	1	1	1	1	1	0	0
1	1	1	×	0	0	0	1	0	1	1	0	0	0	0	1
2	1	1	×	0	0	1	0	1	1	0	1	1	0	1	2
3	1	1	×	0	0	1	1	1	1	1	1	0	0	1	3
4	1	1	×	0	1	0	0	0	1	1	0	0	1	1	4
5	1	1	×	0	1	0	1	1	0	1	1	0	1	1	5
6	1	1	×	0	1	1	0	0	0	1	1	1	1	1	6
7	1	1	×	0	1	1	1	1	1	1	0	0	0	0	7
8	1	1	×	1	0	0	0	1	1	1	1	1	1	1	8
9	1	1	×	1	0	0	1	1	1	1	1	0	1	1	9
10	1	1	×	1	0	1	0	0	0	0	1	1	0	1	⊏
11	1	1	×	1	0	1	1	0	0	1	1	0	0	1	⊐
12	1	1	×	1	1	0	0	0	1	0	0	0	1	1	⊔
13	1	1	×	1	1	0	1	1	0	0	1	0	1	1	⊑
14	1	1	×	1	1	1	0	0	0	0	1	1	1	1	╘
15	1	1	×	1	1	1	1	0	0	0	0	0	0	0	消隐
$\overline{BI}$	×	0	×	×	×	×	×	0	0	0	0	0	0	0	消隐
$\overline{LT}$	0	1	×	×	×	×	×	1	1	1	1	1	1	1	8

该集成显示译码器设有多个辅助控制端，其功能如下：

（1）消隐输入端 $\overline{BI}$。

当 $\overline{BI} = 0$ 时，无论其他输入端状态如何，所有各段输出 $Y_a \sim Y_g$ 均为 0，所有字型熄灭。当 $\overline{BI} = 1$ 时，译码器处于工作状态。当 $A_3 A_2 A_1 A_0$ 为 8421BCD 码时，$Y_a \sim Y_g$ 相应输出端为高电平 1，显示器显示与输入代码对应的十进制数字。如当 $A_3 A_2 A_1 A_0 = 0111$ 时，则 $Y_a = Y_b = Y_c = 1$，显示数字 7。该输入端可用来使显示的数码闪烁。

（2）试灯输入端 $\overline{LT}$。

当 $\overline{LT} = 0$，且 $\overline{BI}/\overline{RBO} = 1$ 时，无论其他输入端状态如何，所有各段输出 $Y_a \sim Y_g$ 均为 1，显示数字 8。该输入端常用于检查译码器本身及显示器各段好坏。

（3）灭零输入端$\overline{RBI}$。

当$\overline{BI}=\overline{LT}=1$时，若$\overline{RBI}=0$，当输入$A_3A_2A_1A_0=0000$时，七段全暗，不显示。当输入$A_3A_2A_1A_0 \neq 0000$时，则照常显示。$\overline{RBI}=1$，对译码无影响。

（4）灭零输出端$\overline{RBO}$。

$\overline{RBO}$端和$\overline{BI}$端共用一个引脚，当它作输出端时，与$\overline{RBI}$配合，共同使冗余的0消隐。即当$\overline{LT}=1$时，若$\overline{RBI}=0$，且$A_3A_2A_1A_0=0000$时，$\overline{RBO}=0$，否则输出1。

图3.5.11所示为4线/7段译码器74LS48驱动七段显示器的电路，每个输出端都分别通过一个电阻接到七段显示器的一个光段上，电阻起限流作用。只有当输出变量为1时，才有足够大的电流驱动光段发光。

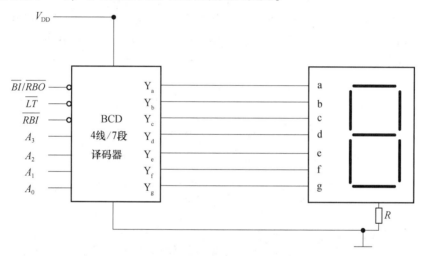

图3.5.11　4线/7段译码器与共阴极显示器的连接图

由上分析可知，七段显示器必须与4线/7段译码器配合使用，即共阳极接法的显示器应选用输出低电平有效的译码器与之配合使用。反之，共阴极接法的显示器应选用输出高电平有效的译码器与之配合使用。

3.6　数据选择器

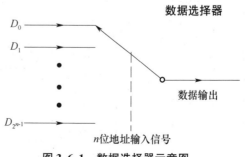

数据选择器

数据选择器是指根据输入地址控制信号从多路数据中选择其中一路数据输出的电路。它的作用相当于一个多输入的单刀多掷开关，其示意图如图3.6.1所示。2^n选1数据选择器有n个地址输入端，2^n个数据输入端，一个数据输出端。

图3.6.1　数据选择器示意图

3.6.1 4选1数据选择器

4选1数据选择器的逻辑电路图如图3.6.2所示，它的功能是根据地址输入信号 A_1A_0 从4个输入数据 D_0、D_1、D_2、D_3 中选择一个送到输出端 Y。地址码输入 A_1A_0 的4种不同的取值00、01、10、11分别控制4个与门的开闭。当 $A_1A_0 = 00$ 时，使 $Y = D_0$；当 $A_1A_0 = 01$ 时，使 $Y = D_1$；当 $A_1A_0 = 10$ 时，使 $Y = D_2$；$A_1A_0 = 11$ 时，使 $Y = D_3$。其功能表如表3.6.1所示。它的逻辑函数表达式为：

$$Y = \overline{A_1}\,\overline{A_0}D_0 + \overline{A_1}A_0D_1 + A_1\overline{A_0}D_2 + A_1A_0D_3 \tag{3.6.1}$$

由上式可知，数据选择器的输出逻辑函数为地址输入变量的全部最小项之和，所以数据选择器又称为最小项输出器，可以用于组合逻辑电路的设计。

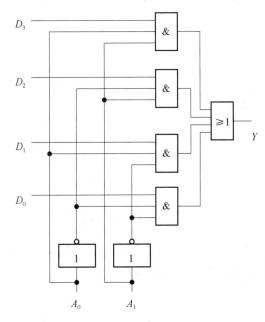

图3.6.2 4选1数据选择器的逻辑电路图

表3.6.1 4选1数据选择器功能表

输　　入						输　　出
A_1	A_0	D_0	D_1	D_2	D_3	Y
0	0	D_0	×	×	×	D_0
0	1	×	D_1	×	×	D_1
1	0	×	×	D_2	×	D_2
1	1	×	×	×	D_3	D_3

由于数据选择器是从多个数据输入中选择一个作为输出，因此也称为多路选择器或多路开关。对于 n 位地址码的数据选择器，则称为 2^n 选 1 数据选择器。

3.6.2 集成数据选择器

一、双 4 选 1 数据选择器

双 4 选 1 数据选择器是将 2 个 4 选 1 数据选择器做在一个硅片上，其地址输入端共用，各自有 4 个数据输入端和 1 个输出端。CC74HC153 为典型的双 4 选 1 数据选择器，功能示意图如图 3.6.3 所示，其中 $\overline{1ST}$、$\overline{2ST}$ 为使能控制端，分别用于控制电路的工作状态和扩展功能。表 3.6.2 为其功能表。

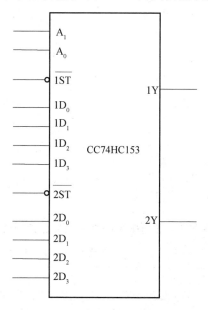

图 3.6.3 双 4 选 1 数据选择器 CC74HC153 功能示意图

表 3.6.2 双 4 选 1 数据选择器 CC74HC153 功能表

输　入				输　出	
$\overline{1ST}$	$\overline{2ST}$	A_1	A_0	$1Y$	$2Y$
1	1	×	×	0	0
0	0	0	0	$1D_0$	$2D_0$
0	0	0	1	$1D_1$	$2D_1$
0	0	1	0	$1D_2$	$2D_2$
0	0	1	1	$1D_3$	$2D_3$

它的逻辑函数表达式为：

$$\begin{cases} 1Y = (\overline{A}_1\overline{A}_0 1D_0 + \overline{A}_1 A_0 1D_1 + A_1\overline{A}_0 1D_2 + A_1 A_0 1D_3)\overline{\overline{1ST}} \\ 2Y = (\overline{A}_1\overline{A}_0 2D_0 + \overline{A}_1 A_0 2D_1 + A_1\overline{A}_0 2D_2 + A_1 A_0 2D_3)\overline{\overline{2ST}} \end{cases} \quad (3.6.2)$$

二、8 选 1 数据选择器

图 3.6.4 为 8 选 1 数据选择器 CC74HC151 的逻辑功能示意图。图中 $A_2 A_1 A_0$ 为地址信号控制输入端，$D_0 \sim D_7$ 为数据输入端，Y 和 $\overline{Y}$ 为互补输出端，$\overline{ST}$ 为使能控制端，低电平有效。其功能表如表 3.6.3 所示。

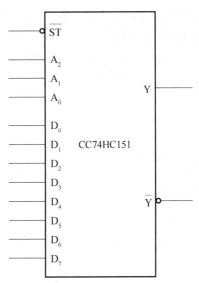

图 3.6.4 8 选 1 数据选择器 CC74HC151 的逻辑功能示意图

表 3.6.3 8 选 1 数据选择器 CC74HC151 功能表

输　入				输　出	
$\overline{ST}$	A_2	A_1	A_0	Y	$\overline{Y}$
1	×	×	×	0	1
0	0	0	0	D_0	$\overline{D_0}$
0	0	0	1	D_1	$\overline{D_1}$
0	0	1	0	D_2	$\overline{D_2}$
0	0	1	1	D_3	$\overline{D_3}$
0	1	0	0	D_4	$\overline{D_4}$
0	1	0	1	D_5	$\overline{D_5}$
0	1	1	0	D_6	$\overline{D_6}$
0	1	1	1	D_7	$\overline{D_7}$

其逻辑函数表达式为：

$$Y = (\overline{A_2}\,\overline{A_1}\,\overline{A_0}D_0 + \overline{A_2}\,\overline{A_1}A_0D_1 + \overline{A_2}A_1\overline{A_0}D_2 + \overline{A_2}A_1A_0D_3 + \\ A_2\overline{A_1}\,\overline{A_0}D_4 + A_2\overline{A_1}A_0D_5 + A_2A_1\overline{A_0}D_6 + A_2A_1A_0D_7)\,\overline{\overline{ST}} \tag{3.6.3}$$

3.6.3 数据选择器的应用

由于数据选择器的输出函数表达式包含了输入地址变量的全部最小项之和，而任意逻辑函数均可表示为最小项表达式的形式，故可用数据选择器来实现组合逻辑电路的设计。其具体应用分以下两种情况。

一、数据选择器地址输入变量数＝目标组合电路输入变量数

具体方法如下：

（1）写出目标组合电路输出函数 Y 的标准与或式（即最小项表达式）。

（2）写出相应数据选择器输出函数 Y_n 的表达式。

（3）令 $Y = Y_n$，比较两式的对应关系并进行取值。其中，目标组合电路输出 Y 式中存在的最小项，数据选择器 Y_n 式中对应该最小项的数据 $D_i = 1$，否则 $D_i = 0$。

（4）画出逻辑图。

另外，还可用目标组合电路输出函数 Y 与数据选择器输出函数 Y_n 所对应的卡诺图相等的方法来实现。

[例3.6.1] 试用数据选择器 CC74HC151 实现函数 $Y = AB + B\overline{C}$的功能。

解： 因 CC74HC151 为 8 选 1 数据选择器，有 3 位的地址输入信号，而逻辑函数 Y 也有 3 个输入变量 A、B、C，因此，数据选择器地址输入变量数＝目标组合电路输入变量数。

（1）写出目标组合电路输出函数 Y 的标准与或式（即最小项表达式）：

$$Y = AB + B\overline{C}$$
$$= ABC\overline{C} + ABC + \overline{A}B\overline{C}$$
$$= m_2 + m_6 + m_7$$

（2）写出 CC74HC151 的输出函数 Y_8 的表达式：

$$Y_8 = \overline{A_2}\,\overline{A_1}\,\overline{A_0}D_0 + \overline{A_2}\,\overline{A_1}A_0D_1 + \overline{A_2}A_1\overline{A_0}D_2 + \overline{A_2}A_1A_0D_3 + \\ A_2\overline{A_1}\,\overline{A_0}D_4 + A_2\overline{A_1}A_0D_5 + A_2A_1\overline{A_0}D_6 + A_2A_1A_0D_7$$

（3）要用 8 选 1 数据选择器来实现目标电路的逻辑功能，应使 $Y = Y_8$，比较两式对应的关系，设 $A = A_2$、$B = A_1$、$C = A_0$，并取值：

$$\begin{cases} D_2 = D_6 = D_7 = 1 \\ D_0 = D_1 = D_3 = D_4 = D_5 = 0 \end{cases}$$

（4）画出逻辑图。根据上式可画出逻辑图如图 3.6.5 所示。

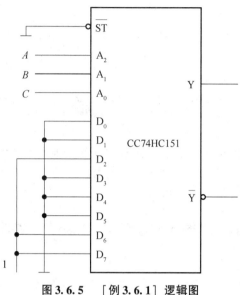

图 3.6.5　[例 3.6.1] 逻辑图

二、数据选择器地址输入变量数 < 目标组合电路输入变量数

具体方法如下：

（1）分别列出目标组合电路输出函数 Y 与相应数据选择器输出函数 Y_n 的真值表，并整合为综合真值表。

（2）令 $Y = Y_n$，根据综合真值表比较后取值。注意：此时数据选择器中的数据 D_i 不仅取值为 0 和 1，还可取值为目标组合电路中某一输入变量的原变量或反变量。

（3）画出逻辑图。

当然，也可分别写出目标电路输出逻辑函数 Y 和数据选择器输出函数 Y_n 的表达式，将二者逐个对应比较，然后得出相应结果。但此时代数法较为烦琐，设计过程不够直观，且容易出错，故不建议使用。请读者自行分析。

[例 3.6.2]　试用 4 选 1 数据选择器实现函数 $Y = \overline{B}\,\overline{C} + \overline{A}\,\overline{C} + BC$。

解：因 4 选 1 数据选择器仅有 2 位地址输入信号，而组合逻辑函数 Y 有 3 个输入变量，故须将数据选择器中的某些数据 D_i 设为变量来实现组合逻辑函数。

（1）列出逻辑函数 Y 和 4 选 1 数据选择器 Y_4 的综合真值表，如表 3.6.4 所示。

表 3.6.4　[例 3.6.2] 的综合真值表

输　　入			输　　出		取　值
$A\ (A_1)$	$B\ (A_0)$	C	Y	Y_4	令 $Y_4 = Y$，则
0	0	0	1	\} D_0	$D_0 = \overline{C}$
0	0	1	0		

续表

输　　入			输　　出		取　　值
A（A_1）	B（A_0）	C	Y	Y_4	令 $Y_4 = Y$，则
0	1	0	1	$\left.\begin{array}{}\\\\\end{array}\right\} D_1$	$D_1 = 1$
0	1	1	1		
1	0	0	1	$\left.\begin{array}{}\\\\\end{array}\right\} D_2$	$D_2 = \overline{C}$
1	0	1	0		
1	1	0	0	$\left.\begin{array}{}\\\\\end{array}\right\} D_3$	$D_3 = C$
1	1	1	1		

（2）要用 4 选 1 数据选择器来实现函数 Y 的功能，应使 $Y = Y_4$，根据综合真值表比较取值：设 $A = A_1$、$B = A_0$，同时由表可知，取 $D_0 = D_2 = \overline{C}$，$D_1 = 1$，$D_3 = C$。

（3）画出逻辑图。根据上式可画出逻辑图如图 3.6.6 所示。

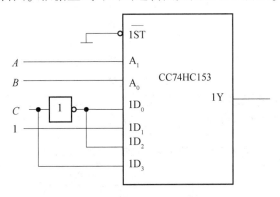

图 3.6.6　[例 3.6.2] 逻辑图

3.7　数据分配器

数据分配器

　　数据分配是数据选择的逆过程。根据地址控制信号将一路输入数据分配到不同的通道上去的逻辑电路称为数据分配器，又称为多路分配器。它有一个数据输入端，多个地址信号输入端和多个输出端，相当于多个输出的单刀多掷开关。

3.7.1　1 路 - 4 路数据分配器

　　图 3.7.1 是一个 1 路 - 4 路数据分配器的逻辑图，图中，D 是数据输入端，A_1、A_0 是地址控制端，$Y_0 \sim Y_3$ 是 4 个输出端。其逻辑图功能示意图如图 3.7.2 所示。

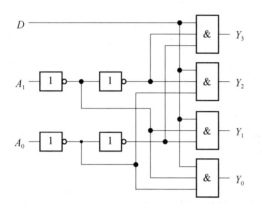

图 3.7.1　1 路 − 4 路数据分配器的逻辑图

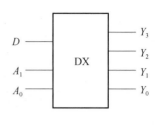

图 3.7.2　1 路 − 4 路数据分配器的
逻辑功能示意图

根据逻辑电路图可写出输出逻辑表达式如下：

$$\begin{cases} Y_0 = \overline{A_1}\,\overline{A_0}D \\ Y_1 = \overline{A_1}A_0D \\ Y_2 = A_1\overline{A_0}D \\ Y_3 = A_1A_0D \end{cases} \tag{3.7.1}$$

1 路 − 4 路数据分配器的功能表如表 3.7.1 所示。根据地址控制信号 A_1、A_0，分别将数据 D 分配给 4 个输出端 $Y_0 \sim Y_3$，故称为 1 路 − 4 路数据分配器。

表 3.7.1　1 路 − 4 路数据分配器的功能表

地址输入		输　出			
A_1	A_0	Y_0	Y_1	Y_2	Y_3
0	0	D	0	0	0
0	1	0	D	0	0
1	0	0	0	D	0
1	1	0	0	0	D

3.7.2　集成数据分配器

数据分配器可用中规模集成的译码器来实现，图 3.7.3 所示为由 3 线 − 8 线译码器 CT74LS138 构成 8 路数据分配器。

$A_2 \sim A_0$ 是地址信号输入端，$\overline{Y_0} \sim \overline{Y_7}$ 是数据输出端，三个使能端 ST_1、$\overline{ST_2}$、$\overline{ST_3}$ 可分别作为数据端和控制端。如将 ST_1 作为控制端，$\overline{ST_2}$ 接数据输入端 D，$\overline{ST_3}$ 接低电平，则输出为原码的数据分配器，接法如图 3.7.3（a）所示。例如，当 $ST_1 = 1$，$A_2A_1A_0 = 010$ 时，$\overline{Y_2} = \overline{ST_2} = D$，而其余输出均为高电平。

如将 ST_1 接数据输入端 D，$\overline{ST_2}$ 作为控制端，$\overline{ST_3}$ 接低电平，则输出为反码的数据分配器，接法如图 3.7.3（b）所示。例如，当 $\overline{ST_2}=0$，$A_2A_1A_0=010$ 时，$\overline{Y_2}=\overline{ST_1}=\overline{D}$，而其余输出均为高电平。

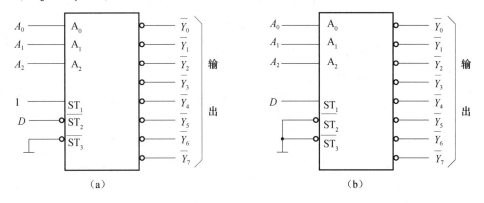

图 3.7.3 3 线－8 线译码器 CT74LS138 构成 8 路数据分配器

（a）输出原码接法；（b）输出反码接法

加法器

3.8 加法器

在数字系统，尤其是在计算机中，算术运算是不可缺少的组成单元。在进行两个二进制数之间的算术运算时，无论是加、减、乘、除，最后都可用加法运算来实现，如减法可用补码作加法来实现，乘法可用连续加法和移位来实现等。能够实现加法运算的电路称为加法器，它是运算器的基本单元电路。

3.8.1 半加器和全加器

一、半加器

只考虑本位两个二进制数 A 和 B 相加，不考虑低位来的进位数的加法运算电路，称为半加器。真值表见表 3.8.1。其中，S 为本位和，C 为本位向高位的进位数。

表 3.8.1 半加器的真值表

输 入		输 出	
A	B	S	C
0	0	0	0
0	1	1	0

续表

输　入		输　出	
A	B	S	C
1	0	1	0
1	1	0	1

根据真值表写出逻辑函数表达式如下：

$$S = \overline{A}B + A\overline{B} = A \oplus B \tag{3.8.1}$$

$$C = A \cdot B \tag{3.8.2}$$

由上式可画出如图 3.8.1（a）半加器的逻辑图，图 3.8.1（b）为逻辑符号，方框内的"$\sum$"为加法运算的总限定符号，图 3.8.1（c）为半加器曾用的逻辑符号。

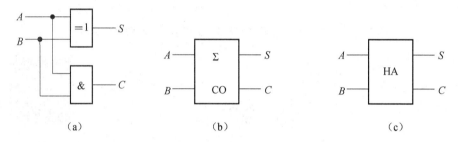

（a）　　　　　　　　　　（b）　　　　　　　　　　（c）

图 3.8.1　半加器的逻辑图和逻辑符号

（a）逻辑图；（b）逻辑符号；（c）曾用逻辑符号

二、全加器

除了考虑本位两个二进制数相加以外，还考虑相邻低位向本位的进位数相加的运算电路，称为全加器。全加器的真值表见表 3.8.2。其中 A_n 和 B_n 分别为本位的被加数和加数，C_{n-1} 为低位来的进位数，S_n 为本位和，C_n 为本位向高位的进位数。

表 3.8.2　全加器的真值表

输　入			输　出	
A_n	B_n	C_{n-1}	S_n	C_n
0	0	0	0	0
0	0	1	1	0
0	1	0	1	0
0	1	1	0	1
1	0	0	1	0
1	0	1	0	1
1	1	0	0	1
1	1	1	1	1

根据真值表写出逻辑函数表达式如下：

$$S_n = \overline{A}_n \overline{B}_n C_{n-1} + \overline{A}_n B_n \overline{C}_{n-1} + A_n \overline{B}_n \overline{C}_{n-1} + A_n B_n C_{n-1} \tag{3.8.3}$$

$$C_n = \overline{A}_n B_n C_{n-1} + A_n \overline{B}_n C_{n-1} + A_n B_n \overline{C}_{n-1} + A_n B_n C_{n-1} \tag{3.8.4}$$

对上述两式进行变形和化简后得

$$S_n = A_n \oplus B_n \oplus C_{n-1} \tag{3.8.5}$$

$$C_n = (A_n \oplus B_n)C_{n-1} + A_n B_n \tag{3.8.6}$$

根据逻辑函数表达式可画出如图 3.8.2（a）所示全加器的逻辑图，图 3.8.2（b）所示为逻辑符号，图 3.8.2（c）所示为全加器曾用的逻辑符号。

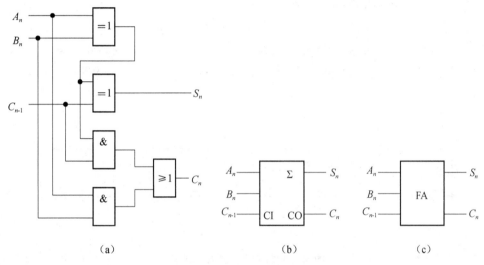

（a）　　　　　　　　　　（b）　　　　　　　　　（c）

图 3.8.2　全加器的逻辑图和逻辑符号

（a）逻辑图；（b）逻辑符号；（c）曾用逻辑符号

全加器也可用两个半加器和一个或门组成，如图 3.8.3 所示。A_n 和 B_n 先在第 1 个半加器中相加，得出的结果再和 C_{n-1} 在第 2 个半加器中相加，即得全加器的和 S_n。两个半加器的进位数通过或门输出作为本位进位数 C_n。

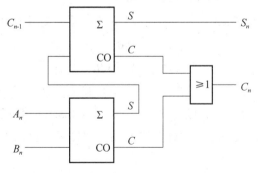

图 3.8.3　两个半加器和一个或门组成全加器

3.8.2 多位加法器

实行多位二进制数加法运算的电路称为多位加法器。按照相加方式的不同，分为串行进位加法器和超前进位加法器。

一、串行进位加法器

图 3.8.4 所示为由 4 个 1 位的全加器组成的 4 位串行进位加法器，低位全加器的进位输出 CO 和相邻高位全加器的进位输入端 CI 相连，最低位的进位输入端接地。显然任一位的加法运算必须在低一位的运算完成之后才能进行，它类似于人习惯的运算方式。因此，串行进位加法器的逻辑电路比较简单，但它的运行速度不高。当要求运算速度较高时，可采用超前进位加法器。

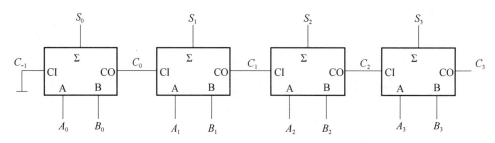

图 3.8.4　4 位串行进位加法器

二、超前进位加法器

为了提高加法的运算速度，必须设法减少进位信号的传递时间，人们又设计了一种多位数超前进位加法逻辑电路，使每位的进位信号只由加数和被加数决定，而与低位的进位无关。其设计概念如下：

由全加器的表达式（3.8.5）和式（3.8.6）可定义两个中间变量 G_n 和 P_n

$$G_n = A_n B_n \tag{3.8.7}$$

$$P_n = A_n \oplus B_n \tag{3.8.8}$$

当 $A_n = B_n = 1$ 时，$G_n = 1$，由式（3.8.6）得 $C_n = 1$，即产生进位，故 G_n 称为进位产生变量。若 $P_n = 1$，则 $A_n B_n = 0$，由式（3.8.6）得 $C_n = C_{n-1}$，即 $P_n = 1$ 时，低位的进位能传送到高位的进位输出端，故称 P_n 为传输变量。这两个量均与进位信号无关。

将式（3.8.7）和式（3.8.8）代入式（3.8.5）和式（3.8.6），得

$$S_n = P_n \oplus C_{n-1} \tag{3.8.9}$$

$$C_n = G_n + P_n C_{n-1} \tag{3.8.10}$$

由式（3.8.10）可得各进位信号逻辑表达式如下：

$$\begin{cases} C_0 = G_0 + P_0 C_{-1} \\ C_1 = G_1 + P_1 C_0 = G_1 + P_1 G_0 + P_1 P_0 C_{-1} \\ C_2 = G_2 + P_2 C_1 = G_2 + P_2 G_1 + P_2 P_1 G_0 + P_2 P_1 P_0 C_{-1} \\ C_3 = G_3 + P_3 C_2 = G_3 + P_3 G_2 + P_3 P_2 G_1 + P_3 P_2 P_1 G_0 + P_3 P_2 P_1 P_0 C_{-1} \end{cases} \tag{3.8.11}$$

因为进位信号只与变量 G_n、P_n、C_{-1} 有关，而 C_{-1} 为向最低位的进位信号，其值为 0，所以各位的进位信号只与两个加数有关，它们可以并行产生，从而大大提高了速度。电路图从略，读者可根据上式自行画出。图 3.8.5 所示为中规模 4 位超前进位加法器 CT74LS283 的逻辑符号。

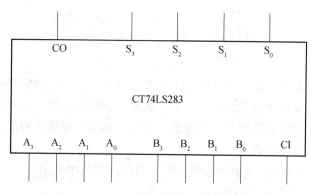

图 3.8.5　CT74LS283 的逻辑符号

超前进位加法器大大提高了运算速度，但是，随着加法器位数的增加，超前进位逻辑电路越来越复杂。超前进位加法集成电路的级联仍采用串行进位方式。

3.9　数值比较器

数值比较器

在数字系统中常需要对两个数的大小进行比较。数值比较器就是对两个二进制数 A、B 进行大小比较的逻辑电路，比较输出结果有 $A > B$、$A < B$、$A = B$ 三种情况。电路在任何时刻只有一个输出为有效电平，其余两个输出为无效电平。

3.9.1　1 位数值比较器

1 位数值比较器是多位比较器的基础，输入变量 A、B 为两个 1 位的二进制数，输出变量 $Y_{A>B}$、$Y_{A<B}$、$Y_{A=B}$ 为比较结果。真值表如表 3.9.1 所示。

表 3.9.1　1 位数值比较器真值表

输　入		输　出		
A	B	$Y_{A>B}$	$Y_{A<B}$	$Y_{A=B}$
0	0	0	0	1
0	1	0	1	0
1	0	1	0	0
1	1	0	0	1

由真值表得逻辑函数表达式如下：

$$\begin{cases} Y_{A>B} = A\bar{B} \\ Y_{A<B} = \bar{A}B \\ Y_{A=B} = \bar{A}\,\bar{B} + AB = A\odot B \end{cases} \qquad (3.9.1)$$

由上式可知两个 1 位二进制数大小关系与对应表达式的逻辑规律：如果两个数值相等，则对应的表达式为同或关系；如果两个数值不等，大的数值用原变量表示，小的数值用反变量表示，再将二者相与。利用此规律可写出多位数值比较器对应的逻辑函数表达式。

由表达式（3.9.1）可画出如图 3.9.1 所示的逻辑电路图。

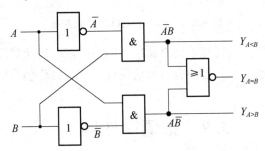

图 3.9.1　1 位数值比较器的逻辑电路图

3.9.2　4 位数值比较器

集成数值比较器 CT74LS85 是 4 位数值比较器，其逻辑功能示意图如图 3.9.2 所示。

图中 A_3、A_2、A_1、A_0 和 B_3、B_2、B_1、B_0 为两组 4 位二进制数比较输入端；$I_{A>B}$、$I_{A<B}$、$I_{A=B}$ 为级联输入端，它与其他数值比较器的输出连接，以便组成位数更多的数值比较器；$Y_{A>B}$、$Y_{A<B}$、$Y_{A=B}$ 为比较结果输出端。CT74LS85 功能表见表 3.9.2。

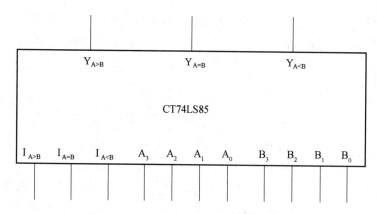

图3.9.2 CT74LS85 逻辑功能示意图

表3.9.2 CT74LS85(4位数值比较器) 功能表

数值输入				级联输入			输出		
$A_3 B_3$	$A_2 B_2$	$A_1 B_1$	$A_0 B_0$	$I_{A>B}$	$I_{A<B}$	$I_{A=B}$	$Y_{A>B}$	$Y_{A<B}$	$Y_{A=B}$
$A_3 > B_3$	× ×	× ×	× ×	×	×	×	1	0	0
$A_3 < B_3$	× ×	× ×	× ×	×	×	×	0	1	0
$A_3 = B_3$	$A_2 > B_2$	× ×	× ×	×	×	×	1	0	0
$A_3 = B_3$	$A_2 < B_2$	× ×	× ×	×	×	×	0	1	0
$A_3 = B_3$	$A_2 = B_2$	$A_1 > B_1$	× ×	×	×	×	1	0	0
$A_3 = B_3$	$A_2 = B_2$	$A_1 < B_1$	× ×	×	×	×	0	1	0
$A_3 = B_3$	$A_2 = B_2$	$A_1 = B_1$	$A_0 > B_0$	×	×	×	1	0	0
$A_3 = B_3$	$A_2 = B_2$	$A_1 = B_1$	$A_0 < B_0$	×	×	×	0	1	0
$A_3 = B_3$	$A_2 = B_2$	$A_1 = B_1$	$A_0 = B_0$	1	0	0	1	0	0
$A_3 = B_3$	$A_2 = B_2$	$A_1 = B_1$	$A_0 = B_0$	0	1	0	0	1	0
$A_3 = B_3$	$A_2 = B_2$	$A_1 = B_1$	$A_0 = B_0$	0	0	1	0	0	1

从功能表可以看出，当两个多位二进制数进行比较时，按照从高位到低位逐位进行比较的习惯，根据"高位相等才比低位"的原则，且只有当 $A_3 A_2 A_1 A_0 = B_3 B_2 B_1 B_0$ 时，输出变量才取决于级联输入信号。

根据表3.9.2和两个一位二进制数大小关系与对应表达式的逻辑规律，可得 CT74LS85 的逻辑函数表达式

$$\begin{cases} Y_{A>B} = A_3\bar{B}_3 + (A_3\odot B_3)A_2\bar{B}_2 + (A_3\odot B_3)\cdot \\ \qquad (A_2\odot B_2)A_1\bar{B}_1 + (A_3\odot B_3)(A_2\odot B_2)(A_1\odot B_1)A_0\bar{B}_0 + \\ \qquad (A_3\odot B_3)(A_2\odot B_2)(A_1\odot B_1)(A_0\odot B_0)I_{A>B} \\ Y_{A<B} = \bar{A}_3B_3 + (A_3\odot B_3)\bar{A}_2B_2 + (A_3\odot B_3)\cdot \\ \qquad (A_2\odot B_2)\bar{A}_1B_1 + (A_3\odot B_3)(A_2\odot B_2)(A_1\odot B_1)\bar{A}_0B_0 + \\ \qquad (A_3\odot B_3)(A_2\odot B_2)(A_1\odot B_1)(A_0\odot B_0)I_{A<B} \\ Y_{A=B} = (A_3\odot B_3)(A_2\odot B_2)(A_1\odot B_1)(A_0\odot B_0)I_{A=B} \end{cases} \qquad (3.9.2)$$

根据式（3.9.2），在比较两个 4 位二进制数大小关系时，应将级联输入 $I_{A>B}$、$I_{A<B}$ 接 "0"，将 $I_{A=B}$ 接 "1"。

利用两片 CT74LS85 可构成 8 位数值比较器。对于两个 8 位数，若高 4 位相同，则它们的大小关系由低 4 位的比较结果确定。因此，低 4 位的比较结果应为高 4 位的条件，即低 4 位芯片的输出 $Y_{A>B}$、$Y_{A<B}$、$Y_{A=B}$ 分别接到高 4 位芯片的级联输入 $I_{A>B}$、$I_{A<B}$、$I_{A=B}$ 上，如图 3.9.3 所示。

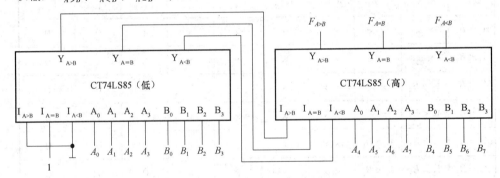

图 3.9.3 两片 CT74LS85 组成 8 位数值比较器

根据以上分析可知，数值比较器级联扩展的方法和步骤如下：

（1）根据输入数值的位数确定所用芯片的个数；

（2）确定每个芯片输入端与输入数值的对应关系；

（3）根据"高位相等才比低位"的原则合理连接各个芯片的输出端和级联输入端。

当位数较多且要满足一定的速度要求时，通常采用并联方式。

3.10　组合逻辑电路中的竞争与冒险

前面分析组合逻辑电路时，都是考虑电路在理想情况下的工作状况，并未考虑门电路的工作时间对电路的影响。而实际上，信号通过门电路时从输入到稳定输出需要一定的时间，通常将这个时间称为传输延迟时间 t_{pd}。由于输入到输出存在不同的通路，而不同的路径门的级数不同，或者各个门的传输延迟时间有差异，从而可能使电路输出干扰脉冲，造成数字系统中某些环节误操作。

在组合逻辑电路中，同一门电路的输入信号经过不同的路径到达另一个门输入端的时间会有先有后，这种现象称为竞争。逻辑门因输入端的竞争而导致输出产生不应有的尖峰干扰脉冲（电压毛刺）的现象，称为冒险。

3.10.1 竞争冒险产生的原因

下面通过两个简单电路的工作情况，说明产生竞争冒险的原因。

在图 3.10.1（a）所示电路中，理想工作情况下，若不考虑门的传输延迟时间，$Y = A \cdot \overline{A}$，输出始终为 0，理想工作波形如图 3.10.1（b）所示。当考虑非门 G_1 的传输延迟时间时，则 $\overline{A}$ 和 A 两个信号到达与门 G_2 的时间不同，$\overline{A}$ 的下降沿要滞后于 A 的上升沿，因此在很短的时间间隔内，G_2 的两个输入端都会出现高电平，从而导致了输出端出现了不应有的正向干扰窄脉冲。这种现象称为 1 型冒险。

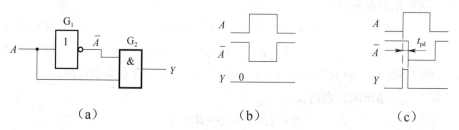

（a）　　　　　　　　　（b）　　　　　　　　　（c）

图 3.10.1　产生正向干扰脉冲的冒险

（a）逻辑电路；（b）理想工作波形；（c）考虑延迟时间的工作波形

在图 3.10.2（a）所示电路中，理想工作情况下，若不考虑门的传输延迟时间，$Y = A + \overline{A}$，输出始终为 1，理想工作波形如图 3.10.2（b）所示。当考虑非门 G_1 的传输延迟时间时，则 $\overline{A}$ 和 A 两个信号到达或门 G_2 的时间不同，$\overline{A}$ 的上升沿要滞后于 A 的下降沿，因此在很短的时间间隔内，G_2 的两个输入端都会出现低电平，从而导致输出端出现不应有的负向干扰窄脉冲。这种现象称为 0 型冒险。

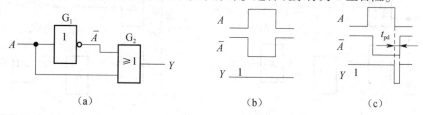

（a）　　　　　　　　　（b）　　　　　　　　　（c）

图 3.10.2　产生负向干扰脉冲的冒险

（a）逻辑电路；（b）理想工作波形；（c）考虑延迟时间的工作波形

由上面的分析可以看出，在组合逻辑电路中，当一个逻辑门的两个输入信号同时向相反方向变化，而到达的时间不一样时，则在输出端可能会产生不应有的尖峰干扰脉冲，这是产生竞争冒险的主要原因。尖峰脉冲只发生在输入信号变化的瞬间，在稳定情况下是不会出现的。

对于速度不是很快的数字系统，干扰窄脉冲不会使之紊乱，但对于高速工作的数字系统，干扰窄脉冲将使系统发生逻辑混乱，不能正常工作，故必须克服这一现象。

3.10.2　竞争冒险的判断与识别

对于组合逻辑电路是否存在冒险现象，可用代数法和卡诺图法进行判断。

一、代数法判断

如电路的逻辑函数表达式在一定的条件下可以简化成以下两种形式之一，则该组合逻辑电路存在冒险。

$$Y = A + \overline{A} \qquad （0 型冒险） \qquad (3.10.1)$$
$$Y = A \cdot \overline{A} \qquad （1 型冒险） \qquad (3.10.2)$$

[例 3.10.1]　试判断如图 3.10.3 所示的电路是否存在竞争冒险。

解： 写出输出函数表达式

$$Y = (A + B) \cdot (\overline{B} + C)$$

当取 $A = C = 0$ 时，$Y = B \cdot \overline{B}$，电路存在 1 型冒险。

二、卡诺图法判断

画出逻辑函数对应的卡诺图并圈组，若卡诺图中存在相切而不相交的包围圈的逻辑电路，则存在竞争冒险现象。

[例 3.10.2]　试判断如图 3.10.4 所示电路是否存在竞争冒险。

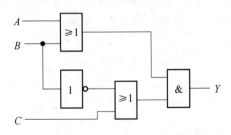

图 3.10.3　[例 3.10.1] 的逻辑图

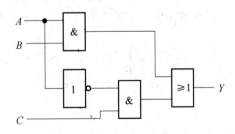

图 3.10.4　[例 3.10.2] 的逻辑图

解：（1）写出输出函数表达式如下

$$Y = AB + \overline{A}C$$

（2）画出表达式对应的卡诺图，如图3.10.5所示。

（3）根据相邻项的特性画的两个包围圈相切，这就意味着有些变量会同时以原变量和反变量的形式存在，即会出现 $A + \overline{A}$ 或 $A \cdot \overline{A}$ 的形式。图3.10.5中两个1方格的包围圈相切，故此电路可能存在0型冒险。

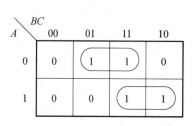

图3.10.5　［例3.10.2］的卡诺图

3.10.3　消除竞争冒险的方法

消除竞争冒险的主要方法有修改逻辑设计、接滤波电容、引入选通脉冲等。

一、修改逻辑设计，增加冗长项

修改逻辑设计有时是消除冒险现象较理想的办法。我们知道，产生冒险现象的重要原因是某些逻辑门存在着两个输入信号同时向相反的方向变化。若修改逻辑设计，使得任何时刻每一个逻辑门的输入端都只有一个变量改变取值，这样所得的逻辑电路就不可能产生冒险。

如逻辑函数 $Y = AB + \overline{B}C$ 在 $A = C = 1$ 时会产生0型冒险。若将此逻辑函数式改成 $Y = AB + \overline{B}C + AC$，即加入多余因子 AC，则当 $A = C = 1$ 时 $Y = 1$，因此不再有干扰脉冲出现，消除了冒险现象。因为从逻辑上看 AC 项对函数 Y 是多余的，所以称之为冗长项。修改后的电路如图3.10.6所示，它没有冒险现象。

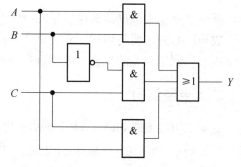

图3.10.6　增加冗长项消除冒险的逻辑电路

二、接滤波电容

如果逻辑电路在工作速度不高的情况下，由于竞争冒险所产生的干扰脉冲非常窄，所以可在输出端并接一个容量很小的滤波电容来加以消除，其容量为 4 ~ 20 pF 之间。如图3.10.7（a）所示电路，在输出端并接电容 C，R_0 是逻辑门电路的输出电阻。这样使输出波形上升沿和下降沿的变化比较缓慢，对于很窄的干扰脉冲起到滤波作用，如图3.10.7（b）所示，从而避免了在输出端出现冒险现象。

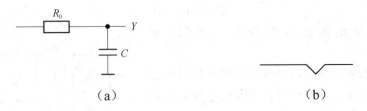

图3.10.7 并联电容消去竞争冒险

（a）并联滤波电容；（b）输出波形

三、引入选通脉冲

由于冒险现象只发生在电路输入信号状态变化的瞬间，因此，在可能产生冒险脉冲的门电路的输入端加一个选通脉冲输入端，利用选通脉冲把有冒险脉冲输出的逻辑门封锁，使冒险脉冲不能输出。当冒险脉冲消失后，选通脉冲才将有关的逻辑门打开，允许正常输出，从而达到消除竞争冒险的目的。

3.11 项目 数显逻辑笔（案例一）

一、项目任务

某企业承接了一批数显逻辑笔的组装与调试任务，请按照相应的企业生产标准完成该产品的组装与调试，实现该产品的基本功能，满足相应的技术指标。装配完成后，利用相关的仪表对电路进行通电测试，记录测试数据。

二、电路结构

数显逻辑笔电路如图3.11.1所示，电路共由三部分组成。Q_1、R_2、R_3、R_4、R_6、C_1、VD_1、R_1、C_3构成控制电路；CD4511为4线/7段译码器；VD_2、R_5、R_7、Q_2和七段数码管SM4205组成显示电路。C_2为电源滤波电容。

三、工作原理

1. 元器件介绍

（1）CD4511：七段译码器。

CD4511是4线/7段显示译码器，引脚排列如图3.11.2所示。A_3、A_2、A_1、A_0为8421BCD码输入端，$Y_a \sim Y_g$为输出端，输出高电平有效，用以驱动共阴极显示器。

其中，$\overline{LE}$为数据锁存控制端（$\overline{LE}=0$，输出数据；$\overline{LE}=1$，锁存数据）；$\overline{BI}$为消隐端（$\overline{BI}=0$消隐）；$\overline{LT}$为试灯端。

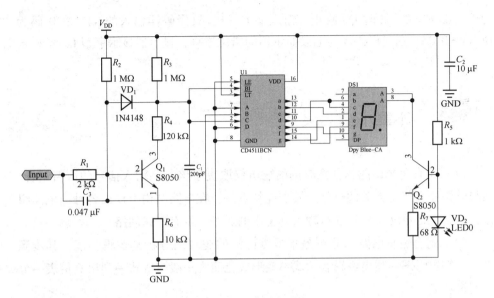

图 3. 11. 1　数显逻辑笔

（2）七段显示器：SM4205。

SM4205 是共阴极七段数码管，其引脚关系如图 3.11.3 所示。

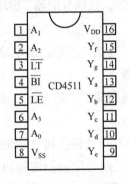

图 3. 11. 2　CD4511 引脚排列图

图 3. 11. 3　SM4205 引脚图

（3）S8050：NPN 型三极管。

S8050 为 NPN 型小功率三极管，其中，1 脚为发射极，2 脚为基极，3 脚为集电极。

2. 工作原理

（1）无电压输入时：三极管 Q_1 饱和导通，译码器 CD4511 的消隐端 $\overline{BI} = 0$（为有效电平），电路处于消隐状态，数码管不显示。

（2）当输入为高电平时：输入信号通过加速电路 R_1、C_3，使译码器 CD4511 的输入端 B、C 同时为 1，故译码器输入的 8421BCD 码为 $DCBA = 0110$，通过译码器与七段显示器的特殊错位连接，显示器显示字型 H。

（3）当输入为低电平时：输入信号通过加速电路 R_1、C_3，使译码器 CD4511

的输入端 $B = 0$，此时 Q_1 截止，输入端 $C = 1$，故译码器输入的 8421BCD 码为 $DCBA = 0100$，通过译码器与七段显示器的错位连接，显示器显示字型 L。

 本章小结 <<<

（1）组合逻辑电路指任意时刻的输出仅取决于该时刻输入信号的取值组合，而与电路原有状态无关的电路。其功能特点是：在电路结构上仅由各种门电路组成，不含记忆单元，只存在从输入到输出的通路，没有反馈回路。

（2）组合逻辑电路的分析是指根据已知的逻辑图分析其逻辑功能，其步骤是：已知逻辑图→写出逻辑表达式→变形或化简为一般与或式→列出真值表→分析逻辑功能。

（3）组合逻辑电路的设计是指根据逻辑要求设计出最简的逻辑图，其步骤是：已知逻辑要求→列出真值表→化简、变换得最简表达式→画出逻辑图。

（4）重点介绍了编码器、译码器、数据选择器、数据分配器、加法器和数值比较器等几种常用的典型组合逻辑部件的电路结构、逻辑功能及相应集成芯片的应用。

编码器是将具有特定含义的信息编成相应二进制代码输出的电路，常用的有二进制编码器、二-十进制编码器和优先编码器。

译码器是将表示特定意义信息的二进制代码翻译出来的电路，常用的有二进制译码器、二-十进制译码器和数码显示译码器。

数据选择器是根据地址码的要求，从多路输入信号中选择其中一路输出的电路。

数据分配器是根据地址码的要求，将一路数据分配到指定输出通道上去的电路。

加法器是用于实现多位加法运算的电路，有半加器和全加器两种，其集成电路主要有串行进位加法器和超前进位加法器。

数值比较器是用于比较两个二进制数的大小的电路。

（5）采用中规模集成电路设计组合逻辑电路时，其原理和步骤与用门电路时基本一致，但要熟悉所用器件的逻辑功能，并运用好方法，同时注意使能端和扩展端的使用。用于实现组合逻辑电路的集成电路主要有译码器和数据选择器。

（6）同一个门的一组输入信号到达的时间有先有后，这种现象称为竞争。竞争而导致输出产生尖峰干扰脉冲的现象，称为冒险。竞争冒险可能导致电路的误操作，应用中（特别在高速工作情况下）须加以注意。

习　题 <<<

3.1　分析如习题图3.1所示电路的逻辑功能。

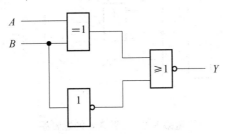

习题图 3.1　习题 3.1 的逻辑图

3.2　分析如习题图3.2所示电路的逻辑功能。

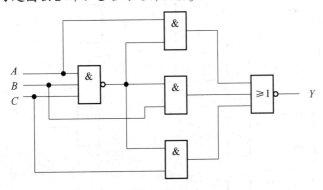

习题图 3.2　习题 3.2 的逻辑图

3.3　分析如习题图3.3所示电路的逻辑功能。

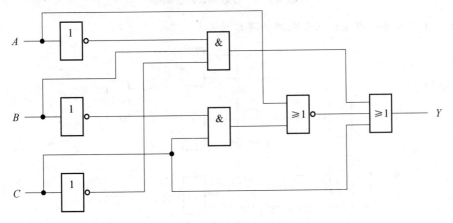

习题图 3.3　习题 3.3 的逻辑图

3.4 分析如习题图 3.4 所示电路的逻辑功能。

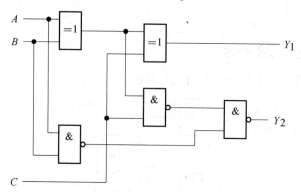

习题图 3.4 习题 3.4 的逻辑图

3.5 分析如习题图 3.5 所示电路的逻辑功能。

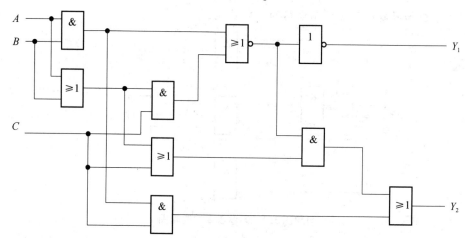

习题图 3.5 习题 3.5 的逻辑图

3.6 分析如习题图 3.6 所示电路的逻辑功能。

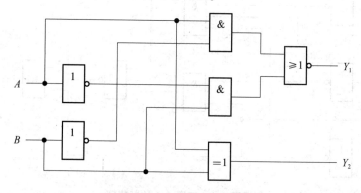

习题图 3.6 习题 3.6 的逻辑图

3.7 试用与非门设计一个3输入的组合逻辑电路,当输入的二进制数小于3时,输出为0;否则,输出为1。

3.8 某足球评委会由一位教练和三位球迷组成,对裁判员的判罚进行表决。当满足以下条件时表示同意:有三人或三人以上同意,或者两人同意,但其中一人是教练。试设计该电路。

3.9 电话总机房需要对下面4种电话进行编码控制,优先级别最高的是火警电话,其次是急救电话,第三是工作电话,第四是生活电话。用与非门设计该控制电路。

3.10 某雷达站有3部雷达A、B、C,其中A和B的功率消耗相等,C的功率是A的2倍。这些雷达由2台发电机X和Y供电,发电机X的最大输出功率等于雷达A的功率消耗,发电机Y的最大输出功率是X的3倍。要求设计一个逻辑电路,能够根据各雷达的启动和关门信号,以最节约电能的方式启、停发电机。

3.11 设计一个故障指示电路,要求条件如下:
(1) 两台电动机同时工作时,绿灯G亮;
(2) 其中一台发生故障时,则黄灯Y亮;
(3) 两台电动机都有故障时,则红灯R亮。

3.12 按照下面要求设计一个优先编码器,具体如下:
(1) 绿灯亮时,不管红、黄灯是否亮,都让甲入;
(2) 绿灯不亮,红灯亮,不管黄灯是否亮,都让乙入;
(3) 绿灯、红灯都不亮,黄灯亮,让丙入。

3.13 分别设计下列转换电路:
(1) 将8421BCD码转换成余3码。
(2) 将4位格雷码转换成为自然二进制码。

3.14 仿照半加器和全加器的设计方法,试设计一个半减器和全减器。

3.15 分别用4选1、8选1数据选择器设计一个三人多数表决电路。

3.16 分别用4选1、8选1数据选择器来实现逻辑函数:$Y = A \oplus B \oplus C$。

3.17 试用双4选1数据选择器CC74HC153设计一个全加器。

3.18 试用3线−8线译码器CT74LS138和门电路设计下列组合逻辑电路,其逻辑函数为:
(1) $Y = \overline{A}B + A\overline{B}C$
(2) $Y = \overline{B}C + AB\overline{C}$

3.19 试用输出高电平有效的3线−8线译码器和门电路设计下列组合逻辑电路,其逻辑函数为:
$$Y = A\overline{\overline{B}\overline{C}} + \overline{A}\overline{\overline{C}} + BC$$

3.20　试用 3 线－8 线译码器 CT74LS138 和门电路设计多输出的组合逻辑电路，其逻辑函数为：

$$\begin{cases} Y_1 = A \oplus B \odot C \\ Y_2 = \overline{A}C + \overline{B}C \end{cases}$$

3.21　试用 8 选 1 数据选择器来实现逻辑函数。

（1）$Y = AB\overline{C} + ACD$

（2）$Y(A, B, C) = \sum m(0, 1, 3, 5, 7)$

3.22　试判断下列逻辑函数是否存在冒险。

（1）$Y = AB + \overline{A}\,\overline{C} + \overline{B}\,\overline{C}$

（2）$Y = (A + \overline{C})(B + C)$

（3）$Y(A, B, C, D) = \sum m(5, 7, 13, 15)$

（4）$Y(A, B, C, D) = \sum m(0, 2, 4, 6, 8, 10, 12, 14)$

第4章　触发器

本章要点

- 触发器的特点和分类
- 基本 RS 触发器的电路结构、符号、原理及逻辑功能
- 同步 RS、JK、D 触发器的电路结构、符号、原理及功能
- 主从 JK 触发器的电路结构、原理及功能
- 集成边沿 JK、边沿 D、边沿 T、边沿 T′触发器的符号及功能
- 不同类型触发器之间的相互转换

本章难点

- 集成边沿 JK 和边沿 D 触发器的符号、功能及应用
- 不同类型触发器之间的相互转换

4.1　概　述

概述

在大多数数字系统中，除了需要具有逻辑运算和算术运算功能的组合逻辑电路以外，还需要具有存储功能的电路，即时序逻辑电路。触发器是时序逻辑电路的基本单元，具有记忆功能，每个触发器能够存储 1 位的二进制信息。

一、触发器的特点

在数字电路中，采用二进制数 0 和 1 表示数字信号的两种不同的逻辑状态，触发器就是存储这些数字信号的基本单元，故触发器具有以下三个特点。

（1）具有两个稳定的状态：0 状态和 1 状态，以表示存储的内容。

通常用输出端 Q 的状态来表示触发器的状态。如 $Q=0$、$\overline{Q}=1$ 时，表示 0 状态；如 $Q=1$、$\overline{Q}=0$ 时，表示 1 状态。

（2）在输入信号作用下，可从一个稳定状态转换到另一个稳定状态。

通常将输入信号作用前的状态称为现态，用 Q^n 表示；将输入信号作用后的状态称为次态，用 Q^{n+1} 表示。现态和次态是相对的，某一时刻触发器的次态就是下一个相邻时刻触发器的现态。

（3）输入信号消失后保持原有状态不变，即具有记忆能力。

二、触发器的分类

（1）按电路结构和工作特点不同，可分为基本触发器、同步触发器、主从触发器和边沿触发器等。

（2）按逻辑功能的不同，可分为 RS 触发器、JK 触发器、D 触发器、T 触发器、T′触发器等。

（3）按电路使用的元器件不同，可分为 TTL 型触发器和 CMOS 型触发器。

（4）根据触发方式的不同，可分为电平触发器、主从触发器和边沿触发器等。

三、触发器逻辑功能的表示方法

触发器的逻辑功能主要用可用功能表（特性表）、特性方程、状态转换图、时序图（即波形图）、驱动表等来描述。

本章主要讨论基本触发器、同步触发器、主从触发器和集成边沿触发器的电路结构、符号、工作原理、逻辑功能及应用。

4.2 基本 RS 触发器

基本 RS 触发器

4.2.1 由与非门组成的基本 RS 触发器

一、电路组成及逻辑符号

基本 RS 触发器是由两个相互交叉的与非门连接而成，如图 4.2.1（a）所示。其中 $\overline{R}$、$\overline{S}$ 为信号输入端，字母上面的非号表示低电平有效，Q、$\overline{Q}$ 为两个互补的信号输出端。

图 4.2.1（b）是基本 RS 触发器的逻辑符号，输入端的小圆圈表示低电平有效。两个输出端 Q、$\overline{Q}$，无圆圈的表示触发器的输出端，有小圆圈的表示触发器的输出非端，正常情况下，二者的状态是互补的。

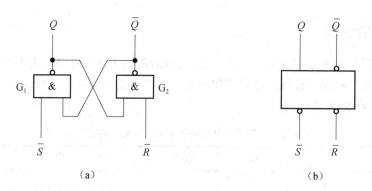

图 4.2.1　与非门组成的基本 RS 触发器及逻辑符号

（a）逻辑电路；（b）逻辑符号

二、工作原理

下面根据与非门的功能讨论基本 RS 触发器的工作原理。

（1）当 $\bar{R}=0$、$\bar{S}=1$ 时，触发器置 0（0 状态）。

因 $\bar{R}=0$，G_2 门输出 $\bar{Q}=1$，同时反馈到 G_1 门，与 $\bar{S}=1$ 同时作用，G_1 门输出 $Q=0$。此时，不管原来的状态如何，触发器都处于置 0 状态。由于 $\bar{R}$ 加入有效信号"0"，使触发器为 0 状态，故输入端 $\bar{R}$ 称为置 0 端，也称复位端。

（2）当 $\bar{R}=1$、$\bar{S}=0$ 时，触发器置 1（1 状态）。

因 $\bar{S}=0$，G_1 门输出 $Q=1$，同时 G_2 门的输入端均为高电平 1，输出 $\bar{Q}=0$。由于 $\bar{S}$ 加入有效信号"0"，使触发器为置 1 状态，故输入端 $\bar{S}$ 称为置 1 端，也称置位端。

（3）当 $\bar{R}=1$、$\bar{S}=1$ 时，触发器保持原状态不变。

若触发器原状态为 0 态，即 $Q=0$，$\bar{Q}=1$，则 $Q=0$ 反馈到 G_2 门输入端，使 $\bar{Q}=1$；G_1 门在 $\bar{Q}=1$、$\bar{S}=1$ 作用下，输出 $Q=0$。电路保持 0 态不变。反之，若触发器原状态为 1 态，则电路同样保持 1 态不变。

（4）当 $\bar{R}=0$、$\bar{S}=0$ 时，触发器状态不定。

因 $\bar{R}=0$、$\bar{S}=0$，由与非门的功能可知，此时触发器输出端 $Q=\bar{Q}=1$，这既非 0 状态，也非 1 状态，为不定状态。且当 $\bar{R}$、$\bar{S}$ 同时由 0 变为 1 时，由于 G_1、G_2 传输延迟时间等电气性能的差异，使触发器输出状态不确定，可能是 0 状态，也可能是 1 状态，这种情况是不允许的。因此，在实际使用时，为保证基本触发器能正常工作，不允许 $\bar{R}$、$\bar{S}$ 端同时出现有效电平 0，要求 $\bar{R}+\bar{S}=1$，即 $R \cdot S=0$。

由上讨论可总结出，由与非门组成的基本 RS 触发器的逻辑功能为："00 不定（不允许），11 保持，其余随 $\bar{R}$ 变（或随 $\bar{S}$ 变）"。

注意：其余情况随 $\bar{R}$ 变，即在电路结构上随对方（交叉）的输入变。

三、特性表

触发器的次态 Q^{n+1} 与输入信号、触发器的现态 Q^n 之间对应关系的真值表，称为特性表。根据上述触发器的工作原理，可以列出如表 4.2.1 所示由与非门组成的基本 RS 触发器的特性表。

表 4.2.1　与非门组成的基本 RS 触发器的特性表

$\bar{R}$	$\bar{S}$	Q^n	Q^{n+1}	说　明
0	0	0	×	触发器状态不定，不允许
0	0	1	×	
0	1	0	0	触发器置 0
0	1	1	0	
1	0	0	1	触发器置 1
1	0	1	1	
1	1	0	0	触发器保持原来状态不变
1	1	1	1	

四、特性方程

触发器的次态 Q^{n+1} 与输入信号及触发器的现态 Q^n 之间关系的逻辑表达式，称为特性方程。

由表 4.2.1 可以看出，Q^{n+1} 不仅与 $\bar{R}$、$\bar{S}$ 有关，还与 Q^n 有关，在 3 个变量的 8 种取值中，000、001 两种取值是不允许出现的，可视为约束项（无关项），由此，可画出表 4.2.1 对应的卡诺图，如图 4.2.2 所示。

根据卡诺图可得基本 RS 触发器的特性方程为：

Q^{n+1} $\bar{S}Q^n$ $\bar{R}$	00	01	11	10
0	×	×	0	0
1	1	1	1	0

图 4.2.2　基本 RS 触发器 Q^{n+1} 的卡诺图

$$\begin{cases} Q^{n+1} = S + \bar{R}Q^n \\ \bar{R} + \bar{S} = 1 \quad （约束条件） \end{cases} \qquad (4.2.1)$$

4.2.2　由或非门组成的基本 RS 触发器

图 4.2.3（a）所示是由两个相互交叉的或非门连接而成的基本 RS 触发器，图 4.2.3（b）所示为其逻辑符号。与由与非门构成的基本 RS 触发器不同的是，该触发器输入端为高电平有效。

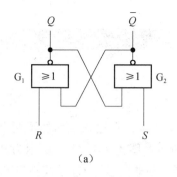 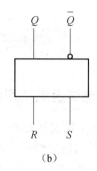

（a）   （b）

图 4.2.3 或非门组成的基本 RS 触发器及逻辑符号

（a）逻辑电路；（b）逻辑符号

由或非门的逻辑功能不难得出如下结论：当 $R=0$、$S=1$ 时，触发器置 1；当 $R=1$、$S=0$ 时，触发器置 0；当 $R=S=0$ 时，触发器保持原来的状态不变；当 $R=S=1$ 时，$Q=\overline{Q}=0$，既不是 0 状态，也不是 1 状态，为不定状态，且当 R、S 同时由 1 变为 0 时，触发器的输出状态不能确定，所以，这种情况是不允许的。为确保触发器正常工作，要求 $R\cdot S=0$。

由上可总结出，由或非门组成的基本 RS 触发器的逻辑功能为："00 保持，11 不定（不允许），其余随 S 变"。其特性方程为

$$\begin{cases} Q^{n+1} = S + \overline{R}Q^n \\ R\cdot S = 0(约束条件) \end{cases} \qquad (4.2.2)$$

基本 RS 触发器的优点是电路简单，具有置 0、置 1 和保持的功能，是构成其他性能更完善的触发器的基础。缺点是触发器受电平直接控制，故又称为直接触发器（或电平触发器），即在输入信号存在期间，其电平直接控制着触发器的输出状态，使用局限性大，不利于多个触发器同时工作，且其输入信号之间存在约束。

4.3 同步触发器

同步触发器

前面讨论的基本 RS 触发器的输出状态直接由输入信号控制，而实际应用中，触发器的工作状态不仅要由触发器输入信号决定，而且要求按照一定的节拍工作。为此，需要增加一个时钟控制端 CP，使触发器在时钟脉冲控制作用下根据输入信号改变输出状态，而在没有时钟脉冲输入时，触发器保持原来状态不变。这种受时钟脉冲控制的触发器称为钟控触发器，因为触发器状态的改变与时钟脉冲同步，故又称同步触发器。

4.3.1　同步 RS 触发器

一、电路组成及逻辑符号

同步 RS 触发器是在基本 RS 触发器的基础上，在输入端增加了两个受时钟脉冲控制的门电路组成，如图 4.3.1（a）所示。图 4.3.1（b）所示为其逻辑符号，其中与非门 G_1、G_2 构成基本 RS 触发器，与非门 G_3、G_4 是控制门，R、S 是信号输入端，通过控制门进行传送，CP 为时钟脉冲输入端，简称钟控端 CP。

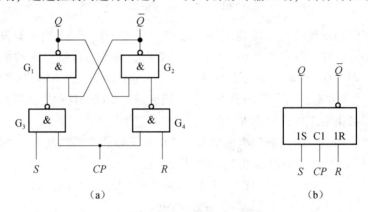

图 4.3.1　同步 RS 触发器

（a）逻辑电路；（b）逻辑符号

二、工作原理

在 $CP = 0$ 时，控制门 G_3、G_4 被封锁，输入信号 R、S 不起作用，基本触发器输入信号 $\bar{R}$、$\bar{S}$ 均为 1，触发器保持原来状态不变。

在 $CP = 1$ 时，控制门 G_3、G_4 被打开，输入信号被接收，G_3、G_4 门的输出分别为 $\bar{S}$、$\bar{R}$，其工作原理与基本 RS 触发器相同。可列出同步 RS 触发器的特性表如表 4.3.1 所示

表 4.3.1　同步 RS 触发器的特性表

CP	R	S	Q^n	Q^{n+1}	说明
0	×	×	×	Q^n	触发器保持原状态不变
1	0	0	0	0	触发器保持原状态不变
1	0	0	1	1	

续表

CP	R	S	Q^n	Q^{n+1}	说明
1	0	1	0	1	触发器置1，状态与 S 相同
1	0	1	1	1	
1	1	0	0	0	触发器置0，状态与 S 相同
1	1	0	1	0	
1	1	1	0	×	触发器状态不定，不允许
1	1	1	1	×	

由特性表可以看出，同步 RS 触发器的逻辑功能为："$CP=0$ 时，保持；$CP=1$ 时，00 保持，11 不定（不允许），其余随 S 变"。

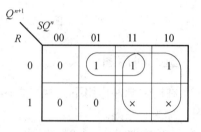

图 4.3.2　同步 RS 触发器 Q^{n+1} 的卡诺图

三、特性方程

根据表 4.3.1 画出同步 RS 触发器在 $CP=1$ 期间 Q^{n+1} 的卡诺图如图 4.3.2 所示。

由卡诺图可得同步 RS 触发器的特性方程为

$$\begin{cases} Q^{n+1} = S + \overline{R}Q^n \\ R \cdot S = 0 \quad （约束条件） \end{cases} \quad （CP=1 \text{ 期间有效}) \tag{4.3.1}$$

四、驱动表及状态转换图

将触发器由现态 Q^n 转换到次态 Q^{n+1} 与输入信号取值关系的表格称为驱动表。

若要求 Q^n 至 Q^{n+1} 从 0 态变为 0 态，根据同步 RS 触发器的逻辑功能可知，输入可能是 $R=S=0$，保持原来的状态，也可能是 $R=1$，$S=0$，随 S 变。分析表明：触发器由 0 态变为 0 态，$S=0$ 是必要条件，R 可以任意，用 × 表示。同理，可推导出其他情况。其驱动表如表 4.3.2 所示。

表 4.3.2　同步 RS 触发器的驱动表

Q^n	→	Q^{n+1}	R	S
0		0	×	0
0		1	0	1
1		0	1	0
1		1	0	×

状态转换图（简称状态图）是驱动表的图形表示形式，也是反映触发器的状态转换要求与输入信号取值之间关系的几何图形表示方式。同步触发器的状态

转换图如图 4.3.3 所示。图中圆圈内的数字表示触发器的状态，箭头表示触发器状态的转换方向，箭头旁边的标注是要实现相应转换所需要的 R 和 S 的取值，× 表示取任意值。

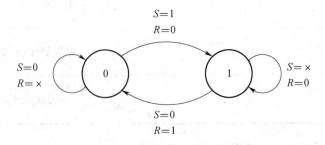

图 4.3.3　同步 RS 触发器状态转换图

五、时序图

在时钟脉冲作用下，触发器输出状态与输入信号取值之间关系的工作波形图，称为时序图。

画时序图时，一般时钟脉冲 CP 和输入信号 R、S 是给定的，触发器的初始状态可以假设（一般设初始状态为 0 态）。输出波形是根据时钟脉冲和输入信号的取值，按触发器的逻辑功能来确定的状态。在时钟脉冲 CP 无效时，触发器的状态保持不变。

[例 4.3.1]　已知由与非门构成的同步 RS 触发器的时钟信号和输入信号如图 4.3.4 所示，试画出 Q 和 $\overline{Q}$ 端的波形，设触发器的初态为 0 态。

解：根据同步触发器的工作特点，在 $CP=0$ 时，保持原态；$CP=1$ 时，触发器随输入信号 RS 变化。根据同步 RS 触发器的逻辑功能可画出 Q 和 $\overline{Q}$ 端的波形，如图 4.3.4 所示。

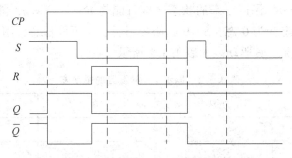

图 4.3.4　[例 4.3.1] 的波形图

由前面分析可知，同步 RS 触发器存在着不定状态，当 $R=S=1$ 时，在 $CP=1$ 期间 R、S 同时由 1 突变为 0，或 CP 突变为 0，其输出结果可能为 0，也可能为 1，不能确定，这在实际使用中是不允许的。将它进行适当地变化可得到另外几种常用的触发器。

4.3.2 同步 D 触发器

一、电路组成及逻辑符号

为避免同步 RS 触发器出现 R 和 S 同时为 1 的情况，在输入端 R 和 S 之间接入一个非门，如图 4.3.5（a）所示的单输入触发器称为同步 D 触发器。如图 4.3.5（b）所示为其逻辑符号。D 为信号输入端。

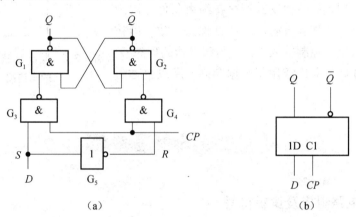

图 4.3.5 同步 D 触发器

（a）逻辑电路；（b）逻辑符号

二、工作原理

因为同步 D 触发器是在同步 RS 触发器的基础上加以改进的，所以根据前面介绍的同步 RS 触发器的工作原理很容易得出同步 D 触发器的逻辑功能。

在 $CP = 0$ 时，触发器保持原来状态不变。

在 $CP = 1$ 时，由电路结构 $D = S$，$\overline{D} = R$ 可知，R、S 端输入始终相反，Q^{n+1} 随 S 变。根据 $S = D$ 可总结出规律，同步 D 触发器的逻辑功能为："$CP = 0$ 时，保持；$CP = 1$ 时，随 D 变"。

其特性表如表 4.3.3 所示。

表 4.3.3 同步 D 触发器的特性表

CP	D	Q^n	Q^{n+1}	说明
0	×	×	Q^n	保持
1	0	×	0	随 D 变
1	1	×	1	

三、特性方程

直接将 $D=S$，$\overline{D}=R$ 代入同步 RS 触发器的特性方程 $Q^{n+1}=S+\overline{R}Q^n$，可得

$$Q^{n+1}=D+\overline{\overline{D}}Q^n=D$$

当然，也可根据表 4.3.3 画出同步 D 触发器 Q^{n+1} 的卡诺图，如图 4.3.6 所示，可得它的特性方程为

$$Q^{n+1}=D \qquad (CP=1 \text{ 期间有效}) \quad (4.3.2)$$

根据同步 RS 触发器的约束条件，此时 $R \cdot S = \overline{D} \cdot D = 0$，故同步 D 触发器不存在约束条件。因为 D 触发器的次态总是与输入信号 D 保持一致，即状态 Q^{n+1} 仅取决于控制输入 D，而与触发器的现态 Q^n 无关。故 D 触发器广泛用于数据存储，所以也称为数据触发器。

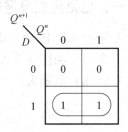

图 4.3.6 同步 D 触发器 Q^{n+1} 的卡诺图

4.3.3　同步 JK 触发器

一、电路组成及逻辑符号

同步 JK 触发器的电路如图 4.3.7（a）所示，如图 4.3.7（b）所示为其逻辑符号，J 和 K 为信号输入端。它是将同步 RS 触发器的输出端 Q 和 $\overline{Q}$ 输出的互补状态反馈到输入端，这样，G_3 和 G_4 的输入端就不会同时出现 1，从而避免了不定状态的出现。

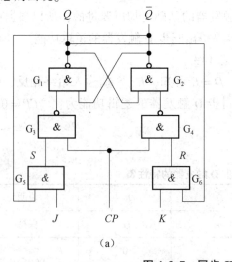

（a）

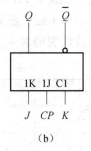

（b）

图 4.3.7　同步 JK 触发器

（a）逻辑电路；（b）逻辑符号

二、工作原理

与同步 D 触发器相同，根据前面介绍的同步 RS 触发器的工作原理很容易得出同步 JK 触发器的逻辑功能。

在 $CP = 0$ 时，触发器保持原来状态不变。

在 $CP = 1$ 时，由电路结构 $S = J\overline{Q^n}$，$R = KQ^n$ 可知，根据同步 RS 触发器的逻辑功能可列出同步 JK 触发器的特性表，如表 4.3.4 所示。

表 4.3.4 同步 JK 触发器的特性表

CP	J	K	Q^n	Q^{n+1}	说明
0	×	×	×	Q^n	保持
1 1	0 0	0 0	0 1	0 1	保持
1 1	0 0	1 1	0 1	0 0	置0，状态与 J 相同
1 1	1 1	0 0	0 1	1 1	置1，状态与 J 相同
1 1	1 1	1 1	0 1	1 0	翻转

由特性表可以看出，同步 JK 触发器的逻辑功能为："$CP = 0$ 时，保持；$CP = 1$ 时，00 保持，11 翻转，其余随 J 变"。

三、特性方程

根据表 4.3.4 画出同步 JK 触发器 Q^{n+1} 的卡诺图如图 4.3.8 所示，可得它的特性方程为

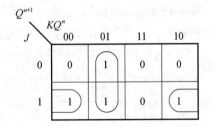

图 4.3.8 同步 JK 触发器 Q^{n+1} 的卡诺图

$$Q^{n+1} = J\overline{Q^n} + \overline{K}Q^n \quad (CP = 1 \text{ 期间有效}) \qquad (4.3.3)$$

当然，也可直接将 $S = J\overline{Q^n}$，$R = KQ^n$ 代入同步 RS 触发器的特性方程 $Q^{n+1} = S + \overline{R}Q^n$，可得

$$Q^{n+1} = J\overline{Q^n} + \overline{KQ^n}Q^n$$
$$= J\overline{Q^n} + (\overline{K} + \overline{Q^n})Q^n$$
$$= J\overline{Q^n} + \overline{K}Q^n$$

4.3.4　同步触发器的空翻问题

因为同步触发器在 $CP=1$ 期间有效，如输入信号在此期间发生多次变化，其输出状态也会随之发生翻转，这种在一个 CP 期间触发器发生 2 次或 2 次以上翻转的情况，称为触发器的空翻。这给同步触发器的应用带来了不少限制，故它只能用于数据锁存，而不能用于计数，这也是同步触发器存在的问题。

4.4　主从触发器

为了提高触发器工作的可靠性，要求在 CP 的每个周期内触 主从触发器
发器的状态只能变化一次，避免空翻现象，常采用主从结构的触
发器。主从触发器是在同步 RS 触发器的基础上发展起来的，它的类型较多，这里主要介绍主从 RS 触发器和主从 JK 触发器。

4.4.1　主从 RS 触发器

一、电路组成及逻辑符号

主从 RS 触发器的逻辑电路图如图 4.4.1（a）所示，它由两个同步 RS 触发器级联而成，下面的同步 RS 触发器为主触发器，上面的同步 RS 触发器为从触发器。非门的作用是使两个触发器的时钟脉冲相反，工作在两个不同的时区。

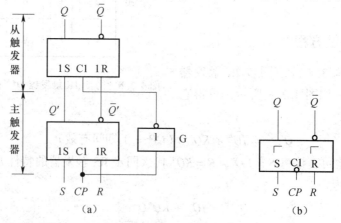

图 4.4.1　主从 RS 触发器

（a）逻辑电路图；（b）逻辑符号

如图 4.4.1（b）所示为主从 RS 触发器的逻辑符号，CP 端的小圆圈表示 CP 下降沿触发有效，"⌐"为输出延迟符号，它表示主从 RS 触发器输出状态的变化总是滞后于输入状态的变化。

二、工作原理

主从触发器的工作过程分为接收输入信号和输出信号两个节拍。

当 $CP=1$ 时，主触发器工作，接收输入信号 R 和 S，其输出 Q' 和 $\overline{Q'}$ 由同步 RS 触发器的逻辑功能决定："00 保持，11 不定，其余随 S 变"。因为此时 $\overline{CP}=0$，从触发器封锁，触发器保持原来的状态。

当 CP 由 1 负跃变到 0 时，因 $CP=0$，主触发器被封锁，不受此时的输入信号 R、S 的影响，Q' 和 $\overline{Q'}$ 保持原来的状态。由于 $\overline{CP}=1$，从触发器工作，从触发器跟随主触发器的状态改变。因正常工作情况时 Q' 与 $\overline{Q'}$ 状态相反（在满足 $R \cdot S=0$ 约束条件的情况下），根据同步 RS 触发器的逻辑功能，有 $Q=Q'$，$\overline{Q}=\overline{Q'}$，即从触发器的状态与主触发器的状态相同。

综上所述，主从 RS 触发器的特点是：$CP=1$ 期间，来自输入端 R、S 的信号引起主触发器翻转，但只有 CP 下降沿到来的时刻，主触发器的输出才会改变整个主从触发器的输出状态。即主从 RS 触发器的输出状态取决于 CP 下降沿到来前一时刻输入信号 R、S 的状态。其逻辑功能与同步 RS 触发器的逻辑功能相同，故它们的特性表、特征方程也相同，因此主从 RS 触发器仍存在约束条件：

$$\begin{cases} Q^{n+1} = S + \overline{R}Q^n \\ R \cdot S = 0 \quad (约束条件) \end{cases} \quad (CP 下降沿到来时有效) \tag{4.4.1}$$

4.4.2 主从 JK 触发器

为解决主从 RS 触发器的约束问题，将主从 RS 触发器的逻辑结构加以改进，构成主从 JK 触发器。

一、电路组成及逻辑符号

如将主从 RS 触发器中的主触发器用同步 JK 触发器代替，从触发器不变，便构成主从 JK 触发器的逻辑电路，如图 4.4.2（a）所示。也可将主从 RS 触发器输出 $\overline{Q}$ 端和新增输入信号 J 端相与后接入主从 RS 触发器中主触发器的 S 端，Q 端和新增输入信号 K 相与后接入主从 RS 触发器中主触发器的 R 端，组成主从 JK 触发器，如图 4.4.2（b）所示，如图 4.4.2（c）所示为其逻辑符号。

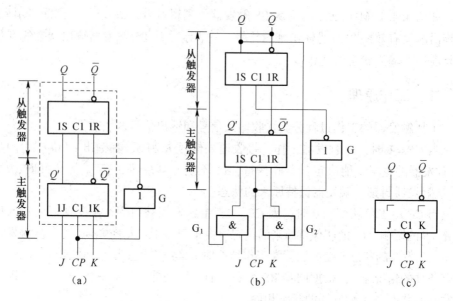

图 4.4.2 主从 JK 触发器

（a）逻辑电路图 1；（b）逻辑电路图 2；（c）逻辑符号

二、工作原理

和主从 RS 触发器一样，主从 JK 触发器中的主触发器和从触发器也是工作在 CP 的不同时区。当 $CP = 1$ 时，主触发器工作，接收输入信号 J、K，此时 $\overline{CP} = 0$，从触发器封锁，触发器保持原来的状态。当 CP 由 1 负跃变到 0 时，主触发器被封锁，不受此时的输入信号 J、K 的影响，Q' 和 $\overline{Q}'$ 保持原来的状态。由于 $\overline{CP} = 1$，从触发器工作，从触发器跟随主触发器的状态改变。

根据同步 JK 触发器和同步 RS 触发器的逻辑功能可得出主从 JK 触发器的功能：

在 CP 下降沿到来时，取决于前一时刻的输入信号 JK 的状态，"00 保持，11 翻转，其余随 J 变"。其特性方程为

$$Q^{n+1} = J\overline{Q}^n + \overline{K}Q^n \qquad （CP \text{ 下降沿到来时有效}） \tag{4.4.2}$$

[例 4.4.1] 已知下降沿翻转的主从 JK 触发器的时钟信号和输入信号如图 4.4.3 所示，试画出 Q 和 $\overline{Q}$ 端的波形，设触发器的初态为 $Q = 0$。

解：由 JK 触发器的功能表及触发方式可知 Q 和 $\overline{Q}$ 端的波形如图 4.4.3 所示。

三、主要特点

主从 JK 触发器的主要优点：功能完善（有保持、置 0、置 1、翻转的功能），且输入信号 J、K 之间没有约束条件。

主从 JK 触发器的缺点：存在一次翻转现象。即主从 JK 触发器在 $CP = 1$ 期

间，J、K 端的输入信号不论变化多少次，主触发器的状态只能变化一次。

由前面的分析可知，当 $Q^n = 0$，$\overline{Q^n} = 1$，在 $CP = 1$ 期间，若 J 信号由 0 变为 1，主触发器置 1，$Q' = 1$ 且 $\overline{Q'} = 0$，即使 J 端信号回到 0，主触发器仍保持 1 不变，即产生了一次翻转，因而在 CP 下降沿到来时，从触发器被置 1。图 4.4.4（a）表明，当 $\overline{Q^n} = 1$ 时，在 $CP = 1$ 期间，因 $Q^n = 0$，故 K 端的变化不起作用，如果 J 端受正向干扰脉冲作用，使主触发器产生一次翻转，则使从触发器输出状态发生改变，造成误翻转。同理，图 4.4.4（b）表明当 $Q^n = 1$，$\overline{Q^n} = 0$，在 $CP = 1$ 期间，因 $\overline{Q^n} = 0$，故 J 端的变化不起作用，如果 K 端受正向干扰脉冲作用，则使触发器的状态由 1 变为 0，产生了一次翻转。

在 $CP = 1$ 期间，如 J、K 信号产生负向干扰，则不产生一次翻转现象。

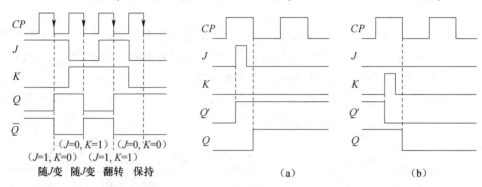

图 4.4.3 ［例 4.4.1］的波形图 　　　图 4.4.4 主从 JK 触发器的一次翻转现象波形

由于主从 JK 触发器存在一次翻转现象，使得触发器状态不能反映出 CP 下降沿到来前 J、K 端的状态，引发触发器的误翻转。因此，主从 JK 触发器的抗正向干扰的能力较差，适合于窄时钟脉冲工作的场合。

4.5　边沿触发器

边沿触发器

为解决主从触发器的一次性翻转问题，进一步提高抗干扰能力，出现了边沿触发器。边沿触发器只在 CP 上升沿或下降沿到来的前一瞬间接收输入信号，电路状态才会发生翻转，而在 CP 的其他时间内，电路状态不会改变。边沿触发器的种类很多，这里主要介绍边沿 JK 触发器和边沿 D 触发器。

4.5.1　边沿 JK 触发器

一、逻辑符号

边沿 JK 触发器的逻辑符号如图 4.5.1 所示，图中框内"∧"表示边沿触发有效，CP控制端外面的小圆圈"○"表示在CP下降沿触发有效。

二、逻辑功能

边沿 JK 触发器的电路结构特点是：利用 CP 输入端与 J、K 输入端经过不同的路径到达同一门电路所用的传输延迟时间不一样的原理，在 CP 有效沿到来时前一瞬间才接收 J、K 端的输入信号，使电路的状态发生改变，而在 CP 为其他值时，无论 J、K 为何值，电路状态都不会改变。故它比主从 JK 触发器的稳定性和抗干扰能力都大大增强，不会发生一次性翻转现象。由于其状态的改变发生在 CP 脉冲的边沿，故称为边沿触发器。

边沿 JK 触发器与主从 JK 触发器的逻辑功能相同，故其特性方程和特性表也一样。

$$Q^{n+1} = J\,\overline{Q}^n + \overline{K}Q^n \qquad （CP\text{下降沿到来时有效}） \qquad (4.5.1)$$

边沿 JK 触发器逻辑功能可表述为：在 CP 有效沿到来时，取决于 CP 有效沿前一瞬间的 JK："00 保持，11 翻转，其余随 J 变"。

[例 4.5.1] 已知边沿 JK 触发器的输入波形如图 4.5.2 所示，设触发器的初始状态为 1 态，试画出输出端 Q 的波形。

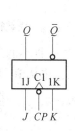

图 4.5.1　边沿 JK 触发器的逻辑符号

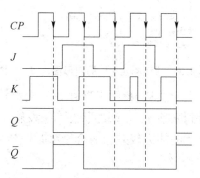

图 4.5.2　边沿 JK 触发器的工作波形

解：当第 1 个 CP 脉冲的下降沿到来时，由于下降沿前一瞬间的 $J=0$，$K=1$，输出随 J 变，故触发器置 0 态，其余时间触发器保持不变。

当第 2 个 CP 脉冲的下降沿到来时，由于前一瞬间的 $J=1$，$K=1$，触发器翻转，由原来的 0 态变为 1 态，其余时间触发器保持不变。

当第 3 个 CP 脉冲的下降沿到来时，由于前一瞬间的 $J=0$，$K=0$，触发器保持原来的 1 态不变，其余时间触发器依然保持。

当第 4 个 CP 脉冲的下降沿到来时，由于前一瞬间的 $J=1$，$K=0$，输出随 J 变，故触发器置 1 态，其余时间触发器保持不变。

当第 5 个 CP 脉冲的下降沿到来时，由于下降沿前一瞬间的 $J=0$，$K=1$，输出随 J 变，故触发器置 0 态，其余时间触发器保持不变。

由上分析可知，在 CP 边沿的控制下，根据 J、K 取值的不同，边沿 JK 触发器具有保持、置0、置1、翻转4种功能，故边沿JK触发器是目前功能最全、应用最广的触发器。

三、集成边沿 JK 触发器 CT74LS112 简介

CT74LS112 芯片是由两个独立的下降沿触发有效的 TTL 型边沿 JK 触发器组成的，采用双列直插式 16 脚封装，逻辑符号如图 4.5.3（a）所示。$\overline{R}_D$ 和 $\overline{S}_D$ 端分别为触发器的直接复位端和直接置位端，用于将触发器直接置 0 或置 1，符号中的小圆圈表示低电平控制有效。如图 4.5.3（b）所示为 CT74LS112 的引脚排列图。

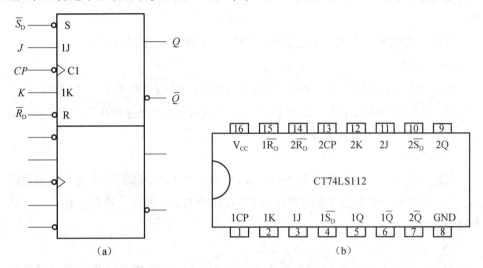

图 4.5.3　CT74LS112 的逻辑符号和引脚排列图

（a）逻辑符号；（b）引脚排列图

表 4.5.1 为 CT74LS112 的逻辑功能表，由该表可以看出 CT74LS112 的逻辑功能如下：

表 4.5.1　CT74LS112 的逻辑功能表

输　　入					输　　出		功能说明
$\overline{R}_D$	$\overline{S}_D$	J	K	CP	Q^{n+1}	$\overline{Q}^{n+1}$	
0	1	×	×	×	0	1	异步置 0
1	0	×	×	×	1	0	异步置 1
1	1	×	×	0、1、↑	Q^n	$\overline{Q}^n$	保持
1	1	0	0	↓	Q^n	$\overline{Q}^n$	保持
1	1	0	1	↓	0	1	置 0（随 J 变）
1	1	1	0	↓	1	0	置 1（随 J 变）
1	1	1	1	↓	$\overline{Q}^n$	Q^n	计数（翻转）
0	0	×	×	×	1	1	不允许

（1）异步置 0。

当 $\overline{R}_D = 0$、$\overline{S}_D = 1$ 时，触发器置 0，即 $Q^{n+1} = 0$，此时它与时钟脉冲 CP 及输入信号 J、K 无关，故 $\overline{R}_D$ 为异步置 0 端，又称直接置 0 端，符号 $\overline{R}_D$ 中的非号在数字逻辑中表示低电平控制有效。

（2）异步置 1。

当 $\overline{R}_D = 1$、$\overline{S}_D = 0$ 时，触发器置 1，即 $Q^{n+1} = 1$，此时它与时钟脉冲 CP 及输入信号 J、K 同样无关，故 $\overline{S}_D$ 为异步置 1 端，又称直接置 1 端，低电平控制有效。

可见，直接置 0 和置 1 的控制输入端 $\overline{R}_D$、$\overline{S}_D$ 的优先级别最高。

（3）保持。

在 $\overline{R}_D = \overline{S}_D = 1$ 的情况下，如在 CP 的无效状态，即 $CP = 0$ 或 $CP = 1$ 或 CP 为上升沿时，触发器的状态不变，即有 $Q^{n+1} = Q^n$，或者在 CP 下降沿作用下，$J = K = 0$ 时，触发器的状态也保持不变。

（4）置 0。

在 $\overline{R}_D = \overline{S}_D = 1$ 的情况下，如 $J = 0$、$K = 1$ 时，在 CP 下降沿的作用下，触发器随 J 变，即置 0。由于触发器的置 0 与 CP 有效沿的到来同步，这种置 0 方式又称为同步置 0。

（5）置 1。

在 $\overline{R}_D = \overline{S}_D = 1$ 的情况下，如 $J = 1$、$K = 0$ 时，在 CP 下降沿的作用下，触发器随 J 变，即置 1。由于触发器的置 1 与 CP 有效沿的到来同步，这种置 1 方式又称为同步置 1。

（6）计数。

在 $\overline{R}_D = \overline{S}_D = 1$ 的情况下，如 $J = 1$、$K = 1$ 时，每输入 1 个 CP 的有效沿，触发器就翻转 1 次，即 $Q^{n+1} = \overline{Q}^n$，通常用来计数。

（7）不允许情况。

当 $\overline{R}_D = \overline{S}_D = 0$ 时，此时 $Q^{n+1} = \overline{Q}^{n+1} = 1$，既非 0 状态，也非 1 状态，为不定状态。这种情况在正常工作时是不允许的。

[例 4.5.2] 边沿 JK 触发器 CT74LS112 的各输入波形如图 4.5.4 所示，设触发器的初始状态为 0 态，试画出对应的输出端的波形。

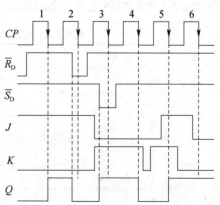

图 4.5.4　具有异步输入端的边沿
JK 触发器的工作波形

4.5.2 边沿 D 触发器

一、逻辑符号

边沿 D 触发器的逻辑符号如图 4.5.5 所示，图中框内"∧"表示边沿触发有效，CP 控制端外面无小圆圈表示在 CP 上升沿触发有效。

二、逻辑功能

因边沿 D 触发器的内部电路中有置 0 维持线、置 1 维持线及置 0 阻塞线、置 1 阻塞线的结构，故边沿 D 触发器又称为维持阻塞 D 触发器，简称维阻 D 触发器。它的逻辑功能与前面讨论的同步 D 触发器相同，其特性方程如下：

$$Q^{n+1} = D \quad (CP \text{ 上升沿到来时有效}) \quad (4.5.2)$$

边沿 D 触发器的逻辑功能可表述为：在 CP 上升沿到来时，输出随前一瞬间的 D 变。

[**例 4.5.3**] 已知边沿 D 触发器的输入波形如图 4.5.6 所示，设触发器的初始状态为 0 态，试画出输出端 Q 的波形。

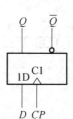

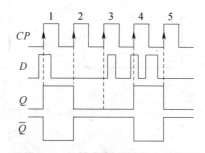

图 4.5.5　边沿 D 触发器的逻辑符号　　图 4.5.6　边沿 D 触发器的工作波形

解：当第 1 个 CP 脉冲的上升沿到来时，由于上升沿前一瞬间的输入信号 $D=1$，故触发器置 1 态，其余时间触发器保持不变。

当第 2 个 CP 脉冲的上升沿到来时，由于上升沿前一瞬间的输入信号 $D=0$，故触发器置 0 态，其余时间触发器保持不变。

当第 3 个 CP 脉冲的上升沿到来时，由于上升沿前一瞬间的输入信号 $D=0$，故触发器置 0 态，其余时间触发器保持不变。

当第 4 个 CP 脉冲的上升沿到来时，由于上升沿前一瞬间的输入信号 $D=1$，故触发器置 1 态，其余时间触发器保持不变。

当第 5 个 CP 脉冲的上升沿到来时，由于上升沿前一瞬间的输入信号 $D=0$，故触发器置 0 态，其余时间触发器保持不变。

由上分析可知，边沿 D 触发器是在时钟脉冲 CP 的有效沿触发的，即只有在

CP 的有效沿到来的前一瞬间，电路才会接收 D 端的输入信号而改变状态，而在 CP 为其他值时，不管 D 为何值，触发器均保持不变。因在一个时钟脉冲 CP 周期内，只有 1 个有效沿，故电路最多只能翻转一次，没有空翻。

三、集成边沿 D 触发器 CT74LS74 简介

CT74LS74 芯片是由两个独立的上升沿触发有效的 TTL 型边沿 D 触发器组成的，采用双列直插式 14 脚封装，逻辑符号如图 4.5.7（a）所示。$\overline{R}_D$ 和 $\overline{S}_D$ 端分别为触发器的直接复位端和直接置位端，用于将触发器直接置 0 或置 1，符号中的小圆圈表示低电平控制有效。图 4.5.7（b）为 CT74LS74 的引脚排列图。

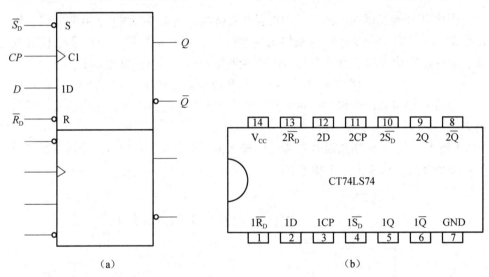

图 4.5.7 CT74LS74 的逻辑符号

（a）逻辑符号；（b）引脚排列图

表 4.5.2 所示为 CT74LS74 的逻辑功能表。

表 4.5.2 CT74LS74 的逻辑功能表

输　入				输　出		功能说明
$\overline{R}_D$	$\overline{S}_D$	D	CP	Q^{n+1}	$\overline{Q}^{n+1}$	
0	1	×	×	0	1	异步置 0
1	0	×	×	1	0	异步置 1
1	1	×	0、1、↓	Q^n	$\overline{Q}^n$	保持
1	1	0	↑	0	1	置 0（随 D 变）
1	1	1	↑	1	0	置 1（随 D 变）
0	0	×	×	1	1	不允许

[例4.5.4] 边沿 D 触发器 CT74LS74 的各输入波形如图4.5.8所示，设触发器的初始状态为 0 态，试画出对应的输出端 Q 的波形。

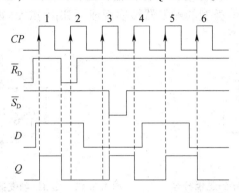

图4.5.8 具有异步输入端的边沿 D 触发器的工作波形

4.5.3 T 触发器和 T′触发器

一、T 触发器

在时钟脉冲控制下，根据输入信号的不同，仅具有保持和翻转功能的触发器，称为 T 触发器。其逻辑符号如图4.5.9所示。

T 触发器大多由其他类型的触发器转换而成，如由 JK 触发器构成的 T 触发器如图4.5.10所示，由其他触发器构成 T 触发器的方法见本章4.6节。

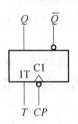

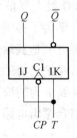

图4.5.9 T 触发器的逻辑符号　　图4.5.10 由 JK 触发器构成的 T 触发器

由 JK 触发器的特性方程可得 T 触发器的特性方程为

$$Q^{n+1} = T\,\overline{Q}^n + \overline{T}Q^n = T \oplus Q^n \quad （CP \text{下降沿到来时有效}） \quad (4.5.3)$$

T 触发器的逻辑功能表述如下：在 CP 的有效沿到来时，取决于 CP 有效沿前一瞬间的 T："0 保持，1 翻转"。

二、T′触发器

T′触发器实际上是 T 触发器的特例。T′触发器是在时钟脉冲控制下只具有翻

转功能的触发器，即每来一个时钟脉冲的有效沿，触发器的状态就翻转一次。其逻辑符号如图 4.5.11 所示。

T′触发器也由其他类型的触发器转换而成，如由 JK 触发器构成的 T′触发器如图 4.5.12 所示。

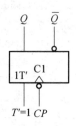

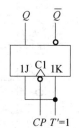

图 4.5.11　T′触发器的逻辑符号　　　图 4.5.12　由 JK 触发器构成的 T′触发器

T′触发器的特性方程为

$$Q^{n+1} = \overline{Q^n} \qquad （CP \text{ 下降沿到来时有效}） \tag{4.5.4}$$

T′触发器的逻辑功能表述如下：在 CP 的有效沿翻转。

边沿 T 触发器和 T′触发器的波形请读者参照边沿 JK 触发器和边沿 D 触发器波形的分析方法自行分析。

4.6　不同类型触发器之间的相互转换

根据逻辑功能不同，触发器可分为 RS、JK、D、T、T′五种类型，其中 JK 和 D 触发器最为常用，五种类型的触发器之间可以进行相互转换。学会了各类触发器之间的转换方法，当我们手头上只有一种触发器时，就可以很方便地获取其他类型的触发器了。

所谓转换，就是把已有的触发器，通过加入转换逻辑电路后，成为另一种功能的触发器。图 4.6.1 为转换要求示意图。触发器的转换，实际上就是要求设计一个满足变换的组合逻辑电路。

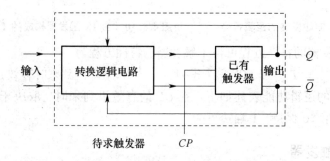

图 4.6.1　触发器转换要求示意图

一、转换方法

由一种已有触发器转换成另一种待求触发器的具体方法如下：

（1）写出已有触发器和待求触发器的特性方程。

（2）变换待求触发器的特性方程，使之与已有触发器特性方程的形式相同。

（3）根据两式相等的原则，写出已有触发器的驱动方程。即将已有触发器的输入作为转换逻辑电路的输出信号，将待求触发器的输入作为转换逻辑电路的输入信号，写出对应的表达式，即写出已有触发器的驱动方程。

（4）画出对应的电路图。

二、应用举例

为加深对转换方法的理解，下面具体举例说明。

[例 4.6.1] 试将 D 触发器转换为 JK 触发器。

解：（1）写出两种触发器的特性方程

$$Q^{n+1} = D \tag{4.6.1}$$

$$Q^{n+1} = J\overline{Q^n} + \overline{K}Q^n \tag{4.6.2}$$

（2）比较式（4.6.1）和式（4.6.2），将 J、K 作为转换逻辑电路的输入，将 D 作为转换逻辑电路的输出，可直接写出转换函数的表达式为

$$D = J\overline{Q^n} + \overline{K}Q^n \tag{4.6.3}$$

（3）画出电路图如图 4.6.2 所示。

注意：此时转换的 JK 触发器的 CP 为上升沿有效，即与 D 触发器的有效沿相同。

[例 4.6.2] 试将 JK 触发器转换为 D 触发器。

解：（1）写出两种触发器的特性方程

$$Q^{n+1} = D \tag{4.6.4}$$

$$Q^{n+1} = J\overline{Q^n} + \overline{K}Q^n \tag{4.6.5}$$

（2）将 D 作为转换逻辑电路的输入，将 J、K 作为转换逻辑电路的输出，无法直接进行，须将 D 触发器的特性方程变换成与 JK 触发器的特性方程形式相同。则有

$$Q^{n+1} = D = D\overline{Q^n} + DQ^n \tag{4.6.6}$$

比较式（4.6.5）和式（4.6.6），可得出转换函数的表达式为

$$\begin{cases} J = D & (4.6.7) \\ K = \overline{D} & (4.6.8) \end{cases}$$

（3）画出逻辑电路图如图 4.6.3 所示。

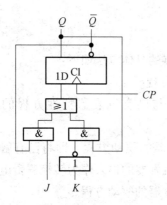

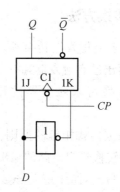

图 4.6.2　D 触发器转换为 JK 触发器　　　**图 4.6.3　JK 触发器转换为 D 触发器**

注意：此时转换的 D 触发器的 CP 为下降沿有效，即与 JK 触发器的有效沿相同。

[**例 4.6.3**]　试将 D 触发器转换为 T′触发器。

解：（1）写出两种触发器的特性方程

$$Q^{n+1} = D \tag{4.6.9}$$

$$Q^{n+1} = \overline{Q^n} \tag{4.6.10}$$

（2）比较式（4.6.9）和式（4.6.10），将 T′作为转换逻辑电路的输入，将 D 作为转换逻辑电路的输出，可直接写出转换函数的表达式为

$$D = \overline{Q^n} \tag{4.6.11}$$

（3）画出电路图如图 4.6.4 所示。

注意：此时转换的 T′触发器的 CP 为上升沿有效。

[**例 4.6.4**]　试将 JK 触发器转换为 T 触发器。

解：（1）写出两种触发器的特性方程

$$\begin{cases} Q^{n+1} = T\overline{Q^n} + \overline{T}Q^n & (4.6.12) \\ Q^{n+1} = J\overline{Q^n} + \overline{K}Q^n & (4.6.13) \end{cases}$$

（2）比较式（4.6.12）和式（4.6.13），将 T 作为输入，将 J、K 作为输出，直接写出表达式为

$$J = T \tag{4.6.14}$$

$$K = T \tag{4.6.15}$$

（3）画出电路图如图 4.6.5 所示。

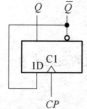

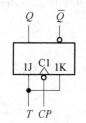

图 4.6.4　D 触发器转换为 T′触发器　　　**图 4.6.5　JK 触发器转换为 T 触发器**

注意：此时转换的 T 触发器的 CP 为下降沿有效。

表 4.6.1 列出了各触发器之间的转换关系。

表 4.6.1 各触发器之间的转换关系

已知触发器	待求触发器				
	T 触发器	T′ 触发器	D 触发器	JK 触发器	RS 触发器
D 触发器	$D = T \oplus Q^n$ $= T\overline{Q^n} + \overline{T}Q^n$	$D = \overline{Q^n}$	—	$D = J\overline{Q^n} + \overline{K}Q^n$	$D = S + \overline{R}Q^n$
JK 触发器	$J = K = T$	$J = K = 1$	$J = D$ $K = \overline{D}$	—	$J = S$ $K = R$
RS 触发器	$R = TQ^n$ $S = T\overline{Q^n}$	$R = Q^n$ $S = \overline{Q^n}$	$R = \overline{D}$ $S = D$	$R = K$ $S = J\overline{Q^n}$	—

4.7 项目 简易密码锁（案例二）

一、项目任务

某企业承接了一批简易密码锁的组装与调试任务，请按照相应的企业生产标准完成该产品的组装与调试，实现该产品的基本功能，满足相应的技术指标。装配完成后，利用相关的仪表对电路进行通电测试，记录测试数据。

二、电路结构

简易密码锁电路如图 4.7.1 所示，电路共由三部分组成。四个边沿 D 触发器、$S_0 \sim S_9$ 十个数字按键和电阻 $R_1 \sim R_4$ 构成密码控制部分；R_7、C 和非门组成密码延时电路；LED 和 R_6 组成模拟锁指示电路。

三、工作原理

1. 集成元件介绍

（1）CD4013：边沿 D 触发器。

CD4013 是 CMOS 双边沿 D 触发器的集成芯片，由两个相同的、相互独立的 D 触发器构成，每个触发器有独立的数据、置位、复位、时钟输入和 Q 及 $\overline{Q}$ 输出，在时钟上升沿触发时，加在 D 输入端的逻辑电平传送到 Q 输出端。置位和复位与时钟无关，分别由置位或复位线上的高电平完成。

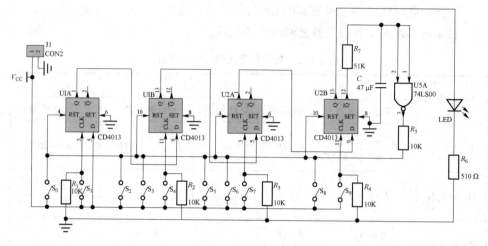

图 4.7.1　简易密码锁

其中，CP 为时钟输入，上边沿触发有效；R_D 为异步清零端，高电平有效；S_D 为异步置数端，高电平有效；D 为数据输入端；Q 为逻辑正输出；$\overline{Q}$ 为逻辑负输出；V_{CC} 为电源端；GND 为接地端。

CD4013 引脚分布如图 4.7.2 所示。

（2）74LS00：二输入端与非门。

74LS00 由 4 个二输入端的与非门构成，GND、V_{CC} 分别为接地端和电源端，引脚排列图如图 4.7.3 所示。与非门的功能特点是：有 0 出 1，全 1 出 0。

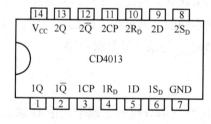

图 4.7.2　CD4013 引脚排列图

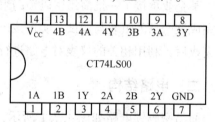

图 4.7.3　CT74LS00 引脚图

2. 工作原理

（1）输入正确密码时：如依次按下开关 S_1、S_4、S_7、S_9 时，触发器 F_0 至 F_3 的时钟输入端 CP 分别有上边沿触发，根据边沿 D 触发器输出 Q 随 D 变的逻辑功能，依次向右移位，使得触发器 F_3 的输出 $Q_3 = D_0 = 1$，$\overline{Q}_3 = 0$，模拟锁 LED 灯被点亮。

（2）延时原理：输入密码前，触发器初始状态为 0 态，$Q_3 = 0$，故 $\overline{Q}_3 = 1$，电路通过 R_7 对 C 充电至高电平。依次输入正确密码后，因 $\overline{Q}_3 = 0$，电容 C 通过电阻 R_7 放电，当电容 C 上的电压放到低至与非门的阈值电压时，非门输出高电平，控制 4 个触发器的 R_D 端，触发器清零，此时 $Q_3 = 0$，LED 灯被熄灭，延时结束。

其中，电阻 R_7 和电容 C 的大小决定了过渡过程时间的长短，从而决定了模拟锁 LED 延时时间的长短，延时具体时间可由前面学过的 RC 过渡过程时间间隔公式进行计算。

RC 电路过渡过程的时间间隔公式：

$$t_w = t_2 - t_1 = \tau \ln \frac{u_C(\infty) - u_C(t_1)}{u_C(\infty) - u_C(t_2)}$$

（3）输入错误密码时：如按下 S_0、S_2、S_3、S_5、S_6、S_8 中任意一个按键，密码输入错误，则所有触发器清零，$Q_3 = 0$，模拟锁 LED 灯熄灭。

 本章小结 <<<

（1）触发器和门电路是构成数字系统的基本逻辑单元。前者具有记忆功能，用于构成时序逻辑电路；后者没有记忆功能，用于构成组合逻辑电路。

（2）触发器的基本特点：有两个稳定状态；在外信号作用下，两个稳定状态可相互转换，没有外信号作用时，保持原状态不变。因此，触发器具有记忆功能，常用来保存二进制信息。1 个触发器可存储 1 位二进制码，故 n 个触发器可存储 n 位的二进制码。

（3）触发器的逻辑功能是指触发器的次态与现态、输入信号之间的逻辑关系。其描述方法主要有特性表、特性方程、驱动表、状态转换图和波形图（又称时序图）等。

（4）触发器按逻辑功能可分为：基本 RS 触发器、JK 触发器、D 触发器、T 触发器和 T′触发器等。其逻辑功能分别为：

基本 RS 触发器（如用与非门组成）的逻辑功能为："11 保持，00 不定，其余情况的输出随对方的输入变"；

JK 触发器的逻辑功能为："00 保持，11 翻转，其余随 J 变"；

D 触发器的逻辑功能为："随 D 变"；

T 触发器的逻辑功能为："0 保持，1 翻转"；

T′触发器的逻辑功能为："翻转"。

（5）触发器按触发方式可分为：电平触发式触发器、主从触发器、边沿触发器等。其触发特点分别为：

正电平触发式触发器的状态在 $CP = 1$ 期间翻转，在 $CP = 0$ 期间保持不变；电平触发式触发器的缺点是存在空翻现象，通常只能用于数据锁存。

主从触发器由分别工作在时钟脉冲 CP 不同时段的主触发器和从触发器构成，通常只能在 CP 有效沿时刻（如下降沿）状态发生翻转，其输出随 CP 有效

沿前一时刻的输入信号决定，而在 CP 其他时刻保持状态不变。它虽然克服了空翻，但对输入信号仍有限制。

边沿触发器只能在 CP 上升沿（或下降沿）时前一瞬间接收输入信号，其状态只能在 CP 上升沿（或下降沿）时刻发生翻转，其输出随 CP 有效沿前一瞬间的输入信号决定。它应用范围广、可靠性高、抗干扰能力强。

（6）边沿 D 触发器和边沿 JK 触发器是两个实用的触发器，学习时要掌握它们的逻辑功能及时序关系。要牢记：触发器的翻转条件是由触发输入与时钟脉冲共同决定的，即在时钟脉冲作用时触发器可能翻转，而是否翻转和如何翻转则由 CP 有效沿前一瞬间的输入信号决定。

（7）基本 RS 触发器是构成各种触发器的基础。它的输出受输入信号直接控制，不能定时控制，常用作集成触发器的辅助输入端，用于直接置0或直接置1。使用时须注意弄清它的有效电平，并满足约束条件。

（8）由一种已有触发器转换成另一种待求触发器的方法是：将已有触发器的输入作为转换逻辑电路的输出信号，将待求触发器的输入作为转换逻辑电路的输入信号，写出已有触发器的驱动方程，然后画出逻辑图。

（9）分析触发器时应弄清楚触发器的功能、触发方式和触发沿（或触发电平），并弄清楚异步输入端是否加上了有效电平。

习 题 <<<

4.1 信号输入端 $\overline{R}$ 和 $\overline{S}$ 的输入波形如习题图4.1所示，设触发器的初始状态为0态，试画出由与非门组成的基本 RS 触发器输出端 Q 和 $\overline{Q}$ 的波形。

4.2 由或非门组成的基本 RS 触发器输入端 R 和 S 的输入波形如习题图4.2所示，设触发器的初始状态为1态，试画出输出端 Q 和 $\overline{Q}$ 的波形。

习题图4.1 习题4.1的波形图　　习题图4.2 习题4.2的波形图

4.3 由与非门组成的同步 RS 触发器输入端 CP、R、S 的输入波形如习题图4.3所示，设触发器的初始状态为0态，试画出输出端 Q 和 $\overline{Q}$ 的波形。

4.4 由与非门组成的同步 D 触发器输入端 CP、D 的输入波形如习题图4.4所示，设触发器的初始状态为0态，试画出输出端 Q 和 $\overline{Q}$ 的波形。

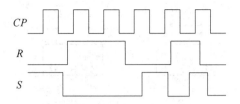
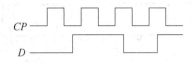

习题图4.3 习题4.3的波形图　　　**习题图4.4 习题4.4的波形图**

4.5 JK 触发器的逻辑符号及输入端 CP、J、K 的输入波形如习题图 4.5 所示，设触发器的初始状态为 0 态，试画出输出端 Q 和 $\overline{Q}$ 的波形。

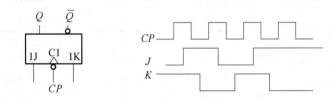

习题图4.5 习题4.5的波形图

4.6 D 触发器的逻辑符号及输入端 CP、D 的输入波形如习题图 4.6 所示，设触发器的初始状态为 0 态，试画出输出端 Q 和 $\overline{Q}$ 的波形。

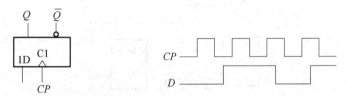

习题图4.6 习题4.6的波形图

4.7 触发器的逻辑符号及输入波形如习题图 4.7 所示，要求
(1) 写出电路的次态方程；
(2) 设触发器的初始状态为 0 态，根据输入波形画出输出端 Q 和 $\overline{Q}$ 的波形。

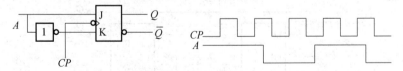

习题图4.7 习题4.7的波形图

4.8 设触发器的初始状态为 0 态，试根据习题图 4.8 的电路图和 CP 画出对应的各输出端 Q 的波形。

4.9 设触发器的初始状态为 0 态，根据习题图 4.9 的逻辑电路图和输入波形画出对应输出端 Q 的波形。

4.10 设触发器的初始状态为 0 态，根据习题图 4.10 的逻辑电路图和输入波形画出对应输出端 Q 的波形。

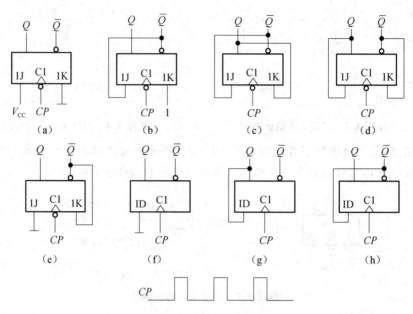

习题图 4.8　习题 4.8 的波形图

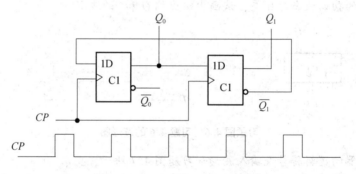

习题图 4.9　习题 4.9 的波形图

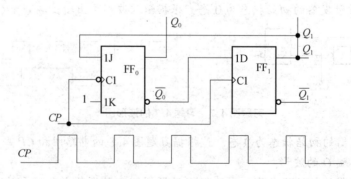

习题图 4.10　习题 4.10 的波形图

4.11　设触发器的初始状态为 0 态，根据习题图 4.11 的逻辑电路图和输入波形画出对应输出端 Q 的波形。

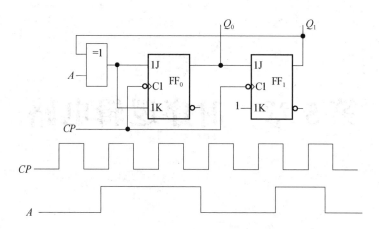

习题图 4.11 习题 4.11 的波形图

4.12 设触发器的初始状态为 0 态，根据习题图 4.12 的逻辑电路图和输入波形画出对应输出端 Q 的波形。

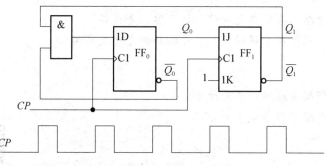

习题图 4.12 习题 4.12 的波形图

4.13 设触发器的初始状态为 0 态，根据习题图 4.13 的逻辑电路图和输入波形画出对应输出端 Q 的波形。

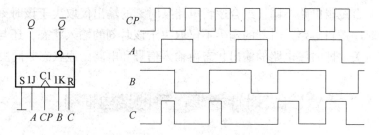

习题图 4.13 习题 4.13 的波形图

4.14 试将 D 触发器转换为 T 触发器。

4.15 试将 T 触发器转换为 JK 触发器。

第 5 章 时序逻辑电路

本章要点

- 时序逻辑电路的特点及分类
- 同步时序逻辑电路和异步时序逻辑电路的分析方法
- 同步时序逻辑电路的一般设计方法
- 时序逻辑电路的典型单元电路：计数器、寄存器
- 时序逻辑电路常用中规模集成器件的功能介绍及应用

本章难点

- 同步时序逻辑电路的一般设计方法
- 时序逻辑电路常用集成块的应用

5.1 概　述

概述

时序逻辑电路由组合逻辑电路和具有记忆功能的触发器组成。它与组合逻辑电路不同，组合逻辑电路某时刻的输出仅取决于该时刻的输入状态，而时序逻辑电路某时刻的输出不仅取决于该时刻的输入状态，还与电路原来的状态有关。即时序电路的输出状态由输入信号和电路的原状态共同决定。

5.1.1 时序逻辑电路的结构框图

时序逻辑电路的基本结构框图如图 5.1.1 所示，从图中可以看出它由两部分组成：组合逻辑电路和存储电路。

图中 X_1、X_2、…、X_n 为外部输入信号；Y_1、Y_2、…、Y_m 为外部输出信号；Q_1、Q_2、…、Q_j 为存储电路（触发器）的输出，它也是组合电路的内部输入信号；W_1、W_2、…、W_k 为存储电路的输入信号，它决定时序电路下一时刻的状态。

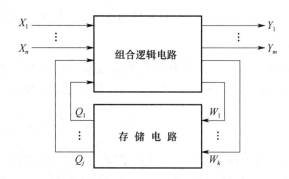

图 5.1.1 时序逻辑电路的结构框图

这些信号之间的逻辑关系为

$$Y = F(X, Q^n) \tag{5.1.1}$$

$$W = G(X, Q^n) \tag{5.1.2}$$

$$Q^{n+1} = H(W, Q^n) \tag{5.1.3}$$

式中的 Q^n 为存储电路的现态，Q^{n+1} 为存储电路的次态。式（5.1.1）为输出方程，它表示时序电路输出函数与输入变量、存储电路现态之间的关系；式（5.1.2）为驱动方程，它表示驱动输入变量与输入变量、存储电路现态之间的关系；式（5.1.3）为状态方程，它表示存储电路的输出次态与驱动输入变量、存储电路现态之间的关系。

5.1.2 时序逻辑电路的分类

（1）根据时钟脉冲控制的特点，时序逻辑电路分为同步时序逻辑电路和异步时序逻辑电路。

在同步时序逻辑电路中，电路只存在一个公共的时钟脉冲 CP，而所有触发器状态的更新均在同一时钟脉冲 CP 的控制下同时发生，即电路的状态变化是同步进行的。而在异步时序逻辑电路中，只有部分触发器与输入时钟脉冲 CP 相连，其余触发器则受电路内部信号触发，故并非所有触发器状态的更新都是同时发生的，有先有后，即电路状态变化是异步进行的。

（2）根据逻辑功能不同，时序逻辑电路可分为计数器、寄存器、顺序脉冲发生器等。

（3）根据结构和制造工艺不同，时序逻辑电路可分为 TTL 型和 CMOS 型。

5.1.3 时序逻辑电路功能的表示方法

时序电路的逻辑功能可以用逻辑方程组、状态表、状态图、卡诺图、时序图

和逻辑图等方法来表示，它们之间本质上是相通的，可以相互转换。

1. 逻辑方程组

时序逻辑电路的逻辑表达式主要包含输出方程、驱动方程和状态方程，如式（5.1.1）、式（5.1.2）、式（5.1.3）所示，其中驱动方程和状态方程是时序电路特有的。

2. 状态表

状态表又称为状态转换真值表，它反映了触发器从现态到次态的转换。状态表的每一行代表了一次状态转换，表示电路的状态从左侧的现态转换到右侧的次态。在分析和设计时序电路时，常用到状态表。

3. 状态图

状态图又称状态转换图，是时序逻辑电路特有的逻辑表达形式。它以图形的形式表示时序逻辑电路的状态变化，以圆圈将时序逻辑电路的每一个可能的状态圈起来，并根据状态表中现态和次态的关系，在各个状态之间用箭头连接表示变化方向。

4. 卡诺图

其形式与组合逻辑电路完全一样，只是时序逻辑电路卡诺图的输出变量为各触发器的次态，输入变量除输入信号外，还有各触发器的现态。

5. 时序图

时序图又称为波形图，它以波形变化的形式来表示输入、输出信号之间的关系。时序图是时序逻辑电路最常用的表示方法。

6. 逻辑图

逻辑图是由各种逻辑符号按表达式的逻辑关系连接而成的电路图。其画法与组合电路相同，只是时序逻辑电路的基本构成单元主要采用触发器。

5.2 同步时序逻辑电路的分析

同步时序逻辑
电路的分析

所谓时序逻辑电路的分析就是根据给定的时序逻辑电路，通过写出它的逻辑方程组，求出状态转换真值表，分析其输出状态和输出信号在输入变量和时钟脉冲作用下的转换规律。

5.2.1 同步时序逻辑电路的分析方法

在同步时序逻辑电路中，由于所有触发器都由同一个时钟脉冲信号控制，故分析时可以不考虑时钟脉冲条件。须根据给定的时序逻辑电路求出状态图或时序图，以确定电路的逻辑功能及特点。

1. 写出驱动方程和输出方程

所谓输出方程是指时序逻辑电路的输出函数表达式；而驱动方程则是各触发器输入信号的逻辑函数表达式，如 JK 触发器就是 J 和 K 的逻辑表达式等。

2. 求状态方程

将驱动方程代入相应触发器的特性方程，可得电路的状态方程，即次态方程。状态方程就是触发器次态 Q^{n+1} 的表达式，它是触发器的现态与输入变量的函数。

3. 画出综合状态卡诺图和输出卡诺图，或者列出状态转换真值表

根据上述的各状态方程分别画出各触发器次态 Q^{n+1} 对应的状态卡诺图，并将各个触发器的状态卡诺图综合起来，按顺序全部填入另一卡诺图中得到综合状态卡诺图。

当然，也可以将电路现态的各种取值组合逐个代入状态方程和输出方程，计算出相应的次态和输出的值，从而列出状态转换真值表。如现态的初始值已给定，则从给定的值开始计算；如没有给定，一般以 0 为初始值进行计算。但此方法较为烦琐，一般不建议采用。

4. 画出状态转换图和时序图

根据上述综合状态卡诺图（或根据状态真值表）画出对应的状态转换图，状态图是指电路由现态转换到次态的示意图，图中用带箭头的转移连线将所有的状态连接起来，箭头指向电路的次态，箭尾指向电路的现态，并用斜线标注对应输出信号的取值。电路的时序图是指在时钟脉冲作用下，各触发器状态变化的波形图。

5. 确定电路的逻辑功能并检测能否自启动

根据得到的状态图和时序图进行分析，确定该时序电路的逻辑功能与工作特点，并进行简要的文字说明。所谓自启动是指假如由于某种原因使电路进入某个不用的状态（即无效工作状态），在时钟脉冲作用下，电路能直接或间接地自动返回到有效的工作状态，说明该电路具有自启动能力，否则，该电路不能自启动。

以上步骤只是同步时序逻辑电路的一般分析步骤，对于不同的电路，读者可视情况决定取舍。

5.2.2 同步时序逻辑电路的分析举例

下面通过两个例题来说明同步时序逻辑电路的一般分析方法。

[例 5.2.1] 试分析图 5.2.1 所示时序逻辑电路的逻辑功能。

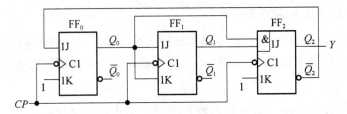

图 5.2.1　[例 5.2.1] 的逻辑图

解：由图可知，该电路各触发器的时钟连接在一起，故为同步时序逻辑电路。

（1）写出驱动方程和输出方程。

根据给定的电路图，可得输出方程为

$$Y = Q_2^n \tag{5.2.1}$$

各触发器的驱动方程为

$$\begin{cases} J_0 = \overline{Q_2^n} & K_0 = 1 \\ J_1 = Q_0^n & K_1 = Q_0^n \\ J_2 = Q_1^n \cdot Q_0^n & K_2 = 1 \end{cases} \tag{5.2.2}$$

（2）求状态方程。

因为 JK 触发器的特性方程为：

$$Q^{n+1} = J \overline{Q^n} + \overline{K} Q^n \tag{5.2.3}$$

将各驱动方程组代入特性方程，可得各触发器的状态方程：

$$\begin{cases} Q_0^{n+1} = \overline{Q_2^n}\, \overline{Q_0^n} \\ Q_1^{n+1} = \overline{Q_1^n} Q_0^n + Q_1^n \overline{Q_0^n} \\ Q_2^{n+1} = \overline{Q_2^n} Q_1^n Q_0^n \end{cases} \tag{5.2.4}$$

（3）画出综合状态卡诺图和输出卡诺图。

先画出 Q_2^{n+1}、Q_1^{n+1}、Q_0^{n+1} 对应的卡诺图，然后将这 3 个卡诺图综合起来，按 $Q_2^{n+1} Q_1^{n+1} Q_0^{n+1}$ 的次序全部填入另一个卡诺图中，得到电路的综合状态卡诺图分别如图 5.2.2（a）、（b）、（c）、（d）、（e）所示。

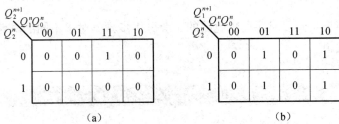

图 5.2.2　[例 5.2.1] 的各状态卡诺图

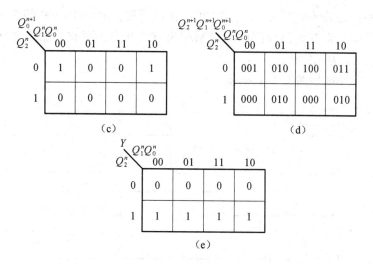

图 5.2.2　[例 5.2.1] 的各状态卡诺图（续）

(a) Q_2^{n+1} 的卡诺图；(b) Q_1^{n+1} 的卡诺图；(c) Q_0^{n+1} 的卡诺图；

(d) $Q_2^{n+1}Q_1^{n+1}Q_0^{n+1}$ 综合的卡诺图；(e) Y 的卡诺图

或者将电路现态的各种取值组合逐个代入状态方程和输出方程，计算出相应的次态和输出的值，从而列出状态转换真值表，如表 5.2.1 所示。

表 5.2.1　[例 5.2.1] 的状态转换真值表

现　态			次　态			输　出
Q_2^n	Q_1^n	Q_0^n	Q_2^{n+1}	Q_1^{n+1}	Q_0^{n+1}	Y
0	0	0	0	0	1	0
0	0	1	0	1	0	0
0	1	0	0	1	1	0
0	1	1	1	0	0	0
1	0	0	0	0	0	1

(4) 画出状态转换图和时序图。

根据图 5.2.2 (d) 所示 $Q_2^{n+1}Q_1^{n+1}Q_0^{n+1}$ 综合状态卡诺图的状态变化规律，可画出其状态转换图如图 5.2.3 所示。图中圆圈内的数字表示电路的一个状态，箭

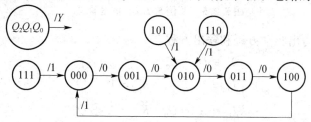

图 5.2.3　[例 5.2.1] 的状态转换图

头表示电路状态的转换方向，Y为输出值。由图可见，由000～100等5个状态组成有效循环圈，将有效循环圈内的状态称为有效状态，而有效循环之外的状态101、110、111为无效状态。

电路的时序图如图5.2.4所示。

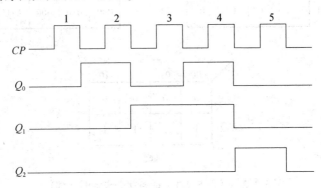

图5.2.4 ［例5.2.1］的时序图

（5）确定电路的逻辑功能并分析电路能否自启动。

由状态转换图和时序图可知，每来一个时钟脉冲CP，电路依次加1，分别为000—001—010—011—100—000，每5个时钟脉冲，电路的状态完成一次循环。故该电路为同步5进制加法计数器，Y为进位输出信号。

当电路由于某种原因工作在无效状态101、110、111时，在时钟脉冲作用下，电路能自动返回到有效的工作状态，说明该电路具有自启动能力。

［例5.2.2］ 试分析图5.2.5所示时序逻辑电路的逻辑功能，列出状态转换真值表，画出状态转换图和时序图。

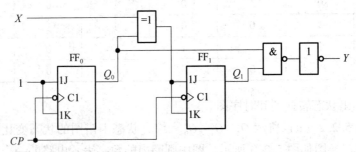

图5.2.5 ［例5.2.2］的逻辑图

解：（1）写出驱动方程和输出方程。

$$Y = Q_1^n \cdot Q_0^n \tag{5.2.5}$$

$$\begin{cases} J_0 = 1 & K_0 = 1 \\ J_1 = X \oplus Q_0^n & K_1 = X \oplus Q_0^n \end{cases} \tag{5.2.6}$$

（2）求状态方程。

$$\begin{cases} Q_0^{n+1} = \overline{Q_0^n} \\ Q_1^{n+1} = (X \oplus Q_0^n)\,\overline{Q_1^n} + \overline{X \oplus Q_0^n} \cdot Q_1^n \\ \quad\quad = \overline{X} \cdot \overline{Q_1^n} Q_0^n + X\,\overline{Q_1^n}\,\overline{Q_0^n} + XQ_1^n Q_0^n + \overline{X} Q_1^n\,\overline{Q_0^n} \end{cases} \tag{5.2.7}$$

（3）画出综合状态卡诺图。

按 $Q_1^{n+1} Q_0^{n+1}$ 的次序可直接画出综合状态卡诺图，如图 5.2.6 所示。

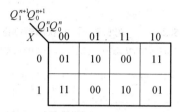

图 5.2.6 ［例 5.2.2］的综合状态卡诺图

或者代入状态方程和输出方程计算后列出状态转换真值表，如表 5.2.2 所示。

表 5.2.2 ［例 5.2.2］的状态转换真值表

现 态			次 态		输 出
X	Q_1^n	Q_0^n	Q_1^{n+1}	Q_0^{n+1}	Y
0	0	0	0	1	0
0	0	1	1	0	0
0	1	0	1	1	0
0	1	1	0	0	1
1	0	0	1	1	0
1	1	1	1	0	1
1	1	0	0	1	0
1	0	1	0	0	0

（4）画出状态转换图和时序图。

根据图 5.2.6 所示的综合状态卡诺图可画出 $X=0$ 和 $X=1$ 时的状态转换图分别如图 5.2.7（a）和图 5.2.7（b）所示，时序图如图 5.2.8 所示。

（5）确定电路的逻辑功能。

从真值表可以看出，当 $X=0$ 时，电路为四进制加法计数器；当 $X=1$ 时，电路为四进制减法计数器。因此该电路为同步四进制加/减可逆计数器，具有自启动能力。

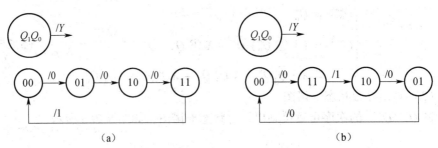

图 5.2.7　［例 5.2.2］的状态转换图

（a）$X=0$ 时的状态图；（b）$X=1$ 时的状态图

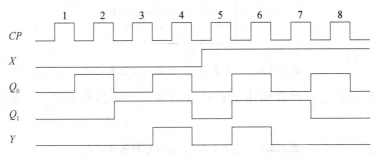

图 5.2.8　［例 5.2.2］的时序图

5.3　异步时序逻辑电路的分析

异步时序逻辑
电路的分析

在同步时序逻辑电路中，所有触发器共用一个时钟脉冲，故分析时没有必要对时钟脉冲进行特别的考虑。而在异步时序逻辑电路中只有部分触发器的时钟脉冲与输入脉冲 CP 相连，其余触发器的脉冲触发信号则由电路内部提供，因此，进行异步时序逻辑电路分析时，各触发器的状态方程只有在满足时钟条件时才有效，所以要先写出时钟方程。

5.3.1　异步时序逻辑电路的分析方法

异步时序逻辑电路的一般分析方法与同步时序逻辑电路基本相同，只须写出时钟方程，并注意各触发器的时钟条件何时满足。具体步骤如下：

（1）根据给定的电路图，写出时钟方程。

（2）写出驱动方程和输出方程。

（3）求状态方程。

（4）画出综合状态卡诺图或状态转换真值表。

此时应特别注意：要考虑状态方程的时钟条件，只有当某一触发器的时钟条件具备时，状态方程才有效；否则，各触发器保持原来的状态不变。

（5）画出状态图与时序图。

（6）确定电路的逻辑功能并检测能否自启动。

5.3.2 异步时序逻辑电路的分析举例

下面通过举例来具体说明异步时序逻辑电路的一般分析方法。

[例5.3.1] 分析如图5.3.1所示异步时序逻辑电路的逻辑功能，并画出状态转换图和时序图。

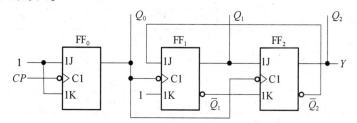

图5.3.1 [例5.3.1]的逻辑图

解：（1）写出时钟方程：

$$\begin{cases} CP_0 = CP & \text{（FF}_0\text{ 在 } CP \text{ 的下降沿触发有效）} \\ CP_1 = Q_0^n & \text{（FF}_1\text{ 在 } Q_0 \text{ 的下降沿触发有效）} \\ CP_2 = Q_0^n & \text{（FF}_2\text{ 在 } Q_0 \text{ 的下降沿触发有效）} \end{cases} \quad (5.3.1)$$

（2）写出驱动方程和输出方程：

$$Y = Q_2^n \quad (5.3.2)$$

$$\begin{cases} J_0 = K_0 = 1 \\ J_1 = \overline{Q_2^n} \qquad K_1 = 1 \\ J_2 = Q_1^n \qquad K_2 = \overline{Q_1^n} \end{cases} \quad (5.3.3)$$

（3）求状态方程：

$$\begin{cases} Q_0^{n+1} = \overline{Q_0^n} & \text{（} CP \text{ 的下降沿有效）} \\ Q_1^{n+1} = \overline{Q_2^n}\,\overline{Q_1^n} & \text{（} Q_0 \text{ 的下降沿有效）} \\ Q_2^{n+1} = \overline{Q_2^n}Q_1^n + Q_2^n Q_1^n & \text{（} Q_0 \text{ 的下降沿有效）} \end{cases} \quad (5.3.4)$$

（4）画出综合状态卡诺图。

注意：状态方程只有在满足其时钟方程的下降沿才会有效，否则无效，即保持原来的状态。故填写卡诺图时为考虑各时钟条件的方便，一般按 $Q_0^{n+1}Q_1^{n+1}Q_2^{n+1}$ 的顺序填写（卡诺图每个方格内从右至左填写），得卡诺图如图5.3.2所示。

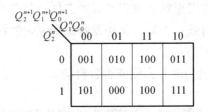

图 5.3.2 ［例 5.3.1］的综合状态卡诺图

或者根据状态方程列出状态转换真值表，如表 5.3.1 所示。

表 5.3.1 ［例 5.3.1］的状态转换真值表

现　态			次　态			输　出	时钟条件		
Q_2^n	Q_1^n	Q_0^n	Q_2^{n+1}	Q_1^{n+1}	Q_0^{n+1}	Y	CP_2	CP_1	CP_0
0	0	0	0	0	1	0	↑	↑	↓
0	0	1	0	1	0	0	↓	↓	↓
0	1	0	0	1	1	0	↑	↑	↓
0	1	1	1	0	0	0	↑	↓	↓
1	0	0	1	0	1	1	↑	↑	↓
1	0	1	0	0	0	1	↓	↓	↓

（5）画出状态图和时序图。

根据卡诺图画出状态图和时序图如图 5.3.3 所示。

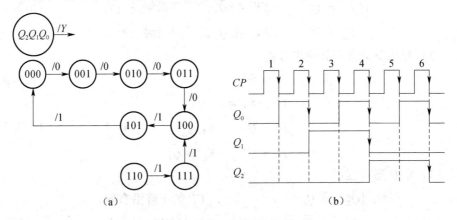

图 5.3.3 ［例 5.3.1］的状态图和时序图

（a）状态图；（b）时序图

（6）电路的逻辑功能说明。

由状态图可知，有效循环圈中有 6 个有效状态，故该电路的逻辑功能为：异步六进制加法计数器。因为 110、111 这两个无效状态在 CP 作用下可自动进入有效的循环圈，说明该电路具有自启动能力。

5.4 同步时序逻辑电路的设计

同步时序逻辑
电路的设计

时序逻辑电路的设计是时序电路分析的逆过程，是根据给定的设计任务选择合适的器件，设计出符合要求的逻辑电路。因同步时序逻辑电路各触发器共用一个时钟脉冲信号，设计时时钟信号可以不作考虑。下面讨论同步时序逻辑电路的一般设计方法。

5.4.1 同步时序逻辑电路的设计方法

同步时序逻辑电路的设计过程一般按如下步骤进行。

1. 根据设计要求，确定所用触发器的个数及类型

可根据设计电路的有效状态数 M，确定触发器的个数 n，它们之间必须满足 $2^n \geq M$。同时确定所选用触发器的类型，由于不同逻辑功能的触发器其驱动方程不同，因此，设计出来的电路也不同。

2. 画出状态转换图

根据给定的设计要求，先确定电路的状态数，弄清楚现态和次态之间的关系，并为每一个状态指定一个二进制编码，可得到电路的状态转换图，确定之后要反复核对该状态图是否满足设计要求。这一步是同步时序逻辑电路设计的关键。

3. 画出电路的状态卡诺图及输出卡诺图

根据状态转换图可画出综合状态卡诺图和输出卡诺图，并将综合状态卡诺图分解成各触发器 Q^{n+1} 的状态卡诺图。

注意：有效循环圈之外不用的状态视为无效工作状态，可当作无关项来处理，在卡诺图中用"×"表示。

4. 化简得状态方程和输出方程

根据各触发器的状态卡诺图化简分别得各 Q^{n+1} 触发器的状态方程，同时化简得输出方程。

注意：为便于直接从状态方程得出下一步待求的驱动方程，在对状态卡诺图进行圈组并化简时，应使最后得到的状态方程形式符合所采用触发器的特性方程形式，而不能简单地化为最简表达式。如：采用 JK 触发器进行设计时，其特性方程为 $Q^{n+1} = J \overline{Q^n} + \overline{K} Q^n$，当求 Q_2^{n+1} 的表达式时，不要将含有 Q_2^n 或 $\overline{Q_2^n}$ 的因子消去；同理，求 Q_1^{n+1} 的表达式时，不要将含有 Q_1^n 或 $\overline{Q_1^n}$ 的因子消去，依此类推。但如果采用 D 触发器进行设计时，因其特性方程为 $Q^{n+1} = D$，故不用考虑上述因

素，直接化为最简式即可。

5. 写出驱动方程

将上一步得到的各触发器的状态方程与其特性方程比较，可以直接写出驱动方程。

6. 检查电路能否自启动，并画出逻辑电路图

对于存在无效工作状态的逻辑设计，则需要将无效状态的值代入状态方程中（或者根据状态方程卡诺图化简时的圈组情况，被圈入的 Q^{n+1} 的值用 1 表示，没圈入的 Q^{n+1} 的值用 0 表示），检验当电路进入无效状态后能否直接或间接地自动进入有效循环圈中的正常工作状态，来判断设计的电路是否具备自启动能力。对于不能自启动的电路，则需要修改设计，使电路能够自启动。

同时，根据所得到的驱动方程与输出方程，画出所设计的逻辑电路图。

5.4.2　同步时序逻辑电路的设计举例

为加强理解，下面举例说明同步时序逻辑电路的设计过程。

[例 5.4.1]　用 JK 触发器设计一个同步五进制加法计数器。

解：（1）确定触发器的个数。

因为五进制加法计数器共有 5 个有效状态，根据 $2^3 > 5$，故需要用 3 个 JK 触发器来构成。

（2）画出状态转换图。

按照五进制加法计数的规律，对每个状态进行二进制编码后的状态转换图如图 5.4.1 所示。

（3）画出状态卡诺图及输出卡诺图。

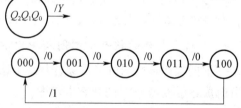

图 5.4.1　[例 5.4.1] 的状态转换图

根据状态转换图可知，101、110、111 为无效状态，在图中做无关项处理，有利于设计电路的简化，如图 5.4.2 所示。

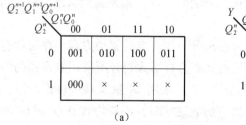

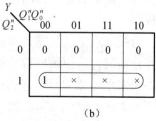

（a）　　　　　　　　　　（b）

图 5.4.2　[例 5.4.1] 的综合状态卡诺图及输出卡诺图

（a）综合状态卡诺图；（b）输出卡诺图

（4）化简得状态方程和输出方程。

对各状态卡诺图和输出卡诺图进行化简，得到相应的状态方程和输出方程。注意：因为本设计采用 JK 触发器，化简时，在要保留该保留的因子的前提下，化简为最简表达式，如图 5.4.3 所示。

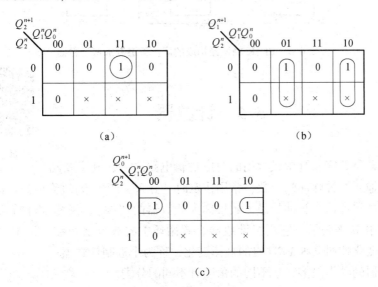

图 5.4.3 ［例 5.4.1］各触发器的状态卡诺图化简

（a）Q_2^{n+1} 卡诺图化简；（b）Q_1^{n+1} 卡诺图化简；（c）Q_0^{n+1} 卡诺图化简

化简后得各触发器的状态方程和输出方程分别为：

$$\begin{cases} Q_2^{n+1} = \overline{Q}_2^n Q_1^n Q_0^n \\ Q_1^{n+1} = \overline{Q}_1^n Q_0^n + Q_1^n \overline{Q}_0^n \\ Q_0^{n+1} = \overline{Q}_2^n \overline{Q}_0^n \end{cases} \tag{5.4.1}$$

$$Y = Q_2^n \tag{5.4.2}$$

（5）写出驱动方程。

将上一步得到的状态方程分别与 JK 触发器的特性方程 $Q^{n+1} = J\overline{Q}^n + \overline{K}Q^n$ 比较，可得各触发器的驱动方程：

$$\begin{cases} J_0 = \overline{Q}_2^n & K_0 = 1 \\ J_1 = Q_0^n & K_1 = Q_0^n \\ J_2 = Q_1^n \cdot Q_0^n & K_2 = 1 \end{cases} \tag{5.4.3}$$

（6）检查电路能否自启动，并画出逻辑电路图。

根据状态方程卡诺图化简的圈组情况可知，3 个无效状态能在 CP 的作用下自动进入有效循环圈，故该电路能够自启动。根据所得到的驱动方程与输出方程，画出所设计的逻辑电路如图 5.4.4 所示。

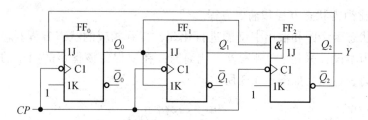

图 5.4.4　由 JK 触发器构成的同步五进制加法计数器

5.5　计数器

计数器

计数器是数字系统中最常用的时序逻辑电路之一，其主要功能是累计输入时钟脉冲的个数，常用作定时、分频、产生节拍脉冲与计算等。

计数器累计输入脉冲的最大数目称为计数器的"模"，又称为计数长度或计数容量，用 M 来表示，它是指计数器有效循环中的有效状态数。如 $M = 10$，计数时状态变化按照某种 BCD 码的规律变化，称为十进制计数器。

计数器的种类很多，从不同的角度有不同的分类。

按计数器中触发器的状态更新不同可分为同步计数器和异步计数器。同步计数器中所有触发器使用同一计数脉冲，当计数脉冲的有效沿到来时，所有触发器均随输入信号及现态进行状态更新；异步计数器中因各触发器不受同一脉冲控制，其状态的更新只在各触发器时钟脉冲的有效状态。其中，同步计数器的速度比异步计数器要快。

按计数进制不同可分为二进制、十进制和任意进制计数器。

按计数时数值变化的规律可分为递增计数器、递减计数器、可逆计数器。递增计数器又称为加法计数器，计数时随时钟脉冲的输入，计数状态变化的规律是逐次递增的；递减计数器又称为减法计数器，其状态变化的规律是随时钟脉冲逐次递减的；可逆计数器可以通过控制端对计数时的状态变化规律进行控制，既可以实现递增计数，也可以实现递减计数。

本节主要讨论异步二进制、十进制计数器和同步二进制、十进制计数器及用中规模集成电路构成任意进制计数器的方法。

5.5.1　异步计数器

一、异步二进制计数器

一个触发器有 0 和 1 两个状态，它可以表示 1 位的二进制数，故 n 位的二进

制计数器可由 n 个触发器构成。

1. 异步二进制加法计数器

按二进制编码方式进行加法运算的电路，称为二进制加法计数器，每输入一个时钟脉冲进行一次加 1 运算。根据二进制加法计数的规律，在每到来一个时钟脉冲 CP 时，状态如表 5.5.1 所示，表中 Q^n 表示现态，Q^{n+1} 表示次态，CO 表示本位向高位的进位。

表 5.5.1　二进制加法计数的规律

Q^n	每来 1 个 CP	Q^{n+1}	CO
0	+1	1	0
1	+1	0	1

因此，二进制加法计数器要满足上述规律，触发器应当满足 2 个条件：

（1）每输入一个时钟脉冲 CP（计数器加 1，即递增 1），触发器应翻转一次。

将 JK 触发器的输入端 J、K 同时接 1 或将 D 触发器的输入端 D 接自身的输出端 $\overline{Q}$，都可以构成具备翻转功能的计数型触发器，如图 5.5.1 所示。

（2）当低位触发器由 1 状态变为 0 状态时（此变化相当于一个下降沿），应输出一个进位信号 CO 使高位加 1，这时高位触发器应发生翻转，即应使低位从 1 状态到 0 状态的跳变成为高位触发器 CP 的有效沿。

图 5.5.1　接成计数型触发器的 JK 和 D 触发器

由上面的结论可以总结出构成 n 位异步二进制加法计数器的方法：

（1）由 n 个计数型触发器组成（JK 和 D 触发器均可）；

（2）对于 CP 为下降沿触发有效的触发器，直接将低位的 Q 接到高位的 CP；而对于 CP 为上升沿触发有效的触发器，则将低位的 $\overline{Q}$ 接到高位的 CP。

图 5.5.2（a）所示为用 JK 触发器组成的 4 位异步二进制加法计数器，$FF_0 \sim FF_3$ 均接成计数型触发器，下降沿触发有效。

计数前，在计数脉冲的清 0 端 $\overline{R}_D$ 上加负脉冲，使电路处于 $Q_3Q_2Q_1Q_0 = 0000$ 状态，计数过程中 $\overline{R}_D = 1$，无效。图 5.5.2 中，因为 JK 触发器的 CP 为下降沿触发有效，当低位触发器从 1 状态变为 0 状态时，Q 由 1 变为 0，输出一个下降沿，正好作为进位信号去触发高位触发器翻转，因此，选择低位 JK 触发器的 Q 端当

作进位输出端去控制高位触发器的 CP。

根据图 5.5.2（a）所示的电路图可画出此计数器的工作波形如图 5.5.2（b）所示，它形象地反映了计数过程。由波形图可知，每当输入脉冲 CP 的下降沿到达时，FF_0 都翻转一次。由于 FF_1 的 CP 端与 FF_0 的 Q_0 端相连，故每当 Q_0 产生下降沿时，FF_1 都翻转一次。因为 FF_0 翻转两次，其输出端 Q_0 才出现一次下降沿，故 FF_0 每翻转两次 FF_1 才翻转一次。同理，每当 Q_1 产生下降沿时，FF_2 都翻转一次，即 FF_1 每翻转两次 FF_2 才翻转一次。每当 Q_2 产生下降沿时，FF_3 都翻转一次，即 FF_2 每翻转两次 FF_3 才翻转一次。

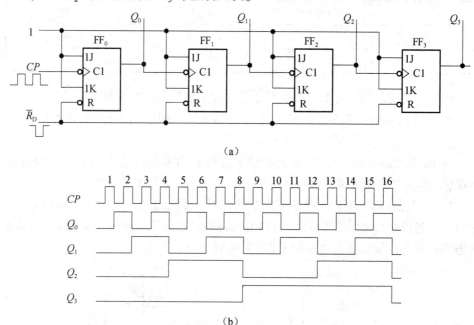

（a）

（b）

图 5.5.2　由 JK 触发器组成异步二进制加法计数器和工作波形

（a）电路图；（b）波形图

根据计数器的工作波形可列出它的计数器状态变化情况，如表 5.5.2 所示。

表 5.5.2　异步 4 位二进制加法计数器状态表

计数顺序	计数器的状态			
	Q_3	Q_2	Q_1	Q_0
0	0	0	0	0
1	0	0	0	1
2	0	0	1	0
3	0	0	1	1
4	0	1	0	0

计数顺序	计数器的状态			
	Q_3	Q_2	Q_1	Q_0
5	0	1	0	1
6	0	1	1	0
7	0	1	1	1
8	1	0	0	0
9	1	0	0	1
10	1	0	1	0
11	1	0	1	1
12	1	1	0	0
13	1	1	0	1
14	1	1	1	0
15	1	1	1	1
16	0	0	0	0

从表中可以看出，当输入第 16 个脉冲 CP 时，计数器又重新返回初始的 0000 状态，完成一次计数循环。可见，4 位二进制加法计数器共有 16 个有效状态，故又称为 1 位十六进制加法计数器。从波形图可以看出，Q_0、Q_1、Q_2、Q_3 端输出脉冲的频率分别为输入脉冲 CP 频率的 1/2、1/4、1/8、1/16，故该计数器可作为 2、4、8、16 分频器使用。

图 5.5.3 所示为上升沿触发有效的 D 触发器组成的 4 位异步二进制加法计数器的逻辑电路图，因为当低位触发器 Q 端由 1 变为 0 时，其 $\overline{Q}$ 端从 0 变为 1，输出一个上升沿，正好作为进位信号去触发高位触发器翻转，故将低位的输出端 $\overline{Q}$ 接高位的时钟输入端 CP。图中 $FF_0 \sim FF_3$ 均接成计数型触发器，其工作原理请读者自行分析。

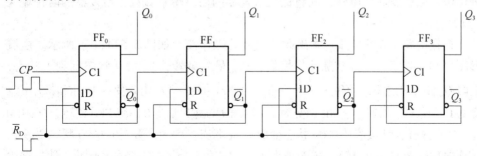

图 5.5.3 由 D 触发器组成的异步二进制加法计数器

从上面的分析可以看出，n 个触发器共有 2^n 个状态，可以表示 2^n 个数，故 n 位的二进制计数器又相当于 1 位的 2^n 进制计数器。

2. 异步二进制减法计数器

按二进制编码方式进行减法运算的电路，称为二进制减法计数器，每输入一个时钟脉冲进行一次减 1 运算。根据二进制减法计数的规律，在每到来一个时钟脉冲 CP 时，状态如表 5.5.3 所示，表中 Q^n 表示现态，Q^{n+1} 表示次态，BO 表示本位向高位的借位。

表 5.5.3 二进制减法计数的规律

Q^n	每来 1 个 CP	Q^{n+1}	BO
0	−1	1	1
1	−1	0	0

因此，二进制减法计数要满足上述规律，触发器应满足 2 个条件：

（1）每输入一个脉冲 CP（计数器减 1，即递减 1），触发器应翻转一次。

（2）当低位触发器由 0 状态变为 1 状态时（此变化相当于一个上升沿），应输出一个借位信号 BO 使高位减 1，这时高位触发器应发生翻转，即应使低位从 0 状态到 1 状态的跳变成为高位触发器 CP 的有效沿。

由上面的结论可以总结出构成 n 位异步二进制减法计数器的方法：

（1）由 n 个计数型触发器组成（JK 和 D 触发器均可）；

（2）对于 CP 为上升沿触发有效的触发器，直接将低位的 Q 接到高位的 CP；而对于 CP 为下降沿触发有效的触发器，则将低位的 $\overline{Q}$ 接到高位的 CP。

图 5.5.4（a）所示为用 JK 触发器组成的 4 位异步二进制减法计数器，下降沿触发有效。

计数前，在计数脉冲的清 0 端 $\overline{R}_D$ 上加负脉冲，使电路处于 $Q_3Q_2Q_1Q_0 =$ 0000，计数过程中 $\overline{R}_D = 1$，无效。图中，因为 JK 触发器的 CP 为下降沿触发有效，当低位触发器 Q 端由 0 变为 1 时，$\overline{Q}$ 端从 1 变为 0，输出的下降沿正好作为进位信号去触发高位翻转，故将低位触发器的输出端 $\overline{Q}$ 接高位触发器的时钟输入端 CP。

根据电路图 5.5.4（a）画出此计数器的工作波形如图 5.5.4（b）所示。由波形图可知，当第一个计数脉冲作用后，FF_0 最先翻转，Q_0 由 0 状态翻到 1 状态，同时 $\overline{Q}_0$ 由 1 变为 0，产生一个下降沿，使 FF_1 翻转，Q_1 由 0 变为 1，同时 $\overline{Q}_1$ 由 1 变为 0，使 FF_2 翻转。Q_2 由 0 变为 1，同时 $\overline{Q}_2$ 由 1 变为 0，使 FF_3 翻转，Q_3 由 0 变为 1。这样，计数器从 0000 状态变成 1111 状态。因为计数器的 0000 状态要减 1，必须向高位借 1（等于 16），减的结果为 1111（等于 15）。继续输入脉冲，计数器中的状态依次减 1，直到第 16 个脉冲作用后，又返回 0000 的状态，完成一次计数循环。可见，4 位二进制减法计数器共有16 个有效状态，故又称为1 位十六进制减法计数器。表5.5.4 列出了这个二进制减法计数器的状态变化情况。

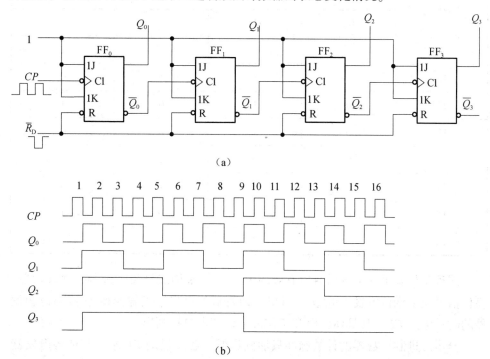

（a）

（b）

图 5.5.4 由 JK 触发器组成的异步二进制减法计数器和工作波形

（a）电路图；（b）波形图

表 5.5.4 异步 4 位二进制减法计数器状态表

计数顺序	计数器状态			
	Q_3	Q_2	Q_1	Q_0
0	0	0	0	0
1	1	1	1	1
2	1	1	1	0
3	1	1	0	1
4	1	1	0	0
5	1	0	1	1
6	1	0	1	0
7	1	0	0	1
8	1	0	0	0

续表

计数顺序	计数器状态			
	Q_3	Q_2	Q_1	Q_0
9	0	1	1	1
10	0	1	1	0
11	0	1	0	1
12	0	1	0	0
13	0	0	1	1
14	0	0	1	0
15	0	0	0	1
16	0	0	0	0

同理，如果采用上升沿触发有效的 D 触发器来构成异步二进制减法计数器，借位信号应从低位触发器的 Q 端引出，即将低位触发器的输出端 Q 接高位触发器的时钟输入 CP，其具体电路和工作波形请读者自行画出。

异步二进制计数器的计数脉冲只加到最低位触发器的 CP 端，其他各触发器则由相邻触发器的输出端来控制，逐级触发翻转实现进位的，像波浪一样推进，故亦称为波纹计数器。

3. 异步二进制计数器的级间连接规律

异步二进制计数器的级间连接十分简单，高位触发器的时钟脉冲输入端就是低位触发器的输出端。究竟应接低位的 Q 端还是 $\overline{Q}$ 端，取决于组成计数器的触发器是上升沿触发还是下降沿触发，以及计数器是递增计数还是递减计数。表 5.5.5 列出了对于递增计数和递减计数两种计数器采用不同触发沿的触发器组成计数器时计数器级间连接规律。

表 5.5.5　异步二进制计数器的级间连接规律

连接规律	计数型触发器的触发沿	
	上升沿	下降沿
递增计数	$CP_i = \overline{Q}_{i-1}$	$CP_i = Q_{i-1}$
递减计数	$CP_i = Q_{i-1}$	$CP_i = \overline{Q}_{i-1}$

其中 CP_i 是第 i 位（高位）触发器的时钟脉冲输入端，Q_{i-1}、$\overline{Q}_{i-1}$ 是第 $i-1$ 位（低位）触发器的输出端。

从以上分析可以看出，异步二进制计数器具有电路组成简单、连接线少等优点，但存在工作速度低、容易产生过渡干扰脉冲等缺点。

4. 异步二进制计数器的集成电路

集成异步二进制计数器的基本结构可参考本节前部分所讲的电路组成，同时为了使用和扩展方便，在集成电路中还增加了一些辅助功能，现举例加以说明。

图 5.5.5（a）所示为集成异步二－八－十六进制加法计数器 CT74LS197 的电路结构框图。由图可以看出，CT74LS197 内部实际上是由两个相对独立的计数器组成，其中，CP_0 为二进制计数器的时钟脉冲输入端，Q_0 为二进制计数器的输出端；CP_1 为八进制计数器的时钟脉冲输入端，Q_3、Q_2、Q_1 为八进制计数器的输出端。两个计数器的输入脉冲 CP 均为下降沿触发有效。

图 5.5.5（b）所示为 CT74LS197 的逻辑功能示意图。$\overline{CR}$ 为异步清 0 端；$CT/\overline{LD}$ 为计数、置数控制端；$D_0 \sim D_3$ 为并行数据输入端；$Q_0 \sim Q_3$ 为输出端。图中 CP_1 与 CP_0 端的非号为下降沿触发有效，否则为上升沿触发有效；其余端带非号的符号为低电平控制有效，否则为高电平控制有效。图 5.5.5（c）为 CT74LS197 的引脚排列图。

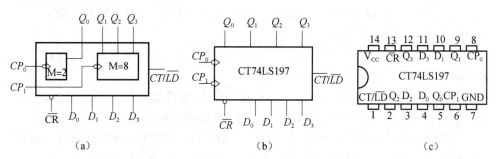

图 5.5.5　CT74LS197 的电路结构框图、逻辑功能示意图及引脚排列图

（a）结构框图；（b）逻辑功能示意图；（c）引脚排列图

CT74LS197 的功能表如表 5.5.6 所示。由该表可以看出它有如下功能：

表 5.5.6　CT74LS197 的功能表

输入								输出				说　明
$\overline{CR}$	$CT/\overline{LD}$	CP_0	CP_1	D_3	D_2	D_1	D_0	Q_3	Q_2	Q_1	Q_0	
0	×	×	×	×	×	×	×	0	0	0	0	异步清 0
1	0	×	×	d_3	d_2	d_1	d_0	d_3	d_2	d_1	d_0	异步并行置数
1	1	↓	0	×	×	×	×	计数：Q_0 输出				1 位二进制加法计数

续表

输　入								输　出				说　明
$\overline{CR}$	$CT/\overline{LD}$	CP_0	CP_1	D_3	D_2	D_1	D_0	Q_3	Q_2	Q_1	Q_0	
1	1	0	↓	×	×	×	×	计数：$Q_3Q_2Q_1$ 输出				1 位八进制加法计数
1	1	↓	Q_0	×	×	×	×	计数：$Q_3Q_2Q_1Q_0$ 输出				1 位十六进制加法计数

（1）异步清 0 功能。

当 $\overline{CR}=0$ 时，无论其他输入端为何信号，计数器都将清 0，即 $Q_3Q_2Q_1Q_0 = 0000$。这种只受控于 $\overline{CR}=0$，而与 CP 无关的清 0 方式称为异步清 0。

（2）异步并行置数功能。

当 $\overline{CR}=1$、$CT/\overline{LD}=0$ 时，无论其他输入端为何信号，都将使并行数据输入端 $D_3 \sim D_0$ 输入的数据 $d_3 \sim d_0$ 被置入计数器，$Q_3Q_2Q_1Q_0 = d_3d_2d_1d_0$，完成并行置数动作。因只受控于 $\overline{CR}=1$、$CT/\overline{LD}=0$，与 CP 无关，故称为异步并行置数功能。

（3）计数功能。

当 $\overline{CR}=1$、$CT/\overline{LD}=1$ 时，计数器处于计数工作状态。在 CP 脉冲下降沿的作用下，计数有下面三种情况：

①将输入脉冲 CP 加在 CP_0 端，CP_1 接 1 或 0，整个集成电路相当于 1 位二进制计数器，Q_0 为该计数器的输出端。

②将输入脉冲 CP 加在 CP_1 端，CP_0 接 1 或 0，整个集成电路相当于 3 位二进制计数器，即 1 位八进制数器，Q_1、Q_2、Q_3 端分别输出二、四、八分频信号。

③将输入脉冲 CP 加在 CP_0 端，同时将 CP_1 与 Q_0 相连，则构成 4 位二进制加法计数器，即 1 位十六进制数器，在 Q_0、Q_1、Q_2、Q_3 端分别输出二、四、八、十六分频信号。

二、异步十进制计数器

按十进制数运算规律进行计数的电路称为十进制计数器。在电路中要实现真正的十进制是不太现实的，因为在电路中很难用电平的方式将所有的十进制数表示出来，所以在数字电路中一般都是采用二进制编码方式来表示十进制数，即 BCD 码。故十进制计数器又称为二 – 十进制计数器，或 BCD 码计数器。在十进制计数器中，最常见的是 8421BCD 码计数器。

1. 异步十进制加法计数器

图 5.5.6 所示为由 JK 触发器构成的 8421BCD 码异步十进制加法计数器。利用二进制数 0000 ~ 1001 形成十进制的 10 个有效循环状态，而 1010 ~ 1111 这 6 个状态作为无效状态。

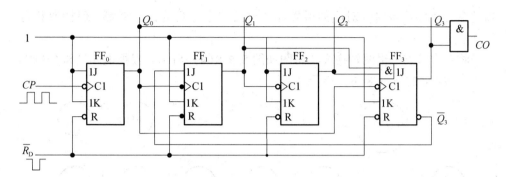

图 5.5.6 8421BCD 码异步十进制加法计数器

按照异步时序逻辑电路的分析方法，首先写出其时钟方程：

$$\begin{cases} CP_0 = CP \\ CP_1 = CP_3 = Q_0^n \\ CP_2 = Q_1^n \end{cases} \tag{5.5.1}$$

同时，写出驱动方程：

$$\begin{cases} J_0 = K_0 = 1 \\ J_1 = \overline{Q_3^n}, K_1 = 1 \\ J_2 = K_2 = 1 \\ J_3 = Q_2^n \cdot Q_1^n, K_3 = 1 \end{cases} \tag{5.5.2}$$

将驱动方程代入特性方程得状态方程：

$$\begin{cases} Q_0^{n+1} = \overline{Q_0^n} & (CP \text{ 的下降沿有效}) \\ Q_1^{n+1} = \overline{Q_3^n}\,\overline{Q_1^n} & (Q_0 \text{ 的下降沿有效}) \\ Q_2^{n+1} = \overline{Q_2^n} & (Q_1 \text{ 的下降沿有效}) \\ Q_3^{n+1} = \overline{Q_3^n}Q_2^n Q_1^n & (Q_0 \text{ 的下降沿有效}) \end{cases} \tag{5.5.3}$$

根据状态方程列出综合状态卡诺图如图 5.5.7 所示。注意：只有当每个触发

$Q_3^{n+1}\,Q_2^{n+1}\,Q_1^{n+1}\,Q_0^{n+1}$				
$Q_3^n Q_2^n$ ＼ $Q_1^n Q_0^n$	00	01	11	10
00	0001	0010	0100	0011
01	0101	0110	1000	0111
11	1101	0100	0000	1111
10	1001	0000	0100	1011

图 5.5.7 异步十进制加法计数器的综合状态卡诺图

器的时钟条件具备时，对应的触发器才会按状态方程变化，否则，保持原状态不变。

将综合状态卡诺图转换成状态图如图 5.5.8(a) 所示，根据电路结构分析得其工作波形如图 5.5.8(b) 所示。

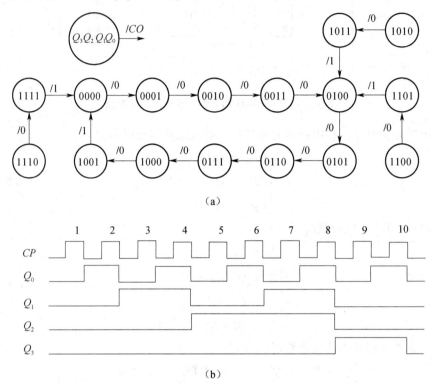

图 5.5.8 异步十进制加法计数器的状态图和工作波形

(a) 状态图；(b) 工作波形

由状态图和工作波形可以看出，该电路是一个按照 8421BCD 码计数的异步十进制加法计数器，具备自启动能力。

2. 异步十进制计数器的集成电路

集成异步十进制计数器的型号较多，现以 TTL 集成电路 CT74LS90 说明。

如图 5.5.9(a) 所示为集成异步二 – 五 – 十进制加法计数器 CT74LS90 的电路结构框图。CT74LS90 的结构与 CT74LS197 相类似，内部也是由两个相对独立的计数器组成，其中，CP_0 为二进制计数器的时钟脉冲输入端，Q_0 为二进制计数器的输出端；CP_1 为五进制计数器的时钟脉冲输入端，Q_3、Q_2、Q_1 为五进制计数器的输出端。两个计数器的输入脉冲 CP 均为下降沿触发有效。

如图 5.5.9(b) 所示为 CT74LS90 的逻辑功能示意图。R_{0A} 和 R_{0B} 为异步清 0

控制端；S_{9A}和S_{9B}为异步置 9 控制端；$Q_0 \sim Q_3$ 为输出端。由符号可以看出，CP 端为下降沿触发有效，控制端 R_{0A}、R_{0B}、S_{9A}、S_{9B} 均为高电平控制有效。图 5.5.9（c）为 CT74LS90 的引脚排列图。

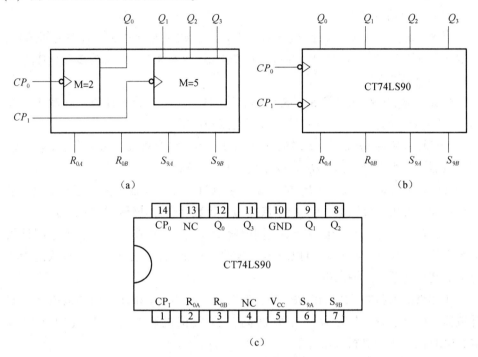

图 5.5.9　CT74LS90 的电路结构框图、逻辑功能示意图及引脚排列图

（a）结构框图；（b）逻辑功能示意图；（c）引脚排列图

CT74LS90 的功能表如表 5.5.7 所示。由该表可以看出它有如下功能：

表 5.5.7　CT74LS90 的功能表

输　入				输　出				说　明
$S_{9A} \cdot S_{9B}$	$R_{0A} \cdot R_{0B}$	CP_0	CP_1	Q_3	Q_2	Q_1	Q_0	
1	×	×	×	1	0	0	1	异步置 9
0	1	×	×	0	0	0	0	异步清 0
0	0	↓	0	计数：Q_0 输出				二进制加法计数
0	0	0	↓	计数：$Q_3Q_2Q_1$ 输出				五进制加法计数
0	0	↓	Q_0	计数：$Q_3Q_2Q_1Q_0$ 输出				8421BCD 码十进制加法计数
0	0	Q_3	↓	计数：$Q_0Q_3Q_2Q_1$ 输出				5421BCD 码十进制加法计数

（1）异步置9功能。

当 $S_9 = S_{9A} \cdot S_{9B} = 1$ 时，此时无论其他输入端为何信号，计数器都将置9，即 $Q_3Q_2Q_1Q_0 = 1001$。该功能与 CP 无关，故为异步置9功能。

（2）异步清0功能。

当 $S_9 = S_{9A} \cdot S_{9B} = 0$ 时，若 $R_0 = R_{0A} \cdot R_{0B} = 1$，此时无论其他输入端为何信号，计数器都将清0，即 $Q_3Q_2Q_1Q_0 = 0000$。该功能也与 CP 无关，故为异步置0功能。

（3）计数功能。

当 $R_0 = R_{0A} \cdot R_{0B} = 0$ 且 $S_9 = S_{9A} \cdot S_{9B} = 0$ 时，计数器处于计数工作状态。在 CP 脉冲下降沿的作用下，计数情况有下面四种情况：

①将输入脉冲 CP 加在 CP_0 端，CP_1 接1或0，整个集成电路相当于1位二进制计数器，也为二分频器，Q_0 为该计数器的输出端。

②将输入脉冲 CP 加在 CP_1 端，CP_0 接1或0，整个集成电路相当于1位五进制计数器，也为五分频器，$Q_3Q_2Q_1$ 依次为该计数器高位到低位的输出端。

③将输入脉冲 CP 加在 CP_0 端，同时将 CP_1 与 Q_0 相连，则构成十进制计数器，也为十分频器，且按8421BCD码的规律进行加法计数，$Q_3Q_2Q_1Q_0$ 依次为该计数器高位到低位的输出端。

④如将输入脉冲 CP 加在 CP_1 端，同时将 CP_0 与 Q_3 相连，同样构成十进制计数器，$Q_0Q_3Q_2Q_1$ 依次为该计数器高位到低位的输出端，但此时电路按5421BCD码的规律进行加法计数。

CT74LS90没有设专门的进位输出端，当需要多片CT74LS90级联时，可直接将最高位 Q_3 的输出作为下一级的时钟输入端。

5.5.2　同步计数器

一、同步二进制计数器

前面讨论的异步计数器的状态转换是逐级推动的，因此计数速度低。为了提高计数速度，将输入时钟脉冲 CP 同时去触发计数器中所有的触发器，使各触发器状态的更新均与 CP 同步，这类计数器称为同步计数器。

1. 同步二进制加法计数器

用JK触发器构成同步二进制计数器比较方便。对于JK触发器而言，当 $J = K = 0$ 时，输出状态保持不变；当 $J = K = 1$ 时，每输入一个脉冲 CP，输出状态翻转一次。由于同步计数器中所有的触发器同时接到时钟脉冲输入端，因此只要控制各触发器的 J、K 端，使它们按计数顺序翻转即可。

一个4位二进制加法计数器的工作波形（以 CP 下降沿触发有效为例）如图

5.5.10 所示。

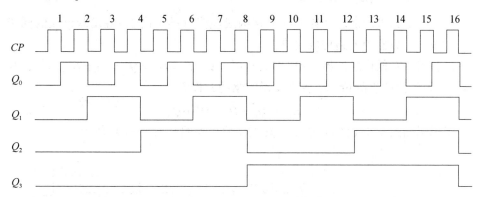

图 5.5.10　4 位二进制加法计数器的工作波形

从波形图可以分析出各触发器的翻转条件，从而求出相应 J、K 端的控制表达式（即驱动方程），分析结果如表 5.5.8 所示。

表 5.5.8　同步二进制加法计数器的翻转条件和驱动方程

触发器	各触发器的翻转条件	驱动方程
FF_0	每输入一个 CP 脉冲则翻转一次	$J_0 = K_0 = 1$
FF_1	若 $Q_0^n = 1$，输入 CP 脉冲则翻转一次	$J_1 = K_1 = Q_0^n$
FF_2	若 $Q_0^n = Q_1^n = 1$，输入 CP 脉冲则翻转一次	$J_2 = K_2 = Q_0^n \cdot Q_1^n$
FF_3	若 $Q_0^n = Q_1^n = Q_2^n = 1$，输入 CP 脉冲则翻转一次	$J_3 = K_3 = Q_0^n \cdot Q_1^n \cdot Q_2^n$

根据表 5.5.8 可归纳出由 JK 触发器组成的同步二进制加法计数器的电路构成规律：

只有当所有低位触发器的 Q^n 均为 1 时，即 $Q_0^n = Q_1^n = Q_2^n = \cdots = Q_{n-1}^n = 1$，高位 Q_n 才因进位产生翻转，故各触发器的驱动方程为：

$$J_n = K_n = Q_0^n \cdot Q_1^n \cdot Q_2^n \cdots Q_{n-1}^n \tag{5.5.4}$$

电路图如图 5.5.11 所示，其工作原理请读者自行分析。

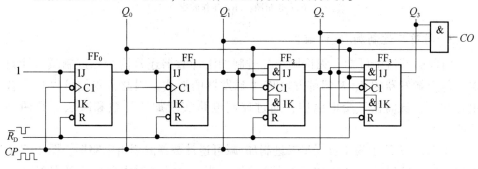

5.5.11　同步二进制加法计数器的电路图

2. 同步二进制减法计数器

根据同步二进制加法计数器的电路构成规律可推出由 JK 触发器组成的同步二进制减法计数器的电路构成规律：

只有当所有低位触发器的 Q^n 均为 0 时，即 $Q_0^n = Q_1^n = Q_2^n = \cdots = Q_{n-1}^n = 0$，高位 Q_n 才因借位产生翻转，故各触发器的驱动方程为：

$$J_n = K_n = \overline{Q_0^n} \cdot \overline{Q_1^n} \cdot \overline{Q_2^n} \cdots \overline{Q_{n-1}^n} \qquad (5.5.5)$$

逻辑图如图 5.5.12(a) 所示，其工作波形如图 5.5.12(b) 所示。

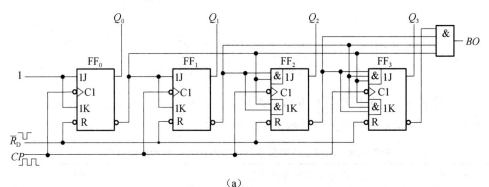

（a）

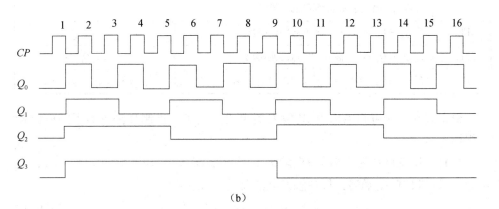

（b）

图 5.5.12 同步二进制减法计数器的逻辑图及工作波形

（a）逻辑图；（b）工作波形

3. 同步二进制加/减计数器

由前面的讨论可知，无论同步二进制加法计数器还是同步二进制减法计数器，每个触发器的 J、K 端都并联成 T 触发器的形式。因此，我们可以将二者组合起来，从而在一个电路中，通过控制电路实现加法计数和减法计数两种功能。

图 5.5.13 所示为 4 位同步二进制加/减可逆计数器的逻辑电路图，图中 $U/\overline{D}$ 为加/减计数控制端（UP/DOWN 的缩写），当 $U/\overline{D} = 0$ 时电路做减法计数，当

$U/\overline{D}=1$ 时电路做加法计数。由图可得驱动方程如下：

$$\begin{cases} J_0 = K_0 = 1 \\ J_1 = K_1 = U/\overline{D} \cdot Q_0^n + \overline{U/\overline{D}} \cdot \overline{Q_0^n} \\ J_2 = K_2 = U/\overline{D} \cdot Q_1^n \cdot Q_0^n + \overline{U/\overline{D}} \cdot \overline{Q_1^n} \cdot \overline{Q_0^n} \\ J_3 = K_3 = U/\overline{D} \cdot Q_2^n \cdot Q_1^n \cdot Q_0^n + \overline{U/\overline{D}} \cdot \overline{Q_2^n} \cdot \overline{Q_1^n} \cdot \overline{Q_0^n} \end{cases} \qquad (5.5.6)$$

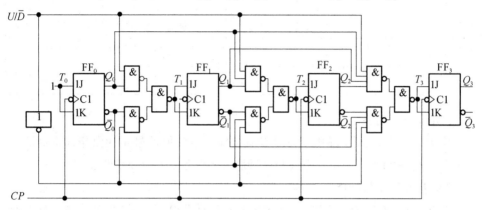

图 5.5.13　4 位同步二进制加/减可逆计数器的逻辑电路图

4. 同步二进制计数器的集成电路

（1）集成 4 位同步二进制加法计数器 CT74LS161 和 CT74LS163。

图 5.5.14 所示为集成 4 位同步二进制加法计数器 CT74LS161 的逻辑功能示意图和引脚排列图。图中 CP 为计数脉冲输入端，$\overline{LD}$ 为同步置数控制端，$\overline{CR}$ 为异步清 0 控制端，CT_{T}、CT_{P} 为计数控制端，$D_0 \sim D_3$ 为并行数据输入端，$Q_0 \sim Q_3$ 为计数状态输出端，CO 为进位信号输出端。

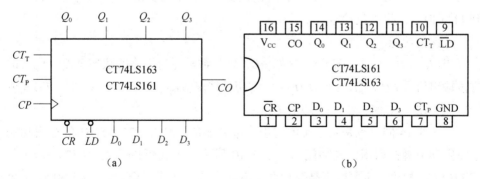

（a）　　　　　　　　　　　（b）

图 5.5.14　CT74LS161/CT74LS163 的逻辑功能示意图和引脚排列图

（a）功能示意图；（b）引脚排列图

表 5.5.9 为 CT74LS161 的功能表。从表中可以看出 CT74LS161 具有以下逻辑功能：

表 5.5.9　CT74LS161 的功能表

输　入									输　出				说　明
$\overline{CR}$	$\overline{LD}$	CT_T	CT_P	CP	D_3	D_2	D_1	D_0	Q_3	Q_2	Q_1	Q_0	
0	×	×	×	×	×	×	×	×	0	0	0	0	异步清 0
1	0	×	×	↑	d_3	d_2	d_1	d_0	d_3	d_2	d_1	d_0	同步置数
1	1	1	1	↑	×	×	×	×	加法计数				$CO = Q_3 Q_2 Q_1 Q_0$
1	1	0	×	×	×	×	×	×	保持				保持
1	1	×	0	×	×	×	×	×	保持				保持

①异步清 0 功能。

当 $\overline{CR} = 0$ 时，无论时钟脉冲 CP 和其他输入端为何信号，计数器都将被清 0，即 $Q_3 Q_2 Q_1 Q_0 = 0000$。该清 0 方式与时钟脉冲 CP 无关，为异步清 0。

②同步并行置数功能。

当 $\overline{CR} = 1$、$\overline{LD} = 0$ 的同时，在 CP 上升沿的作用下，无论其他输入端为何信号，$D_3 \sim D_0$ 并行输入端的数据 $d_3 \sim d_0$ 被置入计数器，使 $Q_3 Q_2 Q_1 Q_0 = d_3 d_2 d_1 d_0$，完成并行置数动作。此功能受控于 CP 的上升沿，这种在置数控制端 $\overline{LD}$ 有效的同时在 CP 有效沿的作用下才能完成置数的功能称为同步并行置数功能。

③加法计数功能。

当 $\overline{CR} = \overline{LD} = 1$ 时，$CT_\mathrm{T} = CT_\mathrm{P} = 1$，在 CP 端输入计数脉冲时，计数器按照自然二进制数规律进行加法计数。这时进位输出 $CO = Q_3 Q_2 Q_1 Q_0$，即当计数状态达到 1111 时，产生进位信号。

④保持功能。

当 $\overline{CR} = \overline{LD} = 1$ 时，若 $CT_\mathrm{T} \cdot CT_\mathrm{P} = 0$，则计数器保持原来的状态不变。此时的进位输出信号 $CO = CT_\mathrm{T} \cdot Q_3 Q_2 Q_1 Q_0$，有两种情况：$CT_\mathrm{T} = 0$、$CT_\mathrm{P} = 1$ 时，$CO = 0$；$CT_\mathrm{T} = 1$、$CT_\mathrm{P} = 0$ 时，$CO = Q_3 Q_2 Q_1 Q_0$。

图 5.5.14 同时也是集成 4 位同步二进制加法计数器 CT74LS163 的逻辑功能示意图和引脚排列图，其功能如表 5.5.10 所示。由表可以看出：CT74LS163 与 CT74LS161 相比，主要区别是清 0 方式不同，其他功能完全相同。CT74LS161 采用的是异步清 0 方式，即只要 $\overline{CR} = 0$，无论其他输入端为何信号，计数器都将被清 0；而 CT74LS163 采用的是同步清 0 方式，即当 $\overline{CR} = 0$ 时，这时计数器并不清 0，还需要再输入一个计数脉冲 CP 的上升沿后才能被清 0。

表 5.5.10 CT74LS163 的功能表

输 入									输 出				说 明
$\overline{CR}$	$\overline{LD}$	CT_T	CT_P	CP	D_3	D_2	D_1	D_0	Q_3	Q_2	Q_1	Q_0	
0	×	×	×	↑	×	×	×	×	0	0	0	0	同步清 0
1	0	×	×	↑	d_3	d_2	d_1	d_0	d_3	d_2	d_1	d_0	同步置数
1	1	1	1	↑	×	×	×	×	加法计数				$CO = Q_3 Q_2 Q_1 Q_0$
1	1	0	×	×	×	×	×	×	保持				保持
1	1	×	0	×	×	×	×	×	保持				保持

（2）集成 4 位同步二进制加/减计数器 CT74LS191。

图 5.5.15 所示为集成 4 位同步二进制加/减计数器 CT74LS191 的逻辑功能示意图和引脚排列图。图中 CP 为计数脉冲输入端，$\overline{U}/D$ 为加/减计数方式控制端，$\overline{CT}$ 为计数控制端，$\overline{LD}$ 为异步置数控制端，$D_0 \sim D_3$ 为并行数据输入端，$Q_0 \sim Q_3$ 为计数状态输出端，CO/BO 为进/借位信号输出端。而 $\overline{RC}$ 为波纹脉冲输出端（Ripple Clock 的缩写），进位/借位时输出负脉冲，利用它可实现多位集成芯片的级联。根据集成电路内部结构可写出它所对应的逻辑函数表达式为 $\overline{RC} = \overline{\overline{CP} \cdot \overline{CO/BO} \cdot \overline{\overline{CT}}}$，当计数控制端有效，即 $\overline{CT} = 0$ 时，$\overline{RC} = CP + \overline{CO/BO}$，CT74LS191 没有专门的清 0 控制端，但可借助 $\overline{LD}$ 端在 $D_3 D_2 D_1 D_0 = 0000$ 时实现计数器清 0 功能。

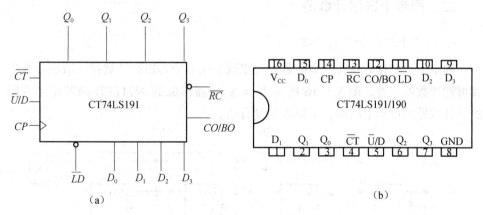

图 5.5.15 CT74LS191 的逻辑功能示意图和引脚排列图

（a）功能示意图；（b）引脚排列图

CT74LS191 的功能表如表 5.5.11 所示，从表中可以看出它具有以下逻辑功能：

表 5.5.11 CT74LS191 的功能表

输　入								输　出				说　明
$\overline{LD}$	$\overline{CT}$	$\overline{U}/D$	CP	D_3	D_2	D_1	D_0	Q_3	Q_2	Q_1	Q_0	
0	×	×	×	d_3	d_2	d_1	d_0	d_3	d_2	d_1	d_0	异步置数
1	0	0	↑	×	×	×	×	加法计数				$CO/BO = Q_3Q_2Q_1Q_0$
1	0	1	↑	×	×	×	×	减法计数				$CO/BO = \overline{Q_3}\,\overline{Q_2}\,\overline{Q_1}\,\overline{Q_0}$
1	1	×	×	×	×	×	×	保持				保持

①异步并行置数功能。

当 $\overline{LD} = 0$ 时，无论时钟脉冲 CP 和其他输入端为何信号，$D_3 \sim D_0$ 并行输入端的数据 $d_3 \sim d_0$ 被置入计数器，使 $Q_3Q_2Q_1Q_0 = d_3d_2d_1d_0$。这种在置数控制端 $\overline{LD}$ 有效，不受控于 CP 的有效沿可直接完成置数的功能称为异步并行置数功能。

②加法计数功能。

当 $\overline{LD} = 1$，$\overline{CT} = 0$ 时，在 CP 端输入计数脉冲时：如 $\overline{U}/D = 0$，则计数器进行加法计数，这时进位/借位输出 $CO/BO = Q_3Q_2Q_1Q_0$；如 $\overline{U}/D = 1$，则计数器进行减法计数，这时进位/借位输出 $CO/BO = \overline{Q_3}\,\overline{Q_2}\,\overline{Q_1}\,\overline{Q_0}$。

③保持功能。

当 $\overline{LD} = 1$，$\overline{CT} = 1$ 时，计数器保持原来的状态不变。

二、同步十进制计数器

1. 同步十进制加法计数器

同步十进制计数器按计数时数值的增减变化可分为加法计数器、减法计数器和可逆计数器三类。图 5.5.16 所示为 JK 触发器组成的 8421BCD 码同步十进制加法计数器的逻辑电路图，下降沿触发有效。

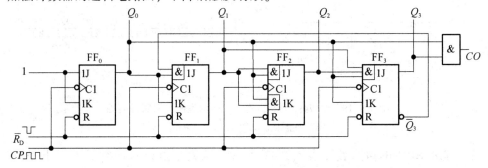

图 5.5.16 8421BCD 码同步十进制加法计数器

根据电路图可分析其工作原理如下。

写出驱动方程和输出方程：

$$\begin{cases} J_0 = K_0 = 1 \\ J_1 = \overline{Q}_3^n Q_0^n, \ K_1 = Q_0^n \\ J_2 = K_2 = Q_1^n Q_0^n \\ J_3 = Q_2^n Q_1^n Q_0^n, \ K_3 = Q_0^n \end{cases} \tag{5.5.7}$$

$$CO = Q_3^n Q_0^n \tag{5.5.8}$$

将上述驱动方程代入 JK 触发器的特性方程，得到电路的状态方程：

$$\begin{cases} Q_0^{n+1} = \overline{Q}_0^n \\ Q_1^{n+1} = \overline{Q}_3^n \overline{Q}_1^n Q_0^n + Q_1^n \overline{Q}_0^n \\ Q_2^{n+1} = \overline{Q}_2^n Q_1^n Q_0^n + Q_2^n \overline{Q}_1^n + Q_2^n \overline{Q}_0^n \\ Q_3^{n+1} = \overline{Q}_3^n Q_2^n Q_1^n Q_0^n + Q_3^n \overline{Q}_0^n \end{cases} \tag{5.5.9}$$

根据状态方程列出综合状态卡诺图，如图 5.5.17 所示。

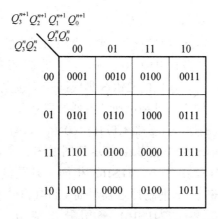

图 5.5.17 同步十进制加法计数器的综合状态卡诺图

将综合状态卡诺图转换成状态图，如图 5.5.18 所示。

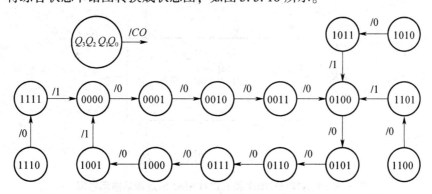

图 5.5.18 同步十进制加法计数器的状态图

从图中可以看出，该电路是一个按 8421BCD 码规律计数的同步十进制加法计数器，且可以自启动。

2. 同步十进制减法计数器

图 5.5.19 所示为 JK 触发器组成的 8421BCD 码同步十进制减法计数器的逻辑电路图，分析方法同上，请读者自行分析。

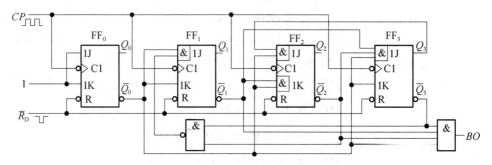

图 5.5.19　8421BCD 码同步十进制减法计数器

3. 同步十进制计数器的集成电路

集成同步十进制计数器的种类较多，常用的 TTL 集成同步十进制加法计数器的型号有 CT74LS160、CT74LS162 等，同步十进制可逆计数器的型号有 CT74LS190、CT74LS168 等。常用的 CMOS 集成同步十进制加法计数器的型号有 CC40160、CC40162 等，同步十进制可逆计数器的型号有 CC4510、CC40192 等。

（1）集成同步十进制加法计数器 CT74LS160 和 CT74LS162。

CT74LS160 和 CT74LS162 的逻辑功能示意图如图 5.5.20 所示，其引脚排列和使用方法均与 CT74LS161 和 CT74LS163 相同，只是其计数长度不同而已，CT74LS160 和 CT74LS162 是十进制计数器，而 CT74LS161 和 CT74LS163 是二进制计数器。CT74LS160 和 CT74LS161 采用异步清 0、同步置数方式；而 CT74LS162 和 CT74LS163 采用同步清 0、同步置数方式。

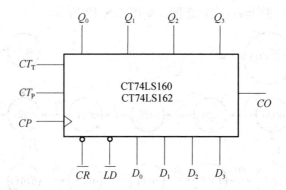

图 5.5.20　CT74LS160 和 CT74LS162 的逻辑功能示意图

表 5.5.12 为 CT74LS160 的功能表。从表中可以看出 CT74LS160 具有以下逻辑功能：

表 5.5.12 CT74LS160 的功能表

输　入									输　出				说　明
$\overline{CR}$	$\overline{LD}$	CT_T	CT_P	CP	D_3	D_2	D_1	D_0	Q_3	Q_2	Q_1	Q_0	
0	×	×	×	×	×	×	×	×	0	0	0	0	异步清 0
1	0	×	×	↑	d_3	d_2	d_1	d_0	d_3	d_2	d_1	d_0	同步置数
1	1	1	1	↑	×	×	×	×	加法计数				$CO = Q_3Q_0$
1	1	0	×	×	×	×	×	×	保持				保持
1	1	×	0	×	×	×	×	×	保持				保持

①异步清 0 功能。

当 $\overline{CR} = 0$ 时，无论时钟脉冲 CP 和其他输入端为何信号，计数器都将被清 0，即 $Q_3Q_2Q_1Q_0 = 0000$。

②同步并行置数功能。

当 $\overline{CR} = 1$，$\overline{LD} = 0$ 的同时，在 CP 上升沿的作用下，无论其他输入端为何信号，$D_3 \sim D_0$ 并行输入端的数据 $d_3 \sim d_0$ 被置入计数器，使 $Q_3Q_2Q_1Q_0 = d_3d_2d_1d_0$。

③加法计数功能。

当 $\overline{CR} = \overline{LD} = 1$ 时，$CT_T = CT_P = 1$，在 CP 端输入计数脉冲时，计数器按照 8421BCD 码的规律进行十进制加法计数。这时进位输出 $CO = Q_3Q_0$，即当计数状态达到 1001 时，产生进位信号。

④保持功能。

当 $\overline{CR} = \overline{LD} = 1$ 时，若 $CT_T \cdot CT_P = 0$，则计数器保持原来的状态不变。此时的进位输出信号 $CO = CT_T \cdot Q_3Q_0$，有两种情况：$CT_T = 0$、$CT_P = 1$ 时，$CO = 0$；$CT_T = 1$、$CT_P = 0$ 时，$CO = Q_3Q_0$。

表 5.5.13 所示为集成同步十进制加法计数器 CT74LS162 的功能表。由表可以看出：CT74LS162 与 CT74LS160 相比，主要区别是清 0 方式不同，其他功能完全相同。CT74LS160 采用的是异步清 0 方式，而 CT74LS162 采用的是同步清 0 方式。

表 5.5.13 CT74LS162 的功能表

输　入									输　出				说　明
$\overline{CR}$	$\overline{LD}$	CT_T	CT_P	CP	D_3	D_2	D_1	D_0	Q_3	Q_2	Q_1	Q_0	
0	×	×	×	↑	×	×	×	×	0	0	0	0	同步清 0
1	0	×	×	↑	d_3	d_2	d_1	d_0	d_3	d_2	d_1	d_0	同步置数

续表

输　入									输　出				说　明
$\overline{CR}$	$\overline{LD}$	CT_{T}	CT_{P}	CP	D_3	D_2	D_1	D_0	Q_3	Q_2	Q_1	Q_0	
1	1	1	1	↑	×	×	×	×	加法计数				$CO=Q_3Q_0$
1	1	0	×	×	×	×	×	×	保持				保持
1	1	×	0	×	×	×	×	×	保持				保持

（2）集成同步十进制加/减计数器 CT74LS190。

图 5.5.21 所示为集成同步十进制加/减计数器 CT74LS190 的逻辑功能示意图，其引脚排列和使用方法均与 CT74LS191 相同。CO/BO 为进/借位信号输出端，$\overline{RC}$ 为波纹脉冲输出端，进位/借位时输出负脉冲，利用它可实现多位集成芯片的级联。

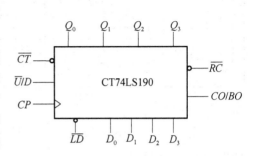

图 5.5.21　CT74LS190 的逻辑功能示意图

CT74LS190 的功能表如表 5.5.14 所示，从表中可以看出它具有以下逻辑功能：

表 5.5.14　CT74LS190 的功能表

输　入								输　出				说　明
$\overline{LD}$	$\overline{CT}$	$\overline{U}/D$	CP	D_3	D_2	D_1	D_0	Q_3	Q_2	Q_1	Q_0	
0	×	×	×	d_3	d_2	d_1	d_0	d_3	d_2	d_1	d_0	异步置数
1	0	0	↑	×	×	×	×	加法计数				$CO/BO=Q_3Q_0$
1	0	1	↑	×	×	×	×	减法计数				$CO/BO=\overline{Q_3}\,\overline{Q_2}\,\overline{Q_1}\,\overline{Q_0}$
1	1	×	×	×	×	×	×	保持				保持

①异步并行置数功能。

当 $\overline{LD}=0$ 时，无论时钟脉冲 CP 和其他输入端为何信号，$D_3\sim D_0$ 并行输入端的数据 $d_3\sim d_0$ 被置入计数器，使 $Q_3Q_2Q_1Q_0=d_3d_2d_1d_0$。

②加法计数功能。

当 $\overline{LD}=1$，$\overline{CT}=0$ 时，在 CP 端输入计数脉冲时：如 $\overline{U}/D=0$，则计数器进行加法计数，这时进位/借位输出 $CO/BO=Q_3Q_0$；如 $\overline{U}/D=1$，则计数器进行减法计数，这时进位/借位输出 $CO/BO=\overline{Q_3}\,\overline{Q_2}\,\overline{Q_1}\,\overline{Q_0}$。

③保持功能。

当 $\overline{LD}=1$，$\overline{CT}=1$ 时，计数器保持原来的状态不变。

（3）集成同步十进制加/减计数器 CT74LS168。

图 5.5.22 所示为集成同步十进制加/减计数器 CT74LS168 的逻辑功能示意图和引脚排列图，其功能表如表 5.5.15 所示，$U/\overline{D}$ 端为加/减计数控制端。注意：CT74LS168 在进位和借位时输出 $\overline{CO/BO}$ 为低电平。

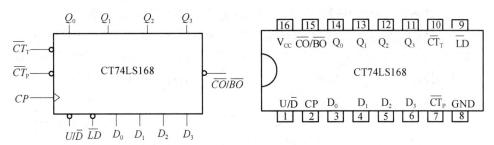

图 5.5.22　CT74LS168 的逻辑功能示意图及引脚排列图

（a）功能示意图；（b）引脚排列图

表 5.5.15　CT74LS168 的功能表

输　入									输　出				说　明
$\overline{LD}$	$\overline{CT}_T$	$\overline{CT}_P$	$U/\overline{D}$	CP	D_3	D_2	D_1	D_0	Q_3	Q_2	Q_1	Q_0	
0	×	×	×	↑	d_3	d_2	d_1	d_0	d_3	d_2	d_1	d_0	同步置数
1	0	0	1	↑	×	×	×	×	加法计数				$\overline{CO/BO}=\overline{Q_3Q_0}$
1	0	0	0	↑	×	×	×	×	减法计数				$\overline{CO/BO}=\overline{Q_3Q_2Q_1Q_0}$
1	1	×	×	×	×	×	×	×	保持				保持
1	×	1	×	×	×	×	×	×	保持				保持

从表中可以看出 CT74LS168 具有以下逻辑功能：

①同步并行置数功能。

当 $\overline{LD}=0$ 的同时，在 CP 上升沿的作用下，无论其他输入端为何信号，$D_3\sim D_0$ 并行输入端的数据 $d_3\sim d_0$ 被置入计数器，使 $Q_3Q_2Q_1Q_0=d_3d_2d_1d_0$。

②加法计数功能。

当 $\overline{LD}=1$，$\overline{CT}_T=0$，$\overline{CT}_P=0$ 时：在 CP 端输入计数脉冲时，如 $U/\overline{D}=1$，则计数器进行加法计数，这时进位/借位输出 $\overline{CO/BO}=\overline{Q_3Q_0}$；如 $U/\overline{D}=0$，则计数器进行减法计数，这时进位/借位输出 $\overline{CO/BO}=\overline{Q_3Q_2Q_1Q_0}$。

③保持功能。

当 $\overline{LD}=1$，$\overline{CT}_T+\overline{CT}_P=1$ 时，计数器保持原来的状态不变。

5.5.3　用集成计数器构成任意 N 进制计数器

所谓任意 N 进制计数器是指长度既非 2^n 进制、又非十进制的计数器，如七

进制、二十四进制等计数器，它可以用厂家定型的集成计数器产品外加适当的门电路连接而成。用 M 进制的集成计数器构成 N 进制计数器时，若 $M > N$，则仅需一个 M 进制集成计数器即可；若 $M < N$，则需用多个 M 进制集成计数器连接而成。

集成计数器的输入和输出端有时钟脉冲输入、预置数输入、进位（或借位）输出、计数输出端等，控制端一般有清 0 端和置数端等。将输入端、输出端和控制端巧妙连接，可以将集成计数器接成我们所需要的任意 N 进制计数器。而集成计数器的控制方式有同步和异步之分，在进行连接时应考虑不同的控制方式采用不同的连接。

使用集成计数器构成 N 进制计数器通常采用反馈清 0 法、反馈置数法和级联法进行综合使用，以构成任意 N 进制。

一、反馈清 0 法

反馈清 0 法是指在现有集成计数器的有效计数循环中选取一个中间状态，通过简单控制电路去控制集成计数器的清 0 控制端，强行中止其计数趋势，返回到初始 0 状态重新开始计数。它适用于有反馈清 0 控制端，且从 0 状态开始计数的计数器。

因为集成计数器的清 0 方式有同步清 0 和异步清 0 两种，故在选择控制清 0 的中间状态时有一定的区别。将产生清 0 信号的状态称为清 0 状态，设将要构成的 N 进制计数器的有效状态为 $S_0 \sim S_{N-1}$，则采用同步清 0 方式的芯片时，清 0 状态为 S_{N-1}，而采用异步清 0 方式的芯片时，清 0 状态为 S_N。因为同步清 0 方式的芯片，计数到 S_{N-1} 状态时，虽然此时反馈的控制信号有效，但因为同时必须在时钟脉冲 CP 的有效沿，故须到下一个 CP（即第 N 个 CP）的有效沿到来时才会清 0，其有效循环状态为 $S_0 \sim S_{N-1}$ 共 N 个有效状态。也就是说同步清 0 方式控制清 0 信号的状态还会出现。而对于异步清 0 方式的芯片，一旦反馈的控制信号有效，无论是否有 CP 的有效沿，计数器都会清 0。故当计数到 S_N 时，计数器马上实行清 0，使 S_N 状态被 0 状态取代，计数器的有效状态仍然为 $S_0 \sim S_{N-1}$ 共 N 个有效状态，此时 S_N 为过渡状态。也就是说异步清 0 方式控制清 0 信号的状态不会出现。

使用反馈清 0 法构成 N 进制计数器的步骤如下：

（1）根据芯片的清 0 方式（同步或异步）确定清 0 的状态。

（2）写出清 0 状态对应的二进制代码，其中二进制计数器芯片将控制状态数转换成对应的二进制数，而十进制计数器芯片则写出控制状态数对应的 BCD 码。

（3）根据芯片控制端的特点（高电平控制有效或低电平控制有效）写出相应的控制函数表达式。

（4）画出连线图。

［例 5.5.1］　用集成计数器 CT74LS90 构成六进制计数器。

解：

（1）CT74LS90 是采用异步清 0 方式的计数器，故应选 $S_N = S_6$ 为清 0 状态。

（2）CT74LS90 可构成 8421BCD 码的十进制数，故 $S_6 = 0110$。

（3）由于 CT74LS90 的清 0 信号为高电平有效，且有 $R_0 = R_{0A} \cdot R_{0B}$，故要求 R_{0A}、R_{0B} 同时为高电平 1 时计数器才清 0，故清 0 控制表达式为：$R_{0A} = R_{0B} = Q_2 \cdot Q_1$。

（4）根据上式画出连接电路图如图 5.5.23 所示。

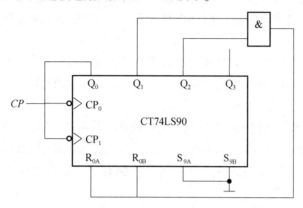

图 5.5.23　用 CT74LS90 构成六进制计数器

[例 5.5.2]　用集成计数器 CT74LS162 构成八进制计数器。

解：

（1）CT74LS162 是采用同步清 0 方式的计数器，故应选 $S_{N-1} = S_7$ 为清 0 状态。

（2）因该集成芯片为十进制计数器，故 $S_7 = Q_3 Q_2 Q_1 Q_0 = (0111)_{8421BCD}$。

（3）由于 $\overline{CR}$ 为低电平控制有效，故其控制表达式为：$\overline{CR} = \overline{Q_2 \cdot Q_1 \cdot Q_0}$。

（4）连接电路图如图 5.5.24（a）所示。

当然，也可通过控制该集成芯片的同步置数端 $\overline{LD}$ 来实现八进制计数器，如图 5.5.24（b）所示。

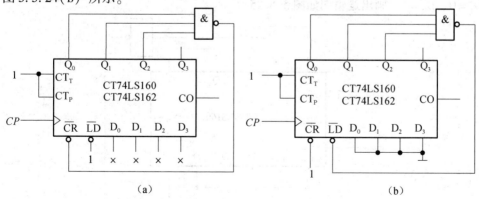

图 5.5.24　CT74LS162 构成的八进制计数器

（a）用控制端 $\overline{CR}$ 实现；（b）用控制端 $\overline{LD}$ 实现

二、反馈置数法

用反馈清 0 法来构成 N 进制计数器只能实现 $S_0 \sim S_{N-1}$，即其初始状态只能是 0 态。如果计数器需要从某个特定的状态开始计数，反馈清 0 法就不能完成了。而反馈置数法则可以指定任意状态作为计数循环的起始状态。

采用反馈置数法来构成 N 进制计数器所选用的集成计数器必须要有预置数功能，它的置数控制状态的选择同样取决于芯片采用的是同步置数还是异步置数方式。

使用反馈置数法来构成 N 进制计数器的步骤与反馈清 0 法相似：

（1）根据芯片的置数方式（同步或异步）确定置数的状态 S_{N-1} 或 S_N，同步方式选 S_{N-1}，异步方式选 S_N。

（2）写出置数控制状态所对应的二进制代码。其中二进制计数器芯片将控制状态数转换成对应的二进制数，而十进制计数器芯片则写出控制状态数对应的 BCD 码。

（3）根据芯片控制端的特点（高电平控制有效或低电平控制有效）写出相应的控制函数表达式。

（4）根据指定的有效循环起始状态设定预置数的值。

（5）画出连线图。

用反馈置数法可以在集成计数器的有效循环内任意选定一段作为有效计数循环。

[例 5.5.3]　用集成计数器 CT74LS160 构成 0001 ~ 0111 循环的计数器。

解： 可以看出该计数器的初始状态是 0001，结束状态是 0111。

因 CT74LS160 为同步置数方式且低电平控制有效，故置数控制状态取 0111，对应控制端的表达式为 $\overline{LD} = \overline{Q_2 \cdot Q_1 \cdot Q_0}$

由于计数起始状态是 0001，所以将并行输入预置数设为：$D_3 = 0$、$D_2 = 0$、$D_1 = 0$、$D_0 = 1$，画出逻辑图如图 5.5.25 所示。

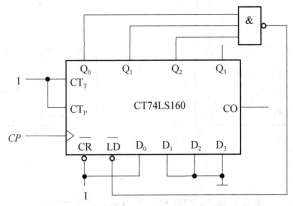

图 5.5.25　CT74LS160 构成计数器 0001 ~ 0111 循环的计数器

三、级联法

级联法是一种扩展计数器容量的方法，如果一个集成芯片的计数容量不够，可串接多个集成计数器芯片，其总容量为各片计数容量之积。

同步集成计数器与异步集成计数器在使用级联法构成 N 进制计数器时，其连接方式各有特点。同步集成计数器连接时，一般将计数脉冲接到所有集成芯片的时钟输入端，并将低位的进位输出作为高位的计数控制信号（即片选信号），但应注意区别控制信号的有效电平不同时的连接方式。异步集成计数器连接时，计数脉冲只需加到低位集成芯片的时钟输入端，低位的进位（或借位）输出或者低位最高有效位的输出 Q 作为高位芯片的时钟脉冲输入端，但应注意区别触发有效沿不同时的连接方式。

图 5.5.26 为用 CT74LS90 构成的三十二进制计数器。将 CT74LS90（1）的 Q_3 作为输出信号接入 CT74LS90（2）的时钟脉冲输入端，这样每输入 10 个 CP，CT74LS90（1）的 Q_3 由 1 变为 0，此时 CT74LS90（2）的时钟脉冲输入端产生有效触发沿，其状态变化一次，相当于逢 10 进 1 的进位信号。且当十位芯片 CT74LS90（2）计到 3，同时个位芯片 CT74LS90（1）计到 2，即 $S_{32} = Q_3'Q_2'Q_1'Q_0'Q_3Q_2Q_1Q_0 = (0011\ 0010)_{8421BCD}$ 时，与门输出 1，使两个集成芯片高电平控制有效的异步清 0 端 R_{0A} 和 R_{0B} 同时有效，此时 $(0011\ 0010)_{8421BCD}$ 状态被 $(0000\ 0000)_{8421BCD}$ 状态取代，计数器回到 0 态，从而实现 00~31 的循环，即实现三十二进制计数功能。

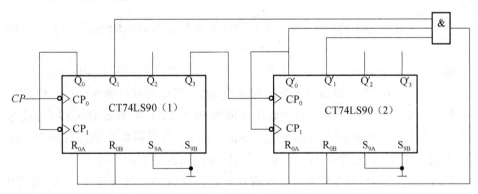

图 5.5.26 两片 CT74LS90 构成的三十二进制计数器

同时，该电路为三十二分频器，计数器最高有效位输出端 Q_1' 的输出频率为时钟脉冲 CP 的 1/32。故一个 N 进制计数器的最高有效位输出端 Q_i 的输出频率为时钟脉冲 CP 的 $1/N$，即 N 进制计数器也是一个 N 进制的分频器。

[例 5.5.4] 用集成计数器 CT74LS197 构成二十四进制计数器。

解： 因为一片 CT74LS197 只有十六个有效状态，故最多只能表示 1 位的十六进制，而 24 > 16，所以要用两片 CT74LS197 来实现，具体步骤如下：

（1）CT74LS197 是采用异步清 0 方式的计数器，故应选 $S_N = S_{24}$ 为清 0 状态。

（2）CT74LS197 为二进制计数器，将 24 这个十进制数转换成相应的二进制数，故 $S_{24} = Q'_3 Q'_2 Q'_1 Q'_0 Q_3 Q_2 Q_1 Q_0 = (0001\ 1000)_B$。

（3）由于 CT74LS197 的清 0 信号为低电平控制有效，故清 0 端用与非门控制，其表达式为：$\overline{CR} = \overline{Q'_0 Q_3}$。

（4）根据上式画出连接电路图如图 5.5.27 所示。

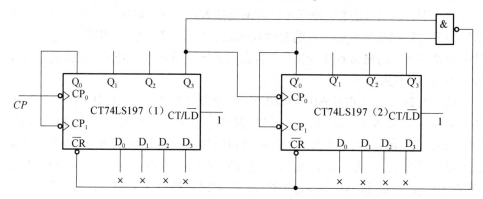

图 5.5.27　两片 CT74LS197 构成的二十四进制计数器

同理，该电路同时为二十四分频器，计数器最高有效位输出端 Q'_0 的输出频率为时钟脉冲 CP 的 1/24。Q_3、Q_2、Q_1、Q_0 端分别输出十六、八、四、二分频信号。

[例 5.5.5]　试用集成同步十进制加法计数器 CT74LS160 构成一个二十四进制计数器。

解：一片 CT74LS160 只有十个有效状态，故最多只能表示 1 位的十进制数，将两片 CT74LS160 进行级联后其最大容量为 100。低位芯片计到 9 时，高位芯片的计数控制端有效，在下一个时钟脉冲（即第 10 个 CP）的有效沿到来时高位芯片才进行计数，此时低位片返回 0 态，高位片加 1，所以可以将低位片的进位输出作为高位片的计数控制信号，达到低位逢 10 向高位进 1 的目的。

同时，因 CT74LS160 是采用异步清 0 方式的计数器，故应选 $S_N = S_{24}$ 为清 0 状态；且该集成芯片为十进制计数器，故 $S_{24} = Q'_3 Q'_2 Q'_1 Q'_0 Q_3 Q_2 Q_1 Q_0 = (0010\ 0100)_{8421BCD}$。由于 $\overline{CR}$ 为低电平控制有效，故其控制表达式为：$\overline{CR} = \overline{Q'_1 \cdot Q_2}$。连接电路图如图 5.5.28 所示。

需要说明的是，有时同步计数器集成芯片也可以用低位芯片的进位输出端 CO 去控制高位芯片的时钟输入端 CP，但应根据低位进位输出 CO 的有效电平和高位 CP 的有效边沿的具体情况来进行连接。如本例题中可将低位的 CO 经非门后接入高位的 CP，同时，让两个集成芯片的计数控制端均为有效电平。

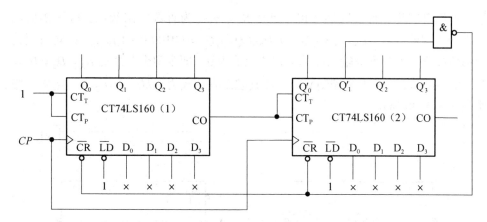

图5.5.28 CT74LS160 构成的二十四进制计数器

[**例5.5.6**] 如用反馈置数法用 CT74LS160 构成二十四进制计数器。

解：因 CT74LS160 是采用同步置数方式的计数器，故应选 $S_{N-1} = S_{23}$ 为置数控制状态；且该集成芯片为十进制计数器，故 $S_{23} = Q_3' Q_2' Q_1' Q_0' Q_3 Q_2 Q_1 Q_0 = (0010\ 0011)_{8421BCD}$。由于 $\overline{CR}$ 为低电平控制有效，故其控制表达式为：$\overline{LD} = \overline{Q_1' Q_1 Q_0}$。连接图如图5.5.29 所示。

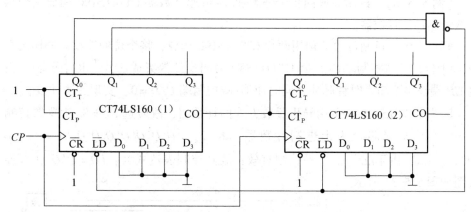

图5.5.29 反馈置数法将 CT74LS160 构成二十四进制计数器

[**例5.5.7**] 试用集成同步十进制加/减可逆计数器 CT74LS168 构成一个四十六进制加法计数器。

解：CT74LS168 是一个同步十进制加/减可逆计数器，一个芯片最多只能表示一位十进制数，故四十六进制需要两个芯片构成，并将两个芯片的 CP 同时接入计数脉冲输入端。因为该芯片低位在产生进位时 $\overline{CO/BO} = 0$ 正好使高位芯片的计数控制端有效，在下一个时钟脉冲（即第 10 个 CP）的有效沿到来时高位芯片进行计数，达到低位逢 10 向高位进 1 的目的，故将低位芯片的进位输出 $\overline{CO/BO}$ 接到高位芯片的计数控制端 $\overline{CT_T}$ 和 $\overline{CT_P}$。同时，CT74LS168 没有清 0 控制端，可通过控制其同步并行置数端实现，且选 $S_{N-1} = S_{45}$ 为置数控制状态，因该集成芯片为十进制计数器，故 $S_{45} = Q_3'Q_2'Q_1'Q_0'Q_3Q_2Q_1Q_0 = (0100\ 0101)_{8421BCD}$；同时预置数据使高低位芯片数据输入端的数据均取值为0，即令两个芯片的 $D_3 = D_2 = D_1 = D_0 = 0$。由于 $\overline{LD}$ 为低电平控制有效，故其控制表达式为：$\overline{LD} = \overline{Q_2'Q_2Q_0}$。连接电路图如图5.5.30所示。

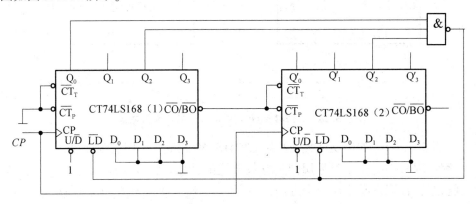

图5.5.30　CT74LS168构成四十六进制加法计数器

[**例5.5.8**]　试用集成同步十进制加/减可逆计数器CT74LS190构成一个六十八进制加法计数器。

解： 六十八进制计数器须用两片CT74LS190构成，将个位的波纹脉冲输出端 $\overline{RC}$ 接十位的计数控制端 $\overline{CT}$，因CT74LS190为同步计数集成芯片，将个位和十位的 CP 端都接至输入时钟脉冲，同时使加/减控制端 $\overline{U}/D = 0$，实现加法计数。

因为CT74LS190是采用异步置数方式的计数器，故应选 $S_N = S_{68}$ 为置数控制状态；且该集成芯片为十进制计数器，故 $S_{68} = Q_3'Q_2'Q_1'Q_0'Q_3Q_2Q_1Q_0 = (0110\ 1000)_{8421BCD}$；由于 $\overline{LD}$ 为低电平控制有效，故其控制表达式为：$\overline{LD} = \overline{Q_2'Q_1'Q_3}$。连接图如图5.5.31所示。

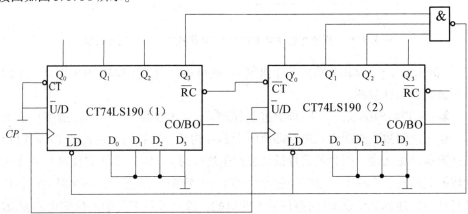

图5.5.31　CT74LS190构成六十八进制加法计数器

5.6 寄 存 器

寄存器

寄存器是数字系统中用来存储二进制数码的逻辑部件。由于 1 个触发器有 0 和 1 两种稳定状态，可以存储 1 位的二进制数码，因此 n 位二进制数码的寄存器需要用 n 个触发器构成。

常用的触发器按功能分为数码寄存器和移位寄存器两类。数码寄存器用于存放二进制代码，数据输入输出采用并行方式。而移位寄存器不仅可以存放数码，而且在移位脉冲作用下，寄存器中的数码可根据需要向左或向右移位，可采用串行和并行工作方式，应用灵活。

5.6.1 数码寄存器

在数字仪表和计算机系统中，常常需要把一些数据或运算结果存储起来，这种只具有接收、存储和清除数码功能的寄存器，称为数码寄存器。

图 5.6.1 所示为由 D 触发器构成的数码寄存器。因为 D 触发器的功能是"随 D 变"，故当 CP 的上升沿到来时，无论各触发器原来的状态是什么，输出结果为 $Q_3^{n+1}Q_2^{n+1}Q_1^{n+1}Q_0^{n+1} = D_3D_2D_1D_0$，此状态一直保存到下一个 CP 的上升沿到来为止。这就相当于将 $D_3D_2D_1D_0$ 四个数码暂时寄存到这个数码寄存器中。

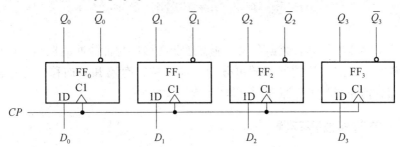

图 5.6.1 由 D 触发器构成的四位数码寄存器

目前常用的数码寄存器的种类较多，如 CT74LS174、CT74LS175、CT74LS273、CT74LS373 等。图 5.6.2 所示为 4 位 D 触发器构成数码寄存器 CT74LS175 的逻辑功能示意图，图中 $\overline{CR}$ 为异步清 0 输入端，$D_0 \sim D_3$ 为并行数据输入端，$Q_0 \sim Q_3$ 为并行数据输出端。

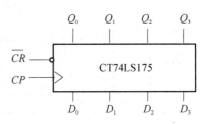

图 5.6.2 CT74LS175 的逻辑功能示意图

CT74LS175 的功能表如表 5.6.1 所示。从表中可以看出它有如下功能：

表 5.6.1　CT74LS175 的功能表

输　入						输　出				说　明
$\overline{CR}$	CP	D_3	D_2	D_1	D_0	Q_3	Q_2	Q_1	Q_0	
0	×	×	×	×	×	0	0	0	0	异步清 0
1	↑	d_3	d_2	d_1	d_0	d_3	d_2	d_1	d_0	并行送数
1	0，1，↓	×	×	×	×	保持				保持

（1）异步清 0 功能。

当 $\overline{CR}=0$ 时，无论时钟脉冲 CP 和寄存器中原来状态为何值，寄存器都将被清 0，即 $Q_0Q_1Q_2Q_3=0000$。

（2）并行送数功能。

当 $\overline{CR}=1$ 时，在 CP 上升沿的作用下，无论寄存器中原来状态为何值，$D_0 \sim D_3$ 并行输入端的数据 $d_0 \sim d_3$ 被置入寄存器，使 $Q_0Q_1Q_2Q_3=d_0d_1d_2d_3$，同时 Q_0、Q_1、Q_2、Q_3 并行输出数据。

（3）保持功能。

当 $\overline{CR}=1$ 时，在 CP 为 0 或 1 或下降沿（即 CP 的无效状态）时，寄存器中寄存的数码保持不变。

5.6.2　移位寄存器

移位寄存器不仅具有数据存储功能，还能在移位时钟脉冲的控制下逐位向左或向右移动。按照移位情况不同可分为单向移位寄存器和双向移位寄存器两大类。下面分别介绍其工作原理。

一、单向移位寄存器

图 5.6.3 所示为由 4 个上升沿触发的 D 触发器组成的 4 位右移位寄存器。这

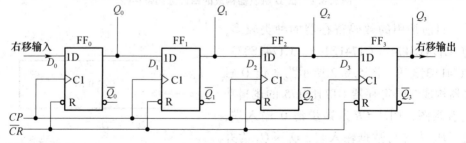

图 5.6.3　由 D 触发器组成的 4 位右移位寄存器

4 个触发器的时钟端连接在一起接时钟脉冲输入信号，D_0 为串行数据输入端，Q_3 为串行数据输出端。下面讨论其工作原理。

由图可得其驱动方程和状态方程分别为

驱动方程：

$$D_0 = D_1, \quad D_1 = Q_0^n, \quad D_2 = Q_1^n, \quad D_3 = Q_2^n \tag{5.6.1}$$

状态方程：

$$Q_0^{n+1} = D_1, \quad Q_1^{n+1} = Q_0^n, \quad Q_2^{n+1} = Q_1^n, \quad Q_3^{n+1} = Q_2^n \tag{5.6.2}$$

其中 D_1 为串行输入数据，从 D_0 端输入。从上述表达式可以看出，各触发器在时钟脉冲 CP 的触发下，其状态依次从 $D_1 \to Q_0 \to Q_1 \to Q_2 \to Q_3$ 进行传递。用时序图可以说明其传递过程，如图 5.6.4 所示。

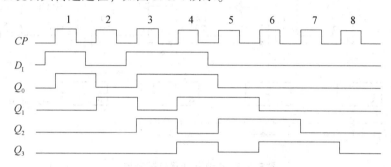

图 5.6.4 4 位右移位寄存器的时序图

开始时通过 $\overline{CR} = 0$ 使所有触发器清 0，设串行输入数据 $D_1 = 1011$。在第一个时钟脉冲 CP 的上升沿到来时，FF_0 将此时的串行输入数据 D_1 的第一个数码 1 接收，状态变为 $Q_0 = 1$，其余触发器状态全为 0，寄存器的状态 $Q_0 Q_1 Q_2 Q_3$ 为 1000；在第二个时钟脉冲 CP 的上升沿到来时，串行输入数据 D_1 的第二个数码 0 存入 FF_0 中，$Q_0 = 0$，FF_0 中原来的数码 1 移入 FF_1 中，$Q_1 = 1$，同理，$Q_2 = Q_3 = 0$，寄存器中的数码又依次向右移动一位，依次类推。经过 4 个脉冲后分别从 Q_3、Q_2、Q_1、Q_0 并行输出 1011，再继续输入脉冲也可从 Q_3 串行输出数码。这种将数据从左向右依次移位的寄存器称为右移位寄存器。

图 5.6.5 所示为由 4 个上升沿触发的 D 触发器组成的 4 位左移位寄存器。其

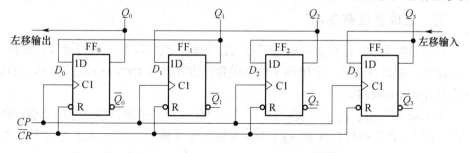

图 5.6.5 由 D 触发器组成的 4 位左移位寄存器

工作原理和右移位寄存器相同，这里不再重复。

二、双向移位寄存器

与可逆计数器的设计相似，如果将左移位寄存器和右移位寄存器结合在一起，通过加入适当的控制电路和控制信号，可构成双向移位寄存器。双向移位寄存器的典型电路如图 5.6.6 所示。

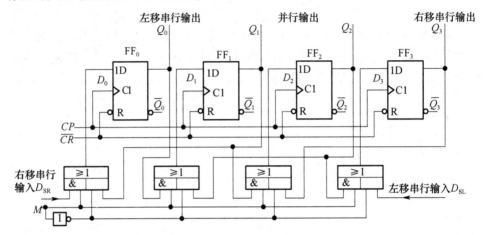

图 5.6.6　4 位双向移位寄存器

由图可得该寄存器的状态方程：

$$\begin{cases} Q_0^{n+1} = MD_{SR} + \overline{M}Q_1^n \\ Q_1^{n+1} = MQ_0^n + \overline{M}Q_2^n \\ Q_2^{n+1} = MQ_1^n + \overline{M}Q_3^n \\ Q_3^{n+1} = MQ_2^n + \overline{M}D_{SL} \end{cases} \qquad (5.6.3)$$

分析可知，当 $M=1$ 时，$Q_0^{n+1}=D_{SR}$、$Q_1^{n+1}=Q_0^n$、$Q_2^{n+1}=Q_1^n$、$Q_3^{n+1}=Q_2^n$，数据由左向右移，其中 D_{SR} 送入最左端触发器的输入端 D_0，构成 4 位右移位寄存器。当 $M=0$ 时，$Q_0^{n+1}=Q_1^n$、$Q_1^{n+1}=Q_2^n$、$Q_2^{n+1}=Q_3^n$、$Q_3^{n+1}=D_{SL}$，数据由右向左移，其中 D_{SL} 送入最右端触发器的输入端 D_3，构成 4 位左移位寄存器。

三、集成移位寄存器

常用的集成移位寄存器可根据需要实现单向、双向移位，串行输入、输出，并行输入、输出等功能。常用的 4 位双向移位寄存器如 CT74LS194，8 位双向移位寄存器如 CT74LS198 等。

图 5.6.7 所示为 4 位双向移位寄存器 CT74LS194 的逻辑功能示意图和引脚排列图。图中 CP 为移位脉冲输入端，$\overline{CR}$ 为异步清 0 输入端，$D_0 \sim D_3$ 为并行数据输入端，D_{SR} 为右移串行数据输入端，D_{SL} 为左移串行数据输入端，M_1 和 M_0 为工

作方式控制端，$Q_0 \sim Q_3$ 为并行数据输出端。

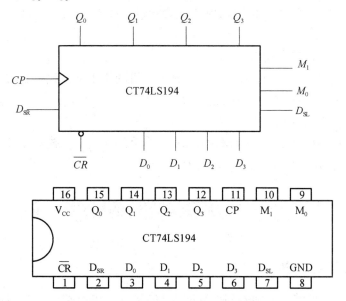

图 5.6.7 CT74LS194 的逻辑功能示意图和引脚排列图

CT74LS194 的功能表如表 5.6.2 所示。从表中可以看出它有如下功能：

表 5.6.2 CT74LS194 的功能表

输入										输出				说 明
$\overline{CR}$	M_1	M_0	CP	D_{SL}	D_{SR}	D_0	D_1	D_2	D_3	Q_0	Q_1	Q_2	Q_3	
0	×	×	×	×	×	×	×	×	×	0	0	0	0	异步清0
1	1	1	↑	×	×	d_0	d_1	d_2	d_3	d_0	d_1	d_2	d_3	并行置数
1	0	1	↑	×	d_{SR}	×	×	×	×	d_{SR}	Q_0^n	Q_1^n	Q_2^n	右移位
1	1	0	↑	d_{SL}	×	×	×	×	×	Q_1^n	Q_2^n	Q_3^n	d_{SL}	左移位
1	0	0	↑	×	×	×	×	×	×	保持				保持
1	×	×	0, 1	×	×	×	×	×	×	保持				保持

（1）异步清 0 功能。

当 $\overline{CR} = 0$ 时，无论时钟脉冲 CP 和其他输入端为何信号，移位寄存器将被清 0，即 $Q_0 Q_1 Q_2 Q_3 = 0000$。

（2）并行置数功能。

当 $\overline{CR} = 1$，$M_1 = M_0 = 1$ 时，在 CP 上升沿的作用下，无论其他输入端为何信号，$D_0 \sim D_3$ 并行输入端的数据 $d_0 \sim d_3$ 被置入移位寄存器，使 $Q_0 Q_1 Q_2 Q_3 = d_0 d_1 d_2 d_3$。

（3）保持功能。

当$\overline{CR} = 1$时，在$CP = 0$、1（CP为无效状态）或$M_1 = M_0 = 0$时，移位寄存器保持原来的数码不变。

（4）右移串行送数功能。

当$\overline{CR} = 1$，$M_1 = 0$，$M_0 = 1$时，在CP上升沿的作用下，执行右移位功能，同时串行输入数据由D_{SR}输入，D_{SR}送入D_0。

（5）左移串行送数功能。

当$\overline{CR} = 1$，$M_1 = 1$，$M_0 = 0$时，在CP上升沿的作用下，执行左移位功能，同时串行输入数据由D_{SL}输入，D_{SL}送入D_3。

5.6.3　移位寄存器的应用

一、环形计数器

环形计数器的特点是随着移位脉冲CP的输入，电路按某一方向进行移位操作，向左或向右依次输出1个高电平。对于N位的移位寄存器，可将D_{SR}接最右端触发器的输出Q_{N-1}构成右移位环形计数器，反之可构成左移位环形计数器。图5.6.8所示为由CT74LS194构成的4位简单环形计数器。

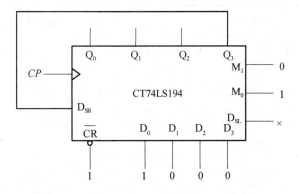

图5.6.8　由CT74LS194构成的简单环形计数器

通过分析，可得到的状态图如图5.6.9所示。如果取$D_0D_1D_2D_3 = 1000$，先

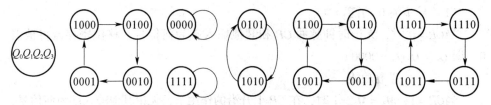

图5.6.9　由CT74LS194构成的简单环形计数器的状态图

使$M_1 = 1$，在 CP 作用下，输入数据被置入移位寄存器，$Q_0 Q_1 Q_2 Q_3 = D_0 D_1 D_2 D_3 = 1000$，然后使 $M_1 = 0$，即 $M_1 M_0 = 01$，移位寄存器进行右移位操作，$Q_0 \sim Q_3$ 依次输出高电平，经过 4 个 CP 后电路返回初始状态。但从状态图可知，该电路不能进行自启动。

为克服上述电路没有自启动能力的缺点，根据同步时序逻辑电路的设计方法和单向移位寄存器的电路结构，可得到改进后由 CT74LS194 构成的具有自启动能力的环形计数器如图5.6.10 所示，其状态图请读者自行分析。

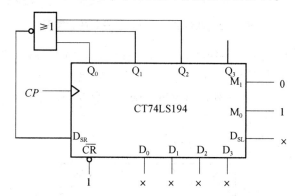

图 5.6.10　由 CT74LS194 构成的具有自启动能力的环形计数器

环形计数器的优点是可直接得到不需要经过译码的顺序脉冲，输出的顺序脉冲的抗干扰能力较强，主要缺点是电路状态利用率不高。

二、扭环计数器

扭环计数器又称为约翰逊计数器，其特点是随着移位脉冲 CP 的输入，电路中每次只有一个触发器翻转，同时电路进行移位操作，输出按某一方向依次增加或减少1个高电平。对于 N 位的移位寄存器，可将 D_{SR} 接最右端触发器的输出端 $\overline{Q_{N-1}}$ 构成右移位扭环计数器，反之可构成左移位扭环计数器。图5.6.11 所示为由 CT74LS194 构成的八进制扭环计数器。

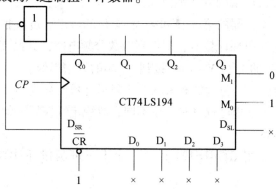

图 5.6.11　由 CT74LS194 构成的八进制扭环计数器

通过分析，其有效的状态图如图5.6.12所示，从图中可以看出，该电路共有8个有效状态，所以为八进制扭环计数器，也是一个八分频电路。

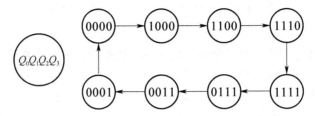

图5.6.12 八进制扭环计数器有效的状态图

图5.6.13所示为由CT74LS194构成的五进制扭环计数器。因其有效状态数为5个，故为五进制扭环计数器，也是一个五分频电路，从Q_2输出的频率为时钟CP频率的1/5。该电路无须进行预置数输入，其状态图请读者自行分析。

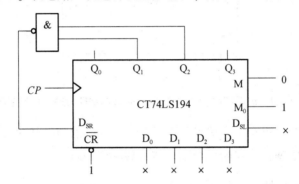

图5.6.13 由CT74LS194构成的五进制扭环计数器

综上所述，我们可以得出由移位寄存器构成任意奇分频和偶分频电路的方法：

（1）当由移位寄存器的第N位输出通过非门接到D_{SR}端时，则构成$2N$进制的扭环计数器，即得到偶数分频电路，其最高有效位输出端的频率为时钟CP频率的$1/(2N)$。接到D_{SL}端的方法类似。

（2）当由移位寄存器的第N位和第$N-1$位的输出通过与非门接到D_{SR}端时，则构成$2N-1$进制的扭环计数器，即得到奇数分频电路，其最高有效位输出端的频率为时钟CP频率的$1/(2N-1)$。接到D_{SL}端的方法类似。

扭环计数器的优点是包含的有效状态比环形计数器最高多一倍，同时每一个有效状态与前一个状态相比较只有一位不同，故稳定性较好，但其状态利用率和计数器相比仍然不高。

[例5.6.1] 试用CT74LS194构成一个十三进制扭环计数器，即13分频电路。

解： 由题意分析可知，该计数器需要用两片CT74LS194构成，以实现右移位为例,可将低位芯片的Q_3接入高位芯片的D_{SR}端。为实现 13 分频,将整个电路的第 6 位和第 7 位(即高位芯片的第 2 位和第 3 位)的输出经过与非门接入低位芯片的D_{SR}端。同时,使两芯片的$\overline{CR}=1$,$M_1 M_0 =01$。连接图如图 5.6.14(a)所示。

由 CT74LS194 构成的用左移方式实现十三进制扭环计数器的逻辑图如图 5.6.14(b)所示。

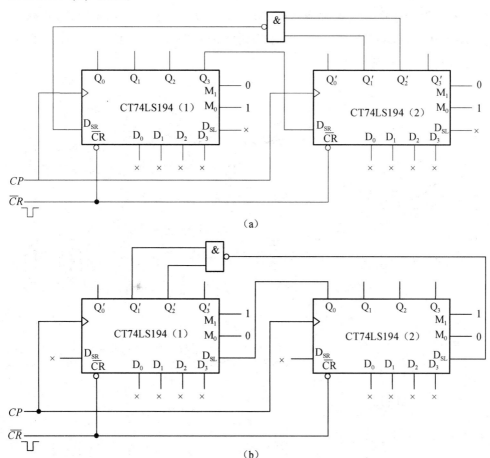

图 5.6.14 CT74LS194 构成十三进制的扭环计数器

(a)用右移方式实现;(b)用左移方式实现

5.7 项目 定时器(案例三)

一、项目任务

某企业承接了一批定时器的组装与调试任务,请按照相应的企业生产标准完成该产品的组装与调试，实现该产品的基本功能，满足相应的技术指标。装配完成后，利用相关的仪表对电路进行通电测试，记录测试数据。

二、电路结构

定时器电路如图 5.7.1 所示，电路共由五部分组成。555 定时器和 R_1、R_2、C_1、R_3、LED 构成多谐振荡器；CD4518、R_6、R_7 组成两位十进制计数电路；CD4511 为 4 线/7 段译码器；R_4、R_5 及数码管 SM4205 组成共阴极显示电路；两个与非门组成定时控制电路。

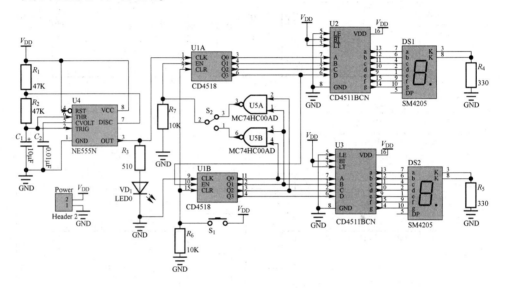

图 5.7.1 定时器

三、工作原理

1. 集成元件介绍

（1）CD4518：同步十进制计数器。

CD4518 是同步双十进制加法计数器，引脚排列如图 5.7.2 所示。其中，*CLK* 为时钟输入端；*EN* 为使能端；*RST* 为清 0 端，高电平控制有效；$Q_0 \sim Q_3$ 为计数输出端（按 8421BCD 码计数规律）；V_{DD} 为电源端；V_{SS} 为接地端。

CD4518 为双脉冲控制输入，当上边沿触发时，时钟 *CP* 从 *CLK* 输入，此时 *EN* 为使能端，*EN* 高电平控制有效。当下边沿触发时，时钟 *CP* 从 *EN* 输入，此时 *LCK* 作使能端使用，*CLK* 低电平控制有效。

（2）CD4511：七段译码器。

CD4511 是 4 线/7 段显示译码器，引脚排列如图 5.7.3 所示。该译码器具有较大的输出电流驱动能力，可直接驱动半导体显示器。图中 A_3、A_2、A_1、A_0 为8421BCD码输入端，$Y_a \sim Y_g$ 为输出端，输出高电平有效，用以驱动共阴极显示器。

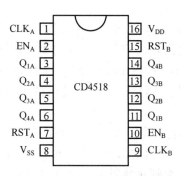

图5.7.2 CD4518 引脚排列图

图5.7.3 CD4511 引脚排列图

其中，$\overline{LE}$ 为数据锁存控制端（$\overline{LE}=0$，输出数据；$\overline{LE}=1$，锁存数据。）；$\overline{BI}$ 为消隐端（$\overline{BI}=0$ 消隐）；$\overline{LT}$ 为试灯端。

（3）七段显示器：SM4205。

SM4205 是共阴极七段数码管，其引脚关系如图5.7.4 所示：

（4）555 定时器。

图5.7.4 SM4205 引脚图

555 定时器的引脚排列如图5.7.5 所示，555 定时器的功能可归纳为："两高出低，两低出高，中间保持；放电管 VT 的状态与输出相反"。使用时注意：TH 电平高低是与 $\frac{2}{3}V_{CC}$ 相比较，$\overline{TR}$ 电平高低是与 $\frac{1}{3}V_{CC}$ 相比较。

（5）CT74LS00：两输入端与非门。

CT74LS00 由 4 个二输入端的与非门构成，GND、V_{CC} 分别为接地端和电源端，引脚排列图如图5.7.6 所示。与非门的功能特点是：有 0 出 1，全 1 出 0。

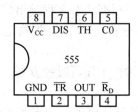

图5.7.5 555 定时器的引脚排列图

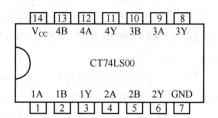

图5.7.6 CT74LS00 引脚图

2. 工作原理

（1）多谐振荡电路：由 555 定时器、R_1、R_2、C_1、C_2 构成多谐振荡器，产生计数脉冲。其产生的脉冲周期为：

$$T = 0.7(R_1 + 2R_2) \cdot C_1 = 1(\text{s})$$

（2）计数译码及显示：由 CD4518 构成两位十进制加法计数器，个位计数器时钟由 CLK 输入，此时 EN 为使能端，上边沿触发有效。十位计数 CLK 作使能端，时钟由 EN 输入，下边沿触发有效。个位 Q_3 接十位的 EN，个位每 10 个脉冲，Q_3 产生一个下边沿，十位触发计数 1 次，达到逢十进一的目的。最后将计数的结果译码并显示出来。

（3）定时控制：由两个与非门构成定时控制电路。开关置于 30 s 位置时，当计数器十位的 Q_1、Q_0 都为高电平 1 时，与非门输出 0（全 1 出 0），此时，个位 $EN = 0$，使能端无效，计数器停止计数，否则正常计数。开关置于 60 s 位置时，当计数器十位的 Q_2、Q_1 都为 1 时，与非门输出 0（全 1 出 0），此时，个位 $EN = 0$，使能端无效，计数器停止计数。分别实现 30 s 和 60 s 定时控制的目的。

图 5.7.1 中，按下开关 S_1，计数器清零 0 有效，电路清 0。

 本章小结 <<<

（1）时序逻辑电路由触发器和组合逻辑电路组成，时序逻辑电路的输出不仅与输入有关，而且还与电路原来的状态有关。

（2）描述时序逻辑电路逻辑功能的方法有逻辑图、状态方程、状态转换真值表、驱动表、状态转换图和时序图等。

（3）时序逻辑电路按时钟控制方式分为同步时序逻辑电路和异步时序逻辑电路。前者所有触发器的时钟输入端 CP 连在一起，凡具备翻转条件的触发器在同一时刻翻转。后者时钟脉冲 CP 只触发部分触发器，其余触发器由电路内部信号触发，故触发器的翻转不是同步进行。

（4）同步时序逻辑电路的一般分析方法：根据给定的电路，先写出它的输出方程和驱动方程，代入特性方程得到状态方程；再根据状态方程画出综合的状态卡诺图；然后画出状态转换图和时序图；最后分析逻辑功能并确定能否自启动。

异步时序逻辑电路的分析方法与同步相似，区别在于先写时钟方程，只有在时钟 CP 的有效沿状态方程才有效，否则保持原态。

（5）同步时序逻辑电路的一般设计方法：根据设计要求，确定触发器的个数，先画出状态转换图；再根据状态转换图画出状态卡诺图，化简得状态方程和输出方程；然后将状态方程与特性方程比较得驱动方程；最后画出逻辑电路图并确定能否自启动。

（6）计数器是累计输入脉冲个数的器件。按计数进制分，有二进制计数器、十进制计数器和任意进制计数器；按计数增减分，有加法计数器、减法计数器和加/减可逆计数器；按触发器翻转是否同步分，有同步计数器和异步计数器。计数器主要用于计数、分频、定时等。

（7）中规模集成计数器功能完善、使用方便灵活。利用中规模集成计数器可很方便地构成 N 进制（任意进制）计数器。其主要方法为：

①用同步清 0 端或同步置数端获得 N 进制计数器。这时应根据 S_{N-1} 对应的二进制代码写出反馈函数。

②用异步清 0 端或异步置数端获得 N 进制计数器。这时应根据 S_N 对应的二进制代码写出反馈函数。

③当需要扩大计数器容量时，可将多片集成计数器进行级联。一个 M 进制和一个 N 进制的计数器级联后最大计数容量为 $M \times N$。

（8）寄存器利用触发器的两个稳定的工作状态来寄存数码 0 和 1，用逻辑门的控制作用实现清除、接收、寄存和输出的功能。按功能不同可分为数码寄存器和移位寄存器。其中移位寄存器不但可存放数码，还能对数码进行移位操作。集成移位寄存器使用方便、功能全、输入和输出方式灵活，常用于实现数据的串并行转换，构成环形计数器、扭环计数器和顺序脉冲发生器等。

习 题 <<<

5.1 试分析习题图 5.1 时序电路的逻辑功能，写出电路的驱动方程、状态方程和输出方程，画出电路的状态转换图。

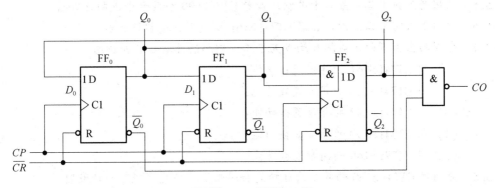

习题图 5.1 习题 5.1 图

5.2 试分析习题图 5.2 电路的逻辑功能，画出电路的状态转换图，检查电路能

否自启动。

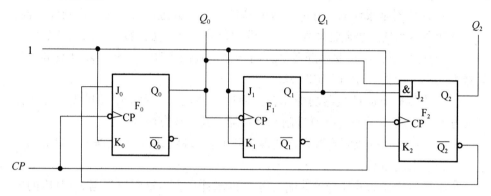

习题图 5.2　习题 5.2 图

5.3　分析习题图 5.3 的计数器电路，画出电路的状态转换图，说明这是多少进制的计数器。

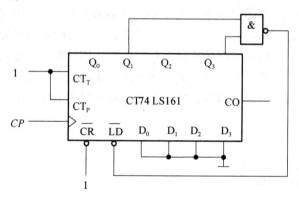

习题图 5.3　习题 5.3 图

5.4　试分析习题图 5.4 的计数器在 $M=1$ 和 $M=0$ 时各为几进制。

5.5　试用两片异步二 – 五 – 十进制计数器 CT74LS90 组成六十进制计数器。

5.6　试用 4 位同步二进制计数器 CT74LS161 接成十三进制计数器。

5.7　分别画出由下列集成芯片构成五十二进制加法计数器的连线图。

(1)　用 CT74LS161 的异步清 0 功能；

(2)　用 CT74LS160 的同步置数功能；

(3)　用 CT74LS197 的异步置数功能；

(4)　用 CT74LS190 的异步置数功能；

(5)　用 CT74LS168 的同步置数功能。

5.8　分别用 CT74LS160 的异步清 0 功能和同步置数功能实现下列计数器。

(1)　六十进制；

(2)　二十四进制。

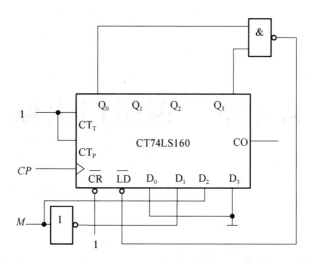

习题图 5.4　习题 5.4 图

5.9　试分别用 CT74LS162、CT74LS168 实现计数循环 1~7。

5.10　试画出用两片 CT74LS194 组成 8 位双向移位寄存器的逻辑图。

5.11　试用 CT74LS194 构成下列分频器，并画出状态转换图。

（1）7 分频器；

（2）12 分频器。

5.12　试用 CT74LS194 构成一个具有自启动能力的 6 位环形计数器，并画出状态转换图。

5.13　试用 D 触发器设计一个同步十进制加法计数器，并检查设计的电路能否自启动。

5.14　用 JK 触发器设计一个同步计数器，既可实现 8421BCD 码的五进制计数，又可实现循环码的六进制计数，输入变量 M 为控制信号。电路要求的状态转换图如习题图 5.14 所示，并检查电路能否自启动。

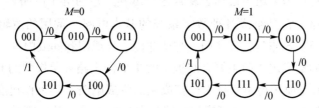

习题图 5.14　习题 5.14 图

5.15　试用 JK 触发器设计一个同步六进制减法计数器，并检查设计的电路能否自启动。

第6章 逻辑门电路

本章要点

- 二极管、三极管、MOS 管的开关特性
- 分立元件门电路的结构及原理
- TTL 集成逻辑门电路的工作原理及主要特性
- CMOS 集成逻辑门电路的工作原理及主要特性
- TTL 门电路与 CMOS 门电路的连接

本章难点

- TTL 集成与非门、集电极开路门和三态门的工作原理及应用
- CMOS 集成与非门、漏极开路门和三态门的工作原理及应用
- TTL 门电路与 CMOS 门电路的连接

6.1 概 述

概述

用以实现各种基本逻辑运算和复合逻辑运算关系的电子电路称为逻辑门电路，它是组成各种数字系统的基本电路。常用的逻辑门电路有与门、或门、非门、与非门、或非门、与或非门、异或门和同或门等。

目前使用的集成逻辑门主要有双极型的 TTL 门电路和单极型的 CMOS 门电路两大系列。TTL 是应用最早、技术比较成熟的集成电路，其工作速度较高，但集成度不高，功耗较大。CMOS 逻辑门电路是在 TTL 电路之后出现的一种广泛应用的数字集成器件，可以分为 NMOS、PMOS、CMOS 三种结构，其中 CMOS 电路是占主导地位的逻辑器件，其工作速度已基本赶上 TTL 电路，它的功耗和抗干扰能力则远优于 TTL，且费用较低。因此，几乎所有的超大规模存储器及 PLD 器件都采用 CMOS 工艺制造。

逻辑门电路的输入和输出只有高电平 U_H 和低电平 U_L 两个不同的状态。在

数字电路中电平通常是电位，而且高、低电平是一个相对的概念，不是一个固定的数字，允许有一定的变化范围。例如在 TTL 门电路中，输入电压在 2.6 ~ 3.6 V 范围内的电压都称为高电平，在 0 ~ 0.8 V 范围内的电压都称为低电平；而对于典型工作电压为 5 V 的 CMOS 逻辑电路，输入电压在 3.5 ~ 5 V 范围内的电压对应为高电平，在 0 ~ 1.5 V 范围内的电压对应为低电平。

数字逻辑电路中，常用符号 1 和 0 来表示电平的高低。本书中如无特殊说明，一般采用正逻辑体制，即 1 表示高电平，0 表示低电平。

6.2　半导体器件的开关特性

半导体二极管、三极管和 MOS 管是组成各种门电路的主要器件，在数字电路中，它们均工作在开关状态。为了更好地掌握逻辑门电路的工作特点和性能，首先应了解它们的开关特性。

6.2.1　半导体二极管的开关特性

一个理想的开关在接通和断开时应具有这样的特性：接通时，其接通电阻为 0，在开关上不产生压降；断开时，其电阻为无穷大，开关上没有电流流过；且开关在接通与断开的速度非常快时，仍能保持上述特性。由于二极管具有单向导电特性，故可作受外加电压控制的开关来使用。

一、开关作用

图 6.2.1 所示为硅二极管的伏安特性曲线，可以看出，当二极管两端的正向电压小于其门限电压 U_{th}（硅管约为 0.5 V）时，二极管工作在死区，处于截止状态。只有当外加电压大于 U_{th} 时，二极管才导通。

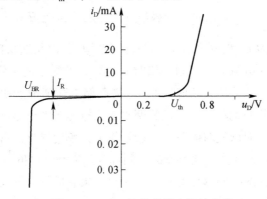

图 6.2.1　硅二极管的伏安特性曲线

在图 6.2.2（a）中，当输入电压 u_I 为高电平 U_{IH}（大于 U_{th}）时，二极管 VD 充分导通，呈现很小的电阻，其工作电压约为 0.7 V，导通电流 $i_D = \dfrac{U_{IH} - 0.7\ \text{V}}{R}$。这时，二极管 VD 可等效为一个具有 0.7 V 压降的闭合开关，如图 6.2.2（b）所示。

当输入电压 u_I 为低电平 U_{IL}（小于 U_{th}）时，二极管处于截止状态，其反向电流极小，$I_R \approx 0$，二极管呈现出极高的电阻（但此时二极管两端的反向电压不能过大，否则可能导致二极管击穿而损坏）。这时，二极管 VD 可等效为一个断开的开关，如图 6.2.2（c）所示。

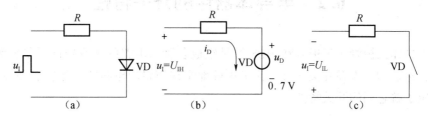

图 6.2.2　二极管开关电路及其等效电路

（a）电路图；（b）输入高电平时的等效电路；（c）输入低电平时的等效电路

由上面的讨论可知，在数字电路中，二极管可作为一个受电压控制的开关来使用。

二、开关时间参数

二极管并非理想开关，在低速开关电路中，二极管由导通变为截止，或由截止变为导通的转换时间通常是可以忽略的；但在高速开关电路中，开关状态变化的速度非常快，可达到每秒数百万次，这时二极管的转换时间就不能不考虑了。在图 6.2.3（a）电路中输入图 6.2.3（b）所示的快速脉冲电压时，二极管的动态工作过程如图 6.2.3（c）所示。

在输入电压 $u_I = U_{IH} > U_{th}$ 时，二极管 VD 导通，其电流 $i_D = \dfrac{U_{IH} - 0.7\ \text{V}}{R} = I_H$。当 u_I 由 U_{IH} 负跃变为 U_{IL} 的瞬间，VD 并不立刻截止，而是在反向电压 U_{IL} 的作用下，产生很大的反向电流 I_R，经过一段时间 t_{rr} 后二极管才进入截止状态。通常将 t_{rr} 称为反向恢复时间（又称关断时间），它是存储电荷消散所需要的时间，一般开关二极管的 t_{rr} 为几个纳秒。当二极管两端输入电压频率非常高时，若低电平的持续时间小于它的反向恢复时间时，二极管将失去单向导电的开关作用。

二极管 VD 由截止变为导通所需的时间称为正向导通时间（又称开通时间），这个积累电荷所需要的时间远比 t_{rr} 小得多，对二极管的开关速度影响很小，一般情况下可以忽略不计。

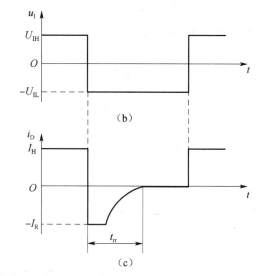

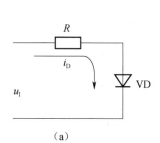

图 6.2.3 二极管的动态开关特性

（a）电路图；（b）输入脉冲电压；（c）动态工作过程

6.2.2 半导体三极管的开关特性

一、开关作用

半导体三极管有截止、放大、饱和三种状态，在数字电路中，三极管是作为一个开关来使用的，它只能工作在饱和状态（导通）和截止状态，放大状态仅仅是转瞬即逝的过渡状态。下面参照图 6.2.4 所示的共发射极三极管（以硅管为例）开关电路来讨论三极管的开关作用。

当输入电压 $u_I = U_{IL}$ 时，三极管的发射结电压小于导通电压，三极管截止，基极电流、集电极电流均近似为 0，即 $i_B \approx 0$ A，$i_C \approx 0$ A，输出电压 $u_O \approx V_{CC}$。为了使三极管可靠截止，一般在输入端加反向电压，使发射结处于反偏，即 $u_{BE} \leq 0$ V。三极管截止时，三个极互为开路，如同开关断开，其等效电路如图 6.2.5（a）所示。

当输入电压 $u_I = U_{IH}$ 时，使三极管工作在饱和状态 $\left(\text{三极管的饱和条件为 } i_B \geq I_{B(sat)} \approx \dfrac{V_{CC}}{\beta R_C}\right)$。根据三极管的输入和输出特性可知，三极管发射结

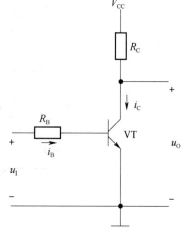

图 6.2.4 三极管开关电路

电压 $U_{BE} \approx 0.7$ V，$u_O = U_{CE} \approx 0.3$ V。三极管饱和时，如同开关闭合，其等效电路如图 6.2.5（b）所示。

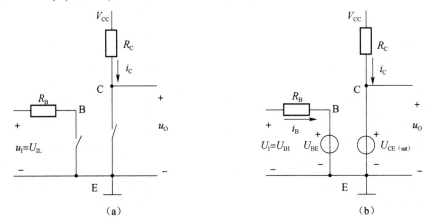

图 6.2.5 三极管的开关电路及等效电路

（a）截止状态；（b）饱和导通状态

二、开关时间参数

和二极管相似，三极管的工作状态也非理想开关，其内部电荷的建立与消散都需要一定的时间，即三极管的截止与饱和两种状态相互转换需要时间。在图 6.2.4 电路中，输入一个理想的矩形脉冲 u_I 时，其集电极电流 i_C 和输出电压 u_O 的变化如图 6.2.6 所示。

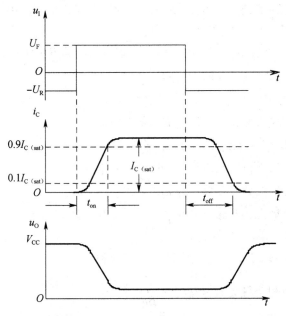

图 6.2.6 三极管的动态开关特性

通常把从 u_I 正跃变开始到 i_C 上升到 $0.9I_{C(sat)}$ 所需的时间称为开通时间，用 t_{on} 表示，它是三极管发射极由宽变窄和基区积累电荷所需要的时间。通常把从 u_I 负跃变开始到 i_C 下降到 $0.1I_{C(sat)}$ 所需的时间称为关断时间，用 t_{off} 表示，它是清除三极管内存电荷所需要的时间。

三极管开关时间一般为纳秒数量级，且 $t_{off} > t_{on}$，所以减少饱和导通时基区存储电荷的数量，尽可能地加速其消散过程，是提高三极管开关速度的关键。为提高三极管的开关速度，在集成电路中，常将肖特基二极管（SBD）和三极管制作在一起，构成抗饱和三极管，如图 6.2.7 所示。它利用肖特基二极管的导通压降较小（约为 0.4 V），从而对三极管的基极电流进行分流，使其工作在浅饱和状态，以大大提高工作速度。

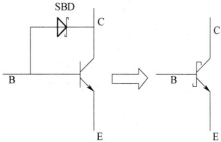

图 6.2.7　抗饱和三极管

（a）电路结构；（b）符号

6.2.3　MOS 管的开关特性

MOS 管是金属–氧化物–半导体场效应三极管的简称。在数字逻辑电路中，MOS 管也是作为开关元件来使用的，一般采用增强型 MOS 管组成开关电路，由栅源电压 u_{GS} 控制 MOS 管的截止或导通。

一、开关作用

图 6.2.8（a）所示为增强型 NMOS 管组成的开关电路，根据其转移特性曲线，开启电压为 $U_{GS(th)} > 0\ V$。

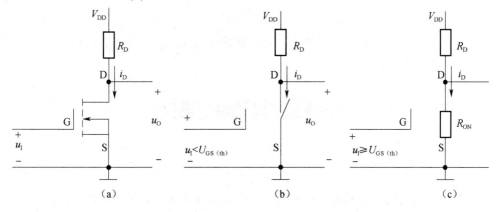

图 6.2.8　MOS 管的开关电路及等效电路

（a）MOS 管的开关电路；（b）截止时等效电路；（c）导通时等效电路

当 $u_I < U_{GS(th)}$ 时，NMOS 管截止，漏极电流 $i_D = 0$，输出 $u_O = V_{DD}$，这时，NMOS 管相当于开关断开，其等效电路如图 6.2.8（b）所示。

当 $u_I \geqslant U_{GS(th)}$ 时，NMOS 管导通，漏极 D 与源极 S 的导通电阻 R_{ON} 很小，当 $R_D \gg R_{ON}$ 时，输出 $u_O = \dfrac{V_{DD}}{R_D + R_{ON}} R_{ON} \approx$ 0 V，这时，NMOS 管相当于开关闭合，其等效电路如图 6.2.8（c）所示。

二、开关时间参数

在图 6.2.8（a）电路中，输入一个理想的矩形脉冲 u_I 时，其漏极电流 i_D 和输出电压 u_O 的变化如图 6.2.9 所示。

当 u_I 由低电平跳变到高电平时，MOS 管需要经过开通时间 t_{on} 延迟后，才能由截止状态转换为导通状态。当 u_I 由高电平跳变到低电平时，MOS 管需要经过关断时间 t_{off} 延迟后，才能由导通状态转换为截止状态。

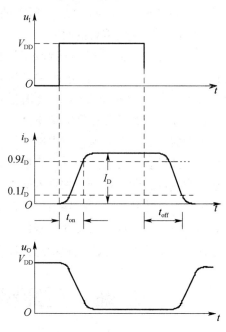

图 6.2.9　三极管的动态开关特性

需要说明的是，MOS 管的导通电阻比半导体三极管的饱和导通电阻要大得多，R_D 也比 R_C 大，所以它的开通时间和关断时间比双极型三极管长，其开关特性稍差。

6.3　分立元件门电路

由二极管、三极管、电阻和电容等组成的分立元件门电路具有结构简单，但负载能力较差等特点。

6.3.1　二极管与门电路

一、电路结构

分立元件与门电路结构、逻辑符号如图 6.3.1 所示。图中 A、B 为门电路的输入端，Y 为输出端。

二、工作原理

两个输入信号共有四种可能，设二极管的导通压降为0.7 V，具体工作情况如下：

（1）当 $u_A = u_B = 0$ V 时，二极管 VD_1、VD_2 均导通，$u_Y = 0.7$ V。

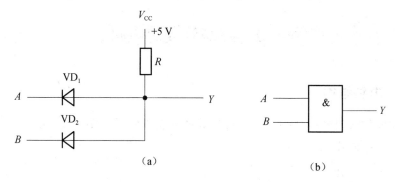

图6.3.1　二极管与门电路和逻辑符号

（a）电路图；（b）逻辑符号

（2）当 $u_A = 0$ V，$u_B = 3$ V 时，根据优先导通规则，二极管 VD_1 导通，VD_2 截止，$u_Y = 0.7$ V。

（3）当 $u_A = 3$ V，$u_B = 0$ V 时，根据优先导通规则，二极管 VD_1 截止，VD_2 导通，$u_Y = 0.7$ V。

（4）当 $u_A = u_B = 3$ V 时，二极管 VD_1、VD_2 均导通，$u_Y = 3.7$ V。

将上述输入、输出关系列成表格，如表6.3.1所示。

表6.3.1　二极管与门的工作状态表

u_A/V	u_B/V	VD_1	VD_2	u_Y/V
0	0	导通	导通	0.7
0	3	导通	截止	0.7
3	0	截止	导通	0.7
3	3	导通	导通	3.7

如果采用正逻辑体制，即以1表示高电平，0表示低电平，则表6.3.1可表示为表6.3.2，即与门逻辑真值表。

表6.3.2　二极管与门的真值表

输入		输出
A	B	Y
0	0	0
0	1	0
1	0	0
1	1	1

由该表可以看出，输入变量和输出变量之间为与逻辑运算关系。图6.3.1（b）所示为与门的逻辑符号。

其逻辑表达式为

$$Y = A \cdot B$$

6.3.2　二极管或门电路

一、电路结构

分立元件或门电路结构、逻辑符号如图6.3.2所示。图中 A、B 为门电路的输入端，Y 为输出端。

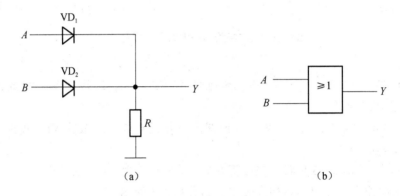

图6.3.2　二极管或门电路和逻辑符号

（a）电路图；（b）逻辑符号

二、工作原理

两个输入信号同样有四种可能，其工作原理和与门的类似，工作状态如表6.3.3所示，真值表如表6.3.4所示。

表6.3.3　二极管或门的工作状态表

u_A/V	u_B/V	VD$_1$	VD$_2$	u_Y/V
0	0	截止	截止	0
0	5	截止	导通	4.3
5	0	导通	截止	4.3
5	5	导通	导通	4.3

表 6.3.4 二极管或门的真值表

输入		输出
A	B	Y
0	0	0
0	1	1
1	0	1
1	1	1

由该表可以看出，输入变量和输出变量之间为或逻辑运算关系。图 6.3.2（b）所示为或门的逻辑符号。

其逻辑表达式为

$$Y = A + B$$

6.3.3 三极管非门电路

一、电路结构

如图 6.3.3 所示为非门电路结构、逻辑符号。图中 A 为输入端，Y 为输出端。

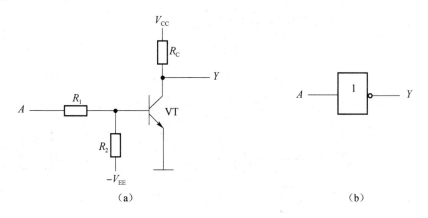

图 6.3.3 三极管非门电路和逻辑符号

（a）电路图；（b）逻辑符号

二、工作原理

由图 6.3.3 可知，当输入 $u_A = 0$ V 时，$u_{BE} < 0$ V，三极管截止，输出 $u_Y = V_{CC}$；当 $u_A = 5$ V 时，只要电路参数合理，使三极管工作在饱和状态，输出 $u_Y \approx$

0.3 V。其工作状态表如表 6.3.5 所示，真值表如表 6.3.6 所示。

表 6.3.5　非门的工作状态表

u_A/V	VT	u_Y/V
0	截止	5
5	饱和	0.3

表 6.3.6　非门的真值表

输入	输出
A	Y
0	1
1	0

由该表可以看出，输入变量和输出变量之间为非逻辑运算关系。图 6.3.3（b）所示为非门的逻辑符号。

其逻辑表达式为

$$Y = \overline{A}$$

6.3.4　复合逻辑门电路

一、与非门电路

图 6.3.4 所示为与非门电路结构及逻辑符号。

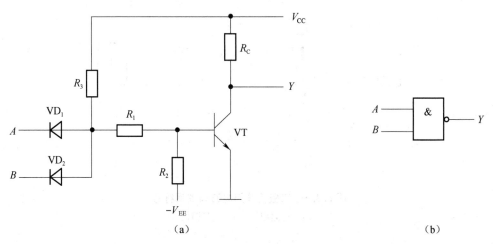

图 6.3.4　与非门电路及逻辑符号
（a）电路图；（b）逻辑符号

由图 6.3.4 可知，它是在二极管与门的输出端级联一个非门后组成的，其逻辑功能可根据与门和非门的逻辑功能得到，其真值表如表6.3.7所示。

表6.3.7 与非门的真值表

输入		输出
A	B	Y
0	0	1
0	1	1
1	0	1
1	1	0

其逻辑表达式为

$$Y = \overline{A \cdot B}$$

二、或非门电路

图6.3.5所示为或非门电路及逻辑符号。

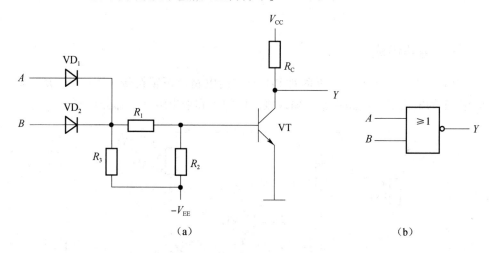

（a）　　　　　　　　　　　　　　　（b）

图6.3.5 或非门电路及逻辑符号

（a）电路图；（b）逻辑符号

由图6.3.5可知，它是在二极管或门的输出端级联一个非门后组成的，其逻辑功能可根据或门和非门的逻辑功能得到，其真值表如表6.3.8所示。

表6.3.8 或非门的真值表

输入		输出
A	B	Y
0	0	1
0	1	0
1	0	0
1	1	0

其逻辑表达式为

$$Y = \overline{A + B}$$

6.4 TTL 逻辑门电路

TTL 集成逻辑门电路主要由双极型三极管组成，由于输入级和输出级的结构都为晶体三极管，故称为晶体管 – 晶体管逻辑门电路，简称 TTL 电路（Transistor-Transistor-Logic）。国产 TTL 数字集成电路的主要产品有 CT54/74 通用系列、CT54/74S 肖特基系列等。TTL 集成门电路生产工艺成熟、开关速度快，应用较广泛。

6.4.1 TTL 与非门

一、电路组成

图 6.4.1 所示为典型高速系列 TTL 与非门电路及逻辑符号。图中 A、B 为输入端，Y 为输出端。电路主要由输入级、中间级和输出级共三部分组成。

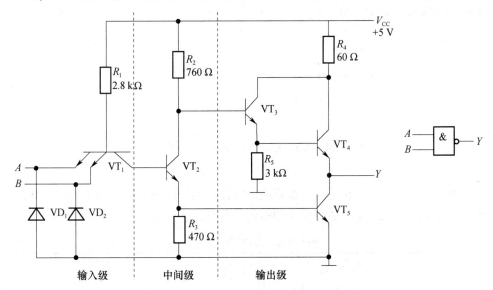

图 6.4.1 典型 TTL 与非门电路及逻辑符号

（a）电路图；（b）逻辑符号

输入级由多发射极晶体管 VT_1 和电阻 R_1 组成，其功能是对输入变量 A、B 实现与运算。VD_1 和 VD_2 两个正极接地的钳位二极管用于抑制输入端出现的负极性干扰脉冲，当输入端因干扰或电容充放电所产生的负电压太大时，二极管导通，使输入电压被钳位在 -0.7 V，因此保护了输入三极管。而当输入信号为正时，二极管截止，不起作用。

中间级由晶体管 VT_2 和电阻 R_2、R_3 组成，它的作用是将输入级送来的信号通过 VT_2 的集电极和发射极分成两路逻辑电平相反的信号输出，用来控制输出晶体管 VT_4、VT_5 的工作状态。

输出级由 VT_3、VT_4、VT_5 和 R_4、R_5 组成。VT_3、VT_4 组成的复合管和 VT_5 工作在相反的状态，即一个截止，另一个饱和。

二、工作原理

1. 输入端有低电平时

当输入端 A、B 至少有一个低电平 $U_{IL} = 0.3$ V 时，接低电平的发射结导通，则 VT_1 的基极电位 $V_{B1} = U_{BE1} + U_{IL} = 0.7 + 0.3 = 1$ V。而要使 VT_1 的集电结、VT_2 和 VT_5 的发射结同时导通，V_{B1} 至少等于 2.1 V，因此，VT_2 和 VT_5 截止，$I_{C2} \approx 0$，虽然 V_{CC} 通过 R_2 向 VT_3 提供基极电流，但 R_2 中的电流很小，其两端的压降可忽略，故有 $V_{C2} = V_{CC} - U_{R_2} \approx 5$ V。该电压使 VT_3 和 VT_4 导通，输出 Y 为高电平。其值为

$$u_O = U_{OH} = V_{C2} - U_{BE3} - U_{BE4} = 5 - 0.7 - 0.7 = 3.6 \, (V)$$

当 $u_O = U_{OH}$ 时，称与非门处于关闭状态。

2. 输入都为高电平时

当输入端 A、B 都接高电平 $U_{IH} = 3.6$ V 时，VT_1 的基极电位 V_{B1} 最高不会超过 2.1 V。因为此时电源 V_{CC} 通过 R_1 使 VT_1 的集电结、VT_2 和 VT_5 的发射结同时导通，将 V_{B1} 钳位在 $V_{B1} = U_{BC1} + U_{BE2} + U_{BE5} = 0.7 + 0.7 + 0.7 = 2.1$（V），由此可知，$VT_1$ 的所有发射结均截止。而 V_{CC} 通过 R_1、VT_1 的集电结向 VT_2 和 VT_5 提供足够大的电流，VT_2 和 VT_5 处于饱和状态，VT_2 的集电极电位为：$V_{C2} = U_{CE(sat)2} + U_{BE5} = 0.3$ V $+ 0.7$ V $= 1$ V。由于 R_5 的存在，VT_3 导通，而 VT_4 处于截止状态。在 VT_4 截止、VT_5 饱和的情况下，输出 Y 为低电平。其值为

$$u_O = U_{OL} = U_{CE(sat)5} = 0.3 \, (V)$$

当 $u_O = U_{OL}$ 时，称与非门处于开通状态。

综上所述，当输入端有低电平 0 时，输出为高电平（3.6 V）；当输入端都为高电平时，输出为低电平（0.3 V）。因此，该电路的输出与输入之间满足与非逻辑运算关系，其逻辑表达式为

$$Y = \overline{A \cdot B}$$

说明：TTL 电路的某输入端悬空时，通过分析可知，可以等效看作将该端接入逻辑高电平。但为了提高电路的抗干扰能力，应对输入端进行相应处理。

三、TTL 与非门的电气特性

1. 电压传输特性

TTL 与非门输出电压与输入电压之间关系的特性曲线称为电压传输特性。如图 6.4.2 所示，可将特性曲线划分为 4 段：AB、BC、CD、DE。

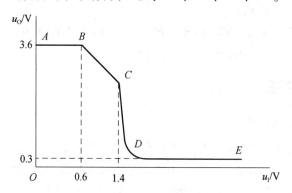

图 6.4.2　TTL 与非门的电压传输特性

（1）截止区：AB 段。

当输入 $u_I < 0.6$ V 时，VT_1 的基极电压 $V_{B1} < 0.6$ V + 0.7 V，VT_2、VT_5 均截止，VT_3、VT_4 导通，输出电压 $u_O = U_{OH} = 3.6$ V。

（2）线性区：BC 段。

当输入 0.6 V $\leqslant u_I < 1.4$ V 时，由于 VT_2 发射极通过电阻 R_3 接地，VT_2 导通，工作在放大区，但 VT_5 仍然截止，V_{C2} 随 u_I 增加而下降，经过 VT_3 和 VT_4 使输出 u_O 随输入 u_I 的增加而线性下降。

（3）转折区：CD 段。

当输入 $u_I \approx 1.4$ V 时，VT_5 开始导通并很快转为饱和，输出 u_O 急剧下降，迅速变为低电平。

（4）饱和区：DE 段。

当输入 $u_I > 1.4$ V 时，VT_2 和 VT_5 饱和，VT_3、VT_4 截止，输出电压 $u_O = U_{OL} = U_{CE(sat)5} = 0.3$ V。

2. 输入负载特性

将输入电压 u_I 随输入端对地外接电阻 R_I 变化的曲线，称为输入负载特性。

在实际应用中，经常会遇到输入端通过电阻接地的情况，等效电路如图 6.4.3（a）所示，图中 BE_2 和 BE_5 是三极管 VT_2 和 VT_5 发射结等效电路。在 VT_2 和 VT_5 导通以前，u_I 随电阻 R_I 的增大而上升，$u_I = \dfrac{V_{CC} - U_{BE1}}{R_1 + R_I} \cdot R_I$；当 R_I 增大使 $u_I = 1.4$ V 时，VT_1 的基极电位被钳位在 2.1 V，VT_2 和 VT_5 导通，输出 $u_O = U_{OL}$。此后，输入电压

u_I 不再随 R_I 增大而升高，u_I 随 R_I 变化的曲线如图6.4.3（b）所示。

由以上分析可知，改变输入对地所接电阻 R_I 的值，可改变电路的输出状态。使 TTL 与非门保持关闭，维持输出为高电平时 R_I 的最大值称为关门电阻，用 R_{OFF} 表示。只要 $R_I < R_{OFF}$，与非门便处于关闭状态。同样，使 TTL 与非门保持开通，维持输出为低电平时 R_I 的最小值称为开门电阻，用 R_{ON} 表示。只要 $R_I > R_{ON}$，与非门便处于开通状态。

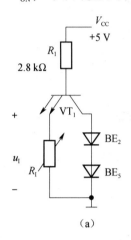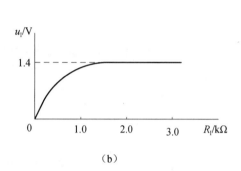

图6.4.3　TTL 与非门的输入负载特性

（a）电路图；（b）输入负载特性

3. 输出负载特性

输出负载特性是指描述输出电压 u_O 随负载电流 i_L 变化的特性曲线。

与非门电路输出端所带的负载通常为多个外接同类门电路，这类负载主要有两种形式：一类是负载电流流入与非门的输出端，称为灌电流负载；另一类是负载电流从与非门输出端流向外接负载，称为拉电流负载。

（1）输出为低电平的负载特性。

当输入都为高电平时，输出为低电平，这时 VT$_4$ 截止，VT$_5$ 饱和导通，各个外接负载门的输入低电平电流 I_{IL} 都流入 VT$_5$ 的集电极，称为灌电流。当外接负载门的数量增多时，流入 VT$_5$ 集电极的电流随之增大，与非门输出的低电平 U_{OL} 会稍有上升，只要不超过输出低电平允许的上限值 $U_{OL(max)}$，其正常逻辑功能不会被破坏。其输出为低电平的输出等效电路和输出负载特性曲线如图6.4.4所示。

（2）输出为高电平的负载特性。

当输入为低电平时，输出为高电平，这时 VT$_5$ 截止，VT$_4$ 饱和导通，与非门输出的高电平电流 I_{OH} 从输出端流向各个外接负载门，称为拉电流。当外接负载门的数量增多时，被拉出的电流随之增大，R_4 上的压降上升，与非门输出的高电平 U_{OH} 会随之下降，只要不低于输出高电平允许的下限值 $U_{OH(min)}$，其正常逻辑

功能不会被破坏。其输出为高电平的输出等效电路和输出负载特性曲线如图 6.4.5 所示。

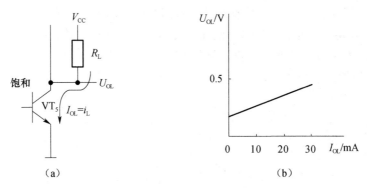

（a）

（b）

图 6.4.4 输出低电平的等效电路和输出负载特性曲线

（a）输出等效电路；（b）输出负载特性曲线

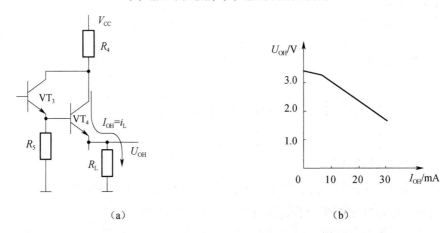

（a）

（b）

图 6.4.5 输出高电平的等效电路和输出负载特性曲线

（a）输出等效电路；（b）输出负载特性曲线

四、TTL 与非门的主要参数

1. 阈值电压 U_{TH}

电压传输特性曲线转折区对应的输入电压称为阈值电压，用 U_{TH} 表示。典型 TTL 与非门的 $U_{TH} \approx 1.4$ V。在近似分析时可认为：当 $u_I > U_{TH}$ 时，与非门开通，输出为低电平；当 $u_I < U_{TH}$ 时，与非门关闭，输出为高电平。

2. 开门电压 U_{ON} 和关门电压 U_{OFF}

U_{ON} 指在额定负载下，使电路的输出达到标准低电平时，允许输入高电压的最小值。U_{OFF} 指在额定负载下，使电路的输出达到标准高电平时，允许输入低电压的最大值。

一般情况下，典型 TTL 与非门 $U_{OFF} = 0.8$ V，$U_{ON} = 1.8$ V。也就是说当输入电压受到干扰而使高电平下降或使低电平上升时，只要高电平不下降到 1.8 V 以下，低电平不上升到 0.8 V 以上，门电路仍能正常工作。

3. 输出高电平 U_{OH} 和输出低电平 U_{OL}

与非门至少有一个输入端接低电平时的输出电压称为输出高电平 U_{OH}。一般在 2.4 ~ 3.6 V，典型值约为 3.6 V。与非门所有输入端接高电平时的输出电压称为输出低电平 U_{OL}。一般在 0 ~ 0.5 V，典型值约为 0.3 V。

注意：不同型号的 TTL 与非门，其内部结构有所不同，故其 U_{OH} 和 U_{OL} 也不一样；即使同一个与非门，其 U_{OH} 和 U_{OL} 也随负载的变化表现出不同的值。

4. 平均传输延迟时间 t_{pd}

平均传输延迟时间 t_{pd} 是一个反映门电路工作速度的重要参数。当输入脉冲信号时，由于三极管内部存储电荷的积累和消散都需要一定的时间等因素，其输出脉冲波形 u_O 比输入波形延迟了一定的时间，如图 6.4.6 所示。

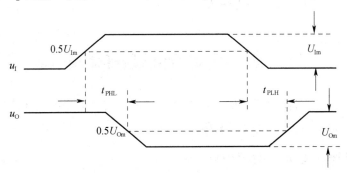

图 6.4.6 TTL 与非门的传输延迟时间

从输入 u_I 波形上升沿的 $0.5U_{Im}$ 处到输出 u_O 波形下降沿的 $0.5U_{Om}$ 处之间的时间，称为导通延迟时间，用 t_{PHL} 表示。从输入 u_I 波形下降沿的 $0.5U_{Im}$ 处到输出 u_O 波形上升沿的 $0.5U_{Om}$ 处之间的时间，称为截止延迟时间，用 t_{PLH} 表示。平均传输延迟时间 t_{pd} 为 t_{PHL} 和 t_{PLH} 的平均值

$$t_{pd} = \frac{t_{PHL} + t_{PLH}}{2} \tag{6.4.1}$$

平均传输延迟时间越小，门电路的响应速度越快，其工作频率也越高。

5. 噪声容限 U_N

噪声容限表示门电路的抗干扰能力，是指门电路在输入电平上允许叠加多大的噪声电压下仍能正常工作。

输入高电平噪声容限 U_{NH} 是指输出为额定低电平时，允许在输入高电平上叠加的最大负向噪声电平，用 U_{NH} 表示，$U_{NH} = U_{IH} - U_{ON}$。

其中，U_{IH} 为输入高电平的标准值，TTL 典型值为 3 V；U_{ON} 为开门电压。

输入低电平噪声容限 U_{NL} 是指输出为额定高电平时，允许在输入低电平上叠加的最大正向噪声电平，用 U_{NL} 表示，$U_{NL} = U_{OFF} - U_{IL}$。

其中，U_{IL} 为输入低电平的标准值，TTL 典型值为 0.3 V；U_{OFF} 为关门电压。

6. 扇入系数 N_I 与扇出系数 N_O

扇入系数 N_I 是门电路的输入端数，一般 $N_I \leqslant 5$。

扇出系数 N_O 是在保证门电路输出正确逻辑电平和不出现过功耗的前提下，其输出端允许连接的同类门电路的输入端数。一般 $N_O \geqslant 8$，N_O 越大，表示带负载的能力越强。如用 $I_{O(max)}$ 表示驱动门的最大允许输出电流，用 I_I 表示负载门的输入电流，则 $N_O = \dfrac{I_{O(max)}（驱动门）}{I_I（负载门）}$。

注意：如果输出高电平扇出系数 $N_{OH} = \dfrac{I_{OH(max)}}{I_{IH}}$ 和输出低电平扇出系数 $N_{OL} = \dfrac{I_{OL(max)}}{I_{IL}}$ 不等时，常取二者中的最小值。

6.4.2　TTL 与非门改进电路

上述 TTL 门电路在实际中仍存在不足，为了提高开关速度、降低功耗、增强抗干扰能力，出现了一系列改进电路。

一、肖特基系列与非门电路

为提高电路的开关速度，需要设法降低三极管的饱和深度，使其工作在浅饱和状态。为此，在 CT74S 肖特基系列与非门电路中采用了抗饱和三极管（除了 VT_4 外）和有源泄放回路，电路如图 6.4.7 所示。

和 CT74H 标准系列与非门相比，肖特基系列主要有以下优点：

（1）采用了肖特基抗饱和三极管，降低了 VT_2 和 VT_5 管的饱和深度，从而提高了 TTL 与非门的速度。

（2）采用了由 VT_6、R_3、R_6 构成的有源泄放回路，在 VT_2 由截止变为导通的瞬间，由于 R_3 的存在，VT_2 发射极电流绝大部分流入 VT_5 的基极，使 VT_5 优于 VT_6 导通，从而缩短了开通时间。而在 VT_5 导通后，VT_6 接着导通，分流了 VT_5 部分基极电流，使 VT_5 工作在浅饱和状态，这也有利于缩短 VT_5 由导通变为截止的转换时间。同时，VT_2 由导通变为截止后，由于 VT_6 仍处于导通状态，为 VT_5 基区存储电荷的泄放提供了低阻通路，加速了 VT_5 的截止，从而提高了工作速度。

（3）因有源泄放回路的存在，VT_2 只有在 VT_5、VT_6 发射结导通时才会导通，故不存在 VT_2 先于 VT_5 导通的线性区，从而改善了电压传输特性。

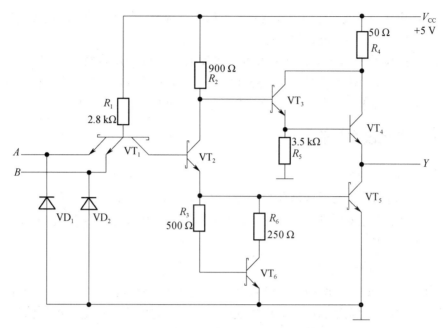

图 6.4.7 CT74S 肖特基系列与非门电路

二、低功耗肖特基与非门电路

图 6.4.8 所示为 CT74LS 低功耗肖特基系列与非门，它有如下特点：

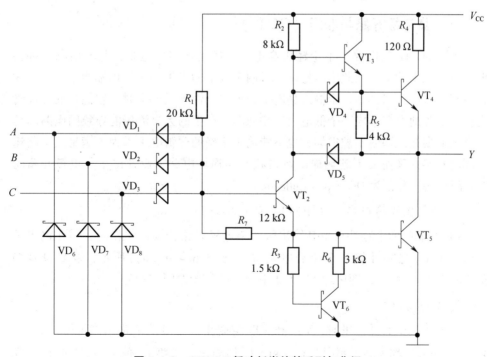

图 6.4.8 CT74LS 低功耗肖特基系列与非门

（1）功耗低。因为电路中各电阻的阻值大幅提高，同时，将 R_5 直接接到输出端，从而降低了整个电路的功耗。

（2）提高了工作速度。将输入级的多发射极三极管用肖特基二极管代替，使输入响应速度增快；同时，在中间级和输出级并接了 VD_4、VD_5 两个肖特基二极管，为 VT_2 和 VT_5 提供了低阻的泄放回路，从而提高了工作速度。

三、其他改进与非门

1. ECL 门电路

ECL 门电路又称为射极耦合逻辑门电路，该类门电路中三极管都工作在非饱和状态，故工作速度很高，它的主要缺点是制造工艺要求高、功耗大。常用于超高速数字系统中。

2. I^2L 门电路

I^2L 门电路又称为集成注入逻辑门电路，这种电路结构简单、易于实现高集成度，主要用在大规模和超大规模集成电路中。但它的高、低电平电压值很小，抗干扰能力差，工作速度低。

6.4.3　其他功能的 TTL 门电路

一、集电极开路与非门（OC 门）

一般的 TTL 门电路，不论输出高电平，还是输出低电平，其输出电阻都很低，只有几十欧姆，因此不能把两个或两个以上的 TTL 门电路的输出端直接并联在一起。否则，当其中一个输出高电平，另一个输出低电平时，它们中的导通管会在电源和地之间形成一个低电阻串联通路，产生的大电流可能导致门电路因功耗过大而损坏。即使不被损坏，也不能输出正确的逻辑电平。为了满足门电路输出端能直接并联而又不破坏输出逻辑状态和损坏电路，设计出了集电极开路的 TTL 门电路，又称为 OC(Open Collector) 门。

1. 集电极开路与非门（OC 门）的电路结构

OC 与非门的电路特点是其输出管的集电极开路，故在工作时，需在输出端 Y 和电源 V_{CC} 之间外接一个负载电阻 R_L，如图 6.4.9（a）所示，逻辑符号如图 6.4.9（b）所示，图中 "◇" 为集电极开路门的总限定符号。

2. 工作原理

当输入端中有低电平时，VT_2 和 VT_5 均截止，输出端 Y 输出高电平，$U_{OH} \approx V_{CC}$。当输入端都为高电平时，VT_2 和 VT_5 均导通，只要 R_L 值适当，VT_5 可达到饱和，使 Y 输出低电平，$U_{OL} \approx 0.3$ V。

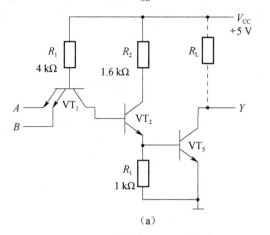

图6.4.9 集电极开路与非门及其逻辑符号

（a）电路图；（b）逻辑符号

可见，OC 门接上外接电阻后，具有与非门的功能。其外接电阻 R_L 的大小影响其开关速度，其值越大，速度越低，故 OC 门只适用于开关速度要求不高的场合。

3. OC 门的应用

（1）实现线与逻辑。将两个或多个 OC 门输出端连在一起可实现线与功能。如图 6.4.10 所示为两个 OC 门输出端相连后经电阻 R_L 接电源 V_{CC} 实现线与的电路，图中输出端相连接处的矩形框为线与功能的图形符号。由图可以看出，$Y_1 = \overline{AB}$，$Y_2 = \overline{CD}$，当 Y_1 和 Y_2 中有低电平时，输出 $Y = 0$；只当 Y_1 和 Y_2 都为高电平时，输出 $Y = 1$。故其表达式为

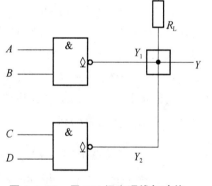

图6.4.10 用 OC 门实现线与功能

$$Y = Y_1 \cdot Y_2 = \overline{AB} \cdot \overline{CD} = \overline{AB + CD} \qquad (6.4.2)$$

由上式可知，两个 OC 与非门线与连接后，可实现与或非逻辑功能。

（2）实现电平转换。由 OC 与非门的工作原理可知：当输入端都为高电平时，输出的低电平 $U_{OL} \approx 0.3$ V；当输入端中有低电平时，输出的高电平 $U_{OH} \approx V_{CC}$。所以，选择用不同的电源电压 V_{CC}，可使输出的高电平适应下一级电路对高电平的要求，只要 OC 与非门输出管的集 – 射反射击穿电压 $U_{BR(CEO)} > V_{CC}$ 即可，从而实现电平转换。OC 门的这一特性，被广泛用于数字系统的接口电路，实现前后级的电平匹配。

（3）驱动非逻辑负载。图 6.4.11（a）所示为用 OC 门驱动发光二极管的电路。

当输入都为高电平时输出低电平，LED 导通发光；当输出为高电平时 LED 截止熄灭。

如图 6.4.11（b）所示为用 OC 门驱动继电器的电路。图中二极管的作用是保护 OC 与非门的输出管不被击穿。

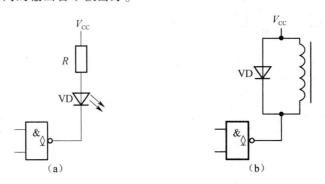

图 6.4.11　用 OC 门驱动发光二极管和继电器的电路

（a）驱动发光二极管电路；（b）驱动继电器电路

（4）实现总线传输。用 OC 门实现多路信号在总线上的分时传输如图 6.4.12 所示，图中 D_1、D_2、$\cdots$、D_n 为所需要传送的数据，E_1、E_2、$\cdots$、E_n 为各 OC 门的选通信号。若 $E_1 = 1$，$E_2 = \cdots = E_n = 0$ 时，$Y_1 = \overline{D_1}$，$Y_2 = \cdots = Y_n = 1$，则总线上的数据为：$Y = Y_1 \cdot Y_2 \cdot Y_3 \cdots Y_n = \overline{D_1} \cdot 1 \cdot 1 \cdots 1 = \overline{D_1}$。总线上的数据可以同时被所有的负载门接收，也可以在选通信号控制下，让指定的负载门接收。

二、三态输出门 （TSL 门）

三态门是指不仅可以输出高电平、低电平两个状态，还可以输出高阻状态的门电路，又称 TSL 门。三态门是数字系统在采用总线结构时对接口电路提出的要求。

图 6.4.12　用 OC 门实现总线传输

1. 三态输出门的电路结构

图 6.4.13（a）所示为三态与非门电路，与图 6.4.1 相比，增加了 R_6、VT_6、VD。$\overline{EN}$ 为控制端，又称为使能端，逻辑符号如图 6.4.13（b）所示，图中 "∇" 为三态输出门的总限定符号。

2. 工作原理

当 $\overline{EN} = 0$ 时，三极管 VT_6 截止，其集电极电位 V_{C6} 为高电平，使 VT_1 中与 VT_6 集电极相连的发射结也截止，同时 VD 也截止。此时三态门与普通与非门完全一样，完成与非功能，$Y = \overline{A \cdot B}$，电路处于工作状态。

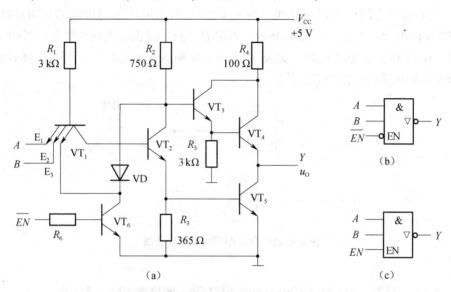

图 6.4.13　三态输出与非门及其逻辑符号

（a）电路图；（b）$\overline{EN} = 0$ 有效的逻辑符号；（c）$EN = 1$ 有效的逻辑符号

当 $\overline{EN} = 1$ 时，三极管 VT_6 饱和导通，其集电极电位 $V_{C6} = 0.3$ V，VD 导通，使 $V_{C2} = 0.3 + 0.7 = 1(V)$，三极管 VT_4 截止。同时，V_{C6} 使 VT_1 发射极之一为低电平，VT_1 的基极电位 $V_{B1} = 0.3 + 0.7 = 1(V)$，$VT_2$ 和 VT_5 均截止。因而输出端相当于悬空或开路，这时三态门相对于负载呈高阻状态，称为悬浮状态或禁止状态。三态门在禁止状态下，与负载无信号联系，不产生任何逻辑功能。

图 6.4.13（b）所示的三态门，当 $\overline{EN} = 0$ 时，三态门处于工作状态，当 $\overline{EN} = 1$ 时，三态门处于禁止状态，称为低电平有效的三态门。图 6.4.13（c）所示的三态门，当 $EN = 1$ 时，三态门处于工作状态，当 $EN = 0$ 时，三态门处于禁止状态，称为高电平有效的三态门。

3. 三态输出门的应用

（1）用三态门构成单向总线。在数字系统中，为了减少连线的数量，往往希望在同一根导线上采用分时传送多路不同信息，可采用三态门来实现。

如图 6.4.14 所示电路中，只要在三态门的控制端 EN_1、EN_2、EN_3 上轮流加上有效高电平，且任何时刻只有一个三态门处于工作状态，其余三态门输出为高阻状态，则各

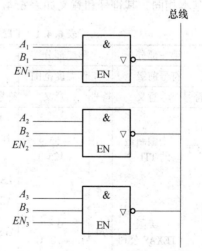

图 6.4.14　用三态门构成单向总线

三态门输出的信号便轮流送到总线上，而且这些输出信号不会产生相互干扰。

（2）用三态门构成双向总线。图 6.4.15 所示为用三态门构成的双向总线。当 $EN = 1$ 时，G_1 工作，G_2 输出高阻，数据 D_0 经 G_1 反相后送到总线上；当 $EN = 0$ 时，G_2 工作，G_1 输出高阻，数据 D_1 经 G_2 反相后送到总线上。可见，通过控制 EN 的值可实现数据的双向传输。

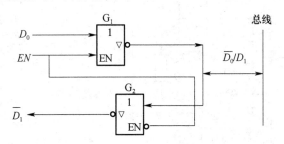

图 6.4.15　用三态门构成双向总线

6.4.4　TTL 集成电路产品简介

将若干个门电路制作在同一芯片上，加上封装，引出引脚，便可构成 TTL 集成门电路。根据其内部所含门的个数、输入端的个数、工作速度等，可分为多种型号。

一、TTL 器件型号组成的符号及意义

我国 TTL 门电路产品型号命名由 5 部分组成，与美国 TEXAS 公司所规定的基本相同，其符号和意义如表 6.4.1 所示。

表 6.4.1　TTL 器件型号组成的符号及意义

第一部分		第二部分		第三部分		第四部分		第五部分	
符号前级		工作温度范围		器件系列		器件品种		封装形式	
符号	意义	符号	意义	符号	意义	符号	意义	符号	意义
CT	中国制造的 TTL 类	54	$-55 \sim$ $+125$ ℃	H S LS AS ALS FAS	标准 高速 肖特基 低功耗肖特基 先进肖特基 先进低功耗肖特基 快捷肖特基	阿拉伯数字	器件功能	W B F D P J	陶瓷扁平 塑封扁平 全密封扁平 陶瓷双列直插 塑料双列直插 黑陶瓷双列直插
SN	美国 TEXAS 公司	74	$0 \sim$ $+70$ ℃						

CT 的含义是：C 为 CHINA 的缩写，T 表示 TTL 电路，故 CT 表示在中国生

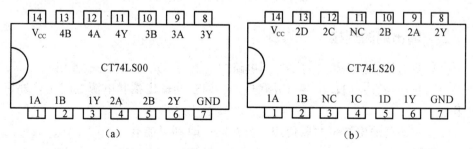

产的 TTL 电路。例如，CT74LS00F 各部分的意义分别为：第一部分 CT 表示中国制造的 TTL 器件；第二部分 74 表示工作温度范围为 0 ~ +70 ℃；第三部分 LS 表示低功耗肖特基系列；第四部分 00 表示为四 – 二输入与非门；第五部分 F 表示封装形式为全密封扁平封装。

二、TTL 各系列集成门电路主要性能指标

我国 TTL 集成门电路目前有 CT54/74（普通）、CT54/74H（高速）、CT54/74S（肖特基）、CT54/74LS（低功耗肖特基）等 4 个系列国家标准的集成门电路。它们的主要性能见表 6.4.2。在 TTL 门电路中，只要器件名相同，器件功能就相同，只是性能不同。

表 6.4.2　TTL 各系列集成门电路主要性能指标

参数名/电路型号	CT74 系列	CT74H 系列	CT74S 系列	CT74LS 系列
电源电压/V	5	5	5	5
$U_{OH(min)}$/V	2.4	2.4	2.5	2.5
$U_{OL(max)}$/V	0.4	0.4	0.5	0.5
逻辑摆幅/V	3.3	3.3	3.4	3.4
每门功耗/mW	10	22	19	2
传输延迟时间/ns	10	6	3	9.5
最高工作频率/MHz	35	50	125	45
扇出系数	10	10	10	10
抗干扰能力	一般	一般	好	好

三、几种常见 TTL 集成门

74LS00、74LS10、74LS20、74LS30 是几种常见的中小规模 TTL 门电路，它们的逻辑功能分别是：四 – 二输入与非门、三 – 三输入与非门、二 – 四输入与非门、八输入与非门。其中 74LS00 由 4 个二输入端的与非门构成，GND、V_{CC} 分别为接地端和电源端，引脚排列图如图 6.4.16（a）所示。74LS20 由 2 个四输入端

图 6.4.16　CT74LS00、74LS20 引脚图

（a）CT74LS00 引脚图；（b）CT74LS20 引脚图

的与非门构成，引脚排列图如图6.4.16（b）所示。

6.4.5　TTL集成门电路使用注意事项

一、闲置输入端的处理

对TTL集成电路闲置输入端的处理以不改变电路逻辑状态和工作稳定性为原则，对闲置输入端一般不悬空，防止干扰信号输入。主要有以下几种方法，如图6.4.17所示。

（1）对与非门的闲置输入端可接在电源电压或通过1~10 kΩ的电阻接电源；当外界干扰很小时，与非门的闲置输入端可以剪断或悬空。

（2）对或非门的闲置输入端应接地或通过较小电阻接地。

（3）如果前级驱动能力允许，可将闲置输入端与有用输入端并联使用。

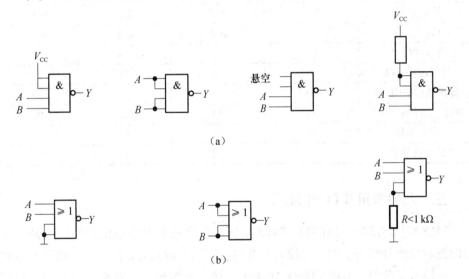

（a）

（b）

图6.4.17　闲置输入端的处理

（a）与非门闲置输入端的处理；（b）或非门闲置输入端的处理

二、输出端的连接

（1）具有推拉输出结构的TTL门电路的输出端不允许直接并联使用。

（2）集电极开路门输出端可并联使用，但公共输出端和电源之间应接外接电阻R_L。

（3）三态门输出端可并联使用，但在同一时刻只能有一个门工作，其他门处于高阻状态。

（4）输出端不允许直接接电源或接地。

（5）输出端所接负载，不能超过规定的扇出系数。

三、其他注意事项

（1）电源电压应满足在标准值范围：对于 54 系列取 $V_{CC} = 5\ V \pm 10\%$，74 系列取 $V_{CC} = 5\ V \pm 5\%$。

（2）电路连线尽量要短，接地线要好。

（3）焊接时间要短，温度不能太高。

6.5 CMOS 集成门电路

MOS 集成门电路是用 MOS 管作为开关元件的数字集成电路，它具有制造工艺简单、抗干扰能力强、功耗低、集成度高等优点，因此在大规模集成电路中有着广泛应用。MOS 门有 PMOS、NMOS 和 CMOS 3 种类型，其中 CMOS 电路又称为互补 MOS 电路，它是由 N 沟道和 P 沟道两种 MOSFET 组成的电路。

6.5.1 CMOS 反相器

一、电路组成

CMOS 反相器电路如图 6.5.1 所示，由两只增强型 MOS 管组成，其中 V_N 为 N 沟道结构，作为驱动管；V_P 为 P 沟道结构，作为负载管。两只 MOS 管的栅极连在一起作为输入端；它们的漏极连在一起作为输出端。为了电路能正常工作，要求电源电压 V_{DD} 大于两只 MOS 管的开启电压的绝对值之和，即 $V_{DD} > (U_{GS(th)N} + |U_{GS(th)P}|)$，且 $U_{GS(th)N} = |U_{GS(th)P}|$。

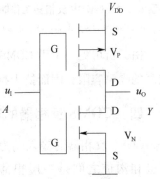

二、工作原理

（1）当输入电压为低电平，即 $u_I = 0\ V$ 时，由电路图可知，$u_{GSN} = (u_I - 0) = 0\ V < U_{GS(th)N}$，$V_N$

图 6.5.1 CMOS 反相器电路图

截止；而 $|u_{GSP}| = |u_I - V_{DD}| = |-V_{DD}| > |U_{GS(th)P}|$，$V_P$ 导通。输出 $u_O = V_{DD}$，其等效电路如图 6.5.2（a）所示。因为这时 V_N 工作在截止状态，通过两管的电流接近为 0，故电路的功耗很小（微瓦数量级）。

（2）当输入电压为高电平 $u_I = V_{DD}$ 时，由电路图可知，$u_{GSN} = (u_I - 0) = V_{DD} > U_{GS(th)N}$，$V_N$ 导通；而 $|u_{GSP}| = |u_I - V_{DD}| = 0\ V < |U_{GS(th)P}|$，$V_P$ 截止。输出 $u_O =$

0 V，其等效电路如图 6.5.2（b）所示。因为这时 V_P 工作在截止状态，通过两管的电流接近为 0，管耗很小。

由上分析可知，当输入 $A = 0$ 时，输出 $Y = 1$；当输入 $A = 1$ 时，输出 $Y = 0$。即该电路能实现非运算功能，因其输出信号与输入信号反相，又称为反相器，其逻辑表达式为

$$Y = \overline{A}$$

三、电压传输特性曲线

COMS 反相器的电压传输特性曲线如图 6.5.3 所示，由于 V_N 和 V_P 特性对称，其过渡区很窄，阈值电压 $U_{TH} \approx \dfrac{V_{DD}}{2}$。

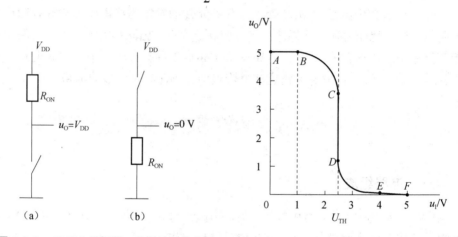

图 6.5.2　CMOS 反相器工作时的等效电路　**图 6.5.3　COMS 反相器的电压传输特性曲线**
（a）$u_I = 0$ V 时的等效电路；（b）$u_I = V_{DD}$ 时的等效电路

由分析可见，由于 COMS 反相器有接近理想开关的电压传输特性曲线，具有较高的噪声容限，因而抗干扰能力强。

四、COMS 反相器的输入保护电路

COMS 反相器的输入端为 MOS 管的栅极，在栅极和沟道之间是一层很薄的 SiO_2，极易被击穿，且输入电阻高达 10^{12} Ω 以上，输入分布电容为几个皮法，而电路在使用前输入端是悬空的，外界有很小的静电源，都会在输入端积累电荷而将栅极击穿。因此，常常在 CMOS 电路的输入端增加二极管保护电路，如图 6.5.4 所示，使输入引脚上的静电荷得以释放。MOS 管的栅极电位被

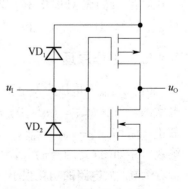

图 6.5.4　COMS 反相器的输入保护电路

钳位在 $-V_{D(on)} \sim (V_{DD} + V_{D(on)})$，使栅极的 SiO_2 层不会被击穿。

6.5.2 COMS 与非门和或非门电路

一、CMOS 与非门

1. 电路组成

图 6.5.5 所示为一个二输入端的 CMOS 与非门电路。图中 V_{N1} 和 V_{N2} 是两个串联的增强型 NMOS 管，作为驱动管；V_{P1} 和 V_{P2} 是两个并联的增强型 PMOS 管，作为负载管。其中 V_{N1} 和 V_{P1} 为一对互补管，它们的栅极作为输入端 A；V_{N2} 和 V_{P2} 也为一对互补管，它们的栅极作为输入端 B，输出端为 Y。

2. 工作原理

当输入 $A=0$，$B=0$ 时，V_{N1} 和 V_{N2} 均截止，V_{P1} 和 V_{P2} 均导通，输出 $Y=1$。

当输入 $A=0$，$B=1$ 时，V_{N1} 截止、V_{N2} 导通，V_{N1} 和 V_{N2} 的串联电路截止；V_{P1} 导通、V_{P2} 截止，V_{P1} 和 V_{P2} 的并联电路导通，输出 $Y=1$。

当输入 $A=1$，$B=0$ 时，V_{N1} 导通、V_{N2} 截止，V_{N1} 和 V_{N2} 的串联电路截止；V_{P1} 截止、V_{P2} 导通，V_{P1} 和 V_{P2} 的并联电路导通，输出 $Y=1$。

当输入 $A=1$，$B=1$ 时，V_{N1} 和 V_{N2} 均导通，V_{P1} 和 V_{P2} 均截止，输出 $Y=0$。

由上分析，电路的输出和输入为与非运算关系，表达式为

$$Y = \overline{AB}$$

二、CMOS 或非门

1. 电路组成

图 6.5.6 所示为一个二输入端的 CMOS 或非门电路。图中 V_{N1} 和 V_{N2} 是两个并

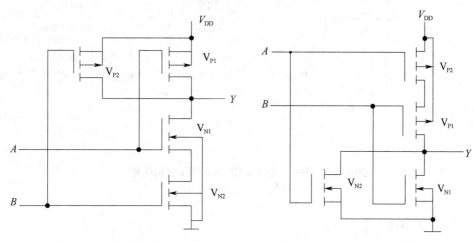

图 6.5.5　CMOS 与非门　　　　　　图 6.5.6　CMOS 或非门

联的增强型 NMOS 管，作为驱动管；V_{P1} 和 V_{P2} 是两个串联的增强型 PMOS 管，作为负载管。A、B 为输入端，Y 为输出端。

2. 工作原理

当输入 A、B 中有高电平 1 时，驱动管 V_{N1} 和 V_{N2} 中至少有一个是导通的，而负载管 V_{P1} 和 V_{P2} 中至少有一个是截止的，因此，输出 $Y = 0$。

当输入 A、B 均为低电平 0 时，并联的驱动管 V_{N1} 和 V_{N2} 同时截止，串联的负载管 V_{P1} 和 V_{P2} 同时导通，因此，输出 $Y = 1$。

由上分析，电路的输出和输入为或非运算关系，表达式为

$$Y = \overline{A + B}$$

6.5.3　其他功能的 CMOS 门电路

一、漏极开路 CMOS 门电路　（OD 门）

1. 电路组成

和 TTL 电路中的 OC 门一样，CMOS 门电路中也有漏极开路的门电路，简称 OD 门。如图 6.5.7 所示为漏极开路 CMOS 与非门的电路图和逻辑符号，OD 门工作时必须外接电阻 R_D 和电源 V_{DD}，否则电路不能工作。

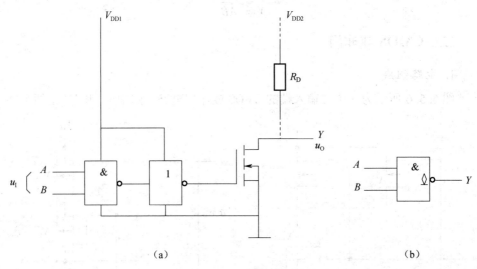

(a)　　　　　　　　　　　　　　　　　(b)

图 6.5.7　漏极开路 CMOS 与非门及逻辑符号

(a) 电路图；(b) 逻辑符号

2. 工作原理

当输入 A、B 均为高电平 1 时，MOS 管导通，输出为低电平。

当输入 A、B 至少有一个为低电平 0 时，MOS 管截止，输出为高电平。

当采用不同的电源电压时，OD 门可用来进行电平转换。该电路和 OC 门一样，还可用来实现线与和驱动非逻辑负载。

二、CMOS 三态门

1. 电路组成

图 6.5.8 所示为 CMOS 三态门的电路图和逻辑符号。A 为信号输入端，Y 为输出端，EN 为控制端。

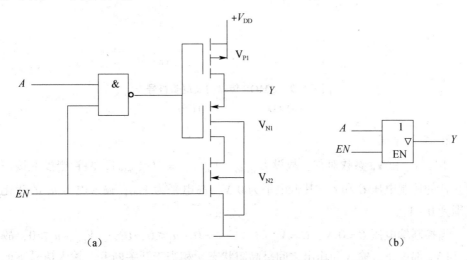

图 6.5.8 CMOS 三态门及逻辑符号

（a）电路图；（b）逻辑符号

2. 工作原理

当 $EN=1$ 时，V_{N2} 导通，V_{N1} 和 V_{P1} 组成的 CMOS 反相器处于工作状态，$Y=A$。

当 $EN=0$ 时，V_{N1} 导通，V_{N2} 和 V_{P1} 均截止，Y 对地和电源 V_{DD} 都断开，输出呈高阻状态。

三、CMOS 传输门

传输门（TG）的应用比较广泛，不仅可以作为基本单元电路构成各种逻辑电路，用于数字信号传输，而且在取样–保持电路、模/数和数/模转换等电路中传输模拟信号，因而又称为模拟传输开关。

1. 电路组成

CMOS 传输门由两个结构完全对称、参数一致的 P 沟道和 N 沟道增强型 MOS 管并联而成，图 6.5.9 所示为 CMOS 传输门的电路图和逻辑符号，两管的栅极分别由一对互补的信号 C 和 $\overline{C}$ 控制。MOS 管 V_N 和 V_P 的漏极和源极是可以互换的，因而传输门的输入和输出端可以互换使用，即为双向器件。

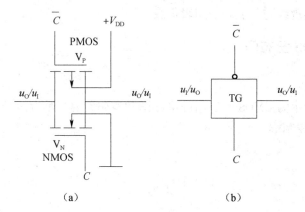

图 6.5.9 CMOS 传输门及逻辑符号

(a) 电路图；(b) 逻辑符号

2. 工作原理

由于 V_N 和 V_P 参数对称，故设 $U_{GS(th)} = U_{GS(th)N} = |U_{GS(th)P}|$，两管栅极上接一对互补的控制电压 C 和 $\overline{C}$，其低电平为 0 V，高电平为 V_{DD}，输入电压 u_I 的变化范围为 $0 \sim V_{DD}$。

当控制端电压 $C = 0$ V，$\overline{C} = V_{DD}$ 时，$U_{GSN} = 0 - u_I \leqslant 0$，$U_{GSP} = V_{DD} - u_I \geqslant 0$，故 V_N 和 V_P 都截止，输入和输出之间呈高阻状态，相当于开关断开，输入信号不能传输到输出端，传输门关闭。

当控制端电压 $C = V_{DD}$，$\overline{C} = 0$ V 时，由于 $U_{GSN} = V_{DD} - u_I$，$U_{GSP} = 0 - u_I$，如输入 0 V $\leqslant u_I \leqslant (V_{DD} - U_{GS(th)})$ 时，V_N 导通（V_P 在 u_I 的低段截止，高段导通），$u_O = u_I$；如输入 $U_{GS(th)} \leqslant u_I \leqslant V_{DD}$ 时，V_P 导通（V_N 在 u_I 的低段导通，高段截止），$u_O = u_I$。因此，当输入电压 u_I 在 $0 \sim V_{DD}$ 之间变化时，V_N 和 V_P 至少有一管导通，输出和输入之间呈现低阻，此时相当于开关闭合，$u_O = u_I$，传输门开通。

6.5.4 CMOS 集成电路产品简介及特点

目前普及的 CMOS 集成逻辑门器件主要有：CMOS4000 系列和 HCMOS74/54HC 系列。

一、CMOS4000 系列

CMOS4000 系列的工作电源电压范围为 3 ~ 15 V。由于功耗低、噪声容限大、扇出系数大等优点，使用较为普遍。但其工作频率低（最高工作频率不大于5 MHz），驱动能力差。

CMOS4000 系列门电路产品型号命名由 4 部分组成，其符号和意义如表 6.5.1 所示。

表 6.5.1　CMOS 器件型号组成的符号及意义

第一部分		第二部分		第三部分		第四部分	
产品制造单位		器件系列		器件品种		工作温度范围	
符号	意义	符号	意义	符号	意义	符号	意义
C	中国制造的 CMOS 类型	40	系列符号	阿拉伯数字	器件功能	C	0 ~ 70 ℃
CD	美国无线电公司产品	45				E	−40 ~ 85 ℃
TC	日本东芝公司产品	145				R	−55 ~ 85 ℃
						M	−55 ~ 125 ℃

二、高速 CMOS 电路系列

高速 CMOS 电路主要有 CC54 系列和 CC74 系列两大类，它们的主要区别是工作温度的不同。HCMOS 电路 54 系列更适合在温度恶劣的环境中工作，其温度范围为 − 55 ~ 125 ℃。而 74 系列则适合在常规条件下工作，其温度范围为 −40 ~ 85 ℃。

HCMOS 电路 74 系列中的 74HCT 和 74ACT 系列可直接与 TTL 相兼容，它的功能及引脚设置均与 TTL74 系列一致。此系列器件型号组成的符号及意义参照表 6.4.1。

三、CMOS4000 系列和 HCMOS 系列的比较

CMOS4000 系列和 HCMOS 系列的主要性能参数见表 6.5.2。

表 6.5.2　CMOS4000 系列和 HCMOS 系列的主要性能参数

系列名称 / 参数名	CMOS4000 系列	HCMOS 系列 54/74HC
电源电压/V	5	5
每门功耗/mW	5×10^{-3}	3×10^{-3}
传输延迟时间/ns	45	8
最高工作频率/MHz	5	50
噪声容限/V	2	2
输出电流/mA	0.51	4
输入电阻/Ω	10^{12}	10^{12}

可见，HCMOS 系列比 CMOS4000 系列具有更高的工作频率和更强的输出驱动负载的能力，同时还保留了低功耗、抗干扰能力强等优点，是一种很有发展前景的 CMOS 器件。

四、CMOS 集成电路的特点 （与 TTL 比较）

（1）功耗极低。静态时，负载管和驱动管总是一个导通，一个截止，其电流很小，故静态功耗小。

（2）抗干扰能力强。其噪声容限可达 $1/3\ V_{DD}$，而 TTL 的噪声容限只有 0.5 V 左右。

（3）电源电压范围宽。为 3～20 V，不同系列的产品，其电源值略有差别。

（4）输入阻抗高。因为 MOS 管采用绝缘栅极，其输入电阻可达 $10^{12}\ \Omega$。

（5）输出电平摆幅大。因为 $U_{OH} \approx V_{DD}$，$U_{OL} \approx 0$ V，所以输出电平摆幅 $\Delta U = U_{OH} - U_{OL} \approx V_{DD}$，而 TTL 的摆幅只有 3 V 左右。

（6）扇出系数大。CMOS 电路的扇出系数大是由于其负载门的输入阻抗很高，所需驱动电流极小，并非 CMOS 电路的驱动能力比 TTL 强。

（7）集成度高。CMOS 电路功耗小，内部发热量小，其集成密度可大大提高。

（8）工作速度稍低。其导通电阻、输入电容均比 TTL 大，但 HCMOS 的速度已非常接近 TTL 门。

（9）温度稳定性好。由于是互补对称结构，其参数有补偿作用，受温度影响不大。

（10）抗辐射能力强。MOS 管靠多数载流子导电，而射线辐射对多数载流子影响不大，故特别适合用于航天、卫星及核能装置中。

（11）电路结构简单。电路结构简单，且工艺容易（集成电路中做一个 MOS 管比做一个电阻容易，而且芯片面积小），故成本低。

6.5.5　CMOS 集成门电路使用注意事项

TTL 电路的使用注意事项，一般对 CMOS 也适用。但因 CMOS 的栅极易击穿，所以应特别注意。

一、闲置输入端的处理

（1）闲置输入端不允许悬空。

（2）对于与门和与非门，闲置输入端接高电平或正电源；对于或门和或非门的闲置输入端接低电平或接地。

（3）可与使用输入端并联使用，但这样会增大输入电容，使速度下降，因此工作频率高时不宜这样用。

二、输出端的连接

（1）输出端不允许直接与 V_{DD} 或地（V_{SS}）相连，否则会使输出级的 NMOS 或 PMOS 管可能因电流过大而损坏。

（2）为提高电路的驱动能力，可将同一集成芯片相同门电路的输入端、输出端并联使用。

（3）当 CMOS 电路输出端接大容量的负载电容时，流过管子的电流很大，可能损坏管子，故应在输出端和电容间串联一个限流电阻，以保护输出管。

三、其他注意事项

（1）注意不同系列 CMOS 电路允许的电源电压范围不同，一般多用 +5 V。电源电压越高，抗干扰能力也越强。其中 CMOS4000 系列的电源可在 3～15 V 的范围选择，最高不超过极限值 18 V；HCMOS 电路的 HC 系列电源可在 2～6 V 的范围选择，HCT 系列电源可在 4.5～5.5 V 的范围选择，最高不超过 7 V。

（2）正确供电，芯片的 V_{DD} 接电源正极，V_{SS} 接电源负极（通常接地），不允许接反，否则将使芯片损坏。

（3）在连接电路、拔插电路元器件时必须切断电源，严禁带电操作。

（4）注意静电防护，预防栅极击穿损坏。存放、运输 CMOS 器件，最好用金属容器，防止外来感应电荷将栅极击穿。

6.5.6　TTL 与 CMOS 电路的连接

在数字系统中，当 TTL 和 CMOS 两种电路同时使用时，需要正确处理好它们之间的相互连接。由图 6.5.10 可知，无论用 TTL 驱动 CMOS 电路还是用 CMOS 驱动 TTL 电路，驱动门必须能为负载门提供合乎标准的高、低电平和足够的驱动电流，也就是驱动门的 U_{OH}、U_{OL}、I_{OH}、I_{OL} 和负载门的 U_{IH}、U_{IL}、nI_{IH}、nI_{IL} 必须满足下列各式：

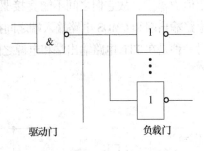

图 6.5.10　驱动门与负载门的连接

$$U_{OH} \geqslant U_{IH} \tag{6.5.1}$$
$$U_{OL} \leqslant U_{IL} \tag{6.5.2}$$
$$I_{OH} \geqslant nI_{IH} \tag{6.5.3}$$
$$I_{OL} \geqslant nI_{IL} \tag{6.5.4}$$

其中，n 为负载电流中 I_{IH} 或 I_{IL} 的个数。

一、用 CMOS 电路驱动 TTL 电路

用 CMOS 电路驱动 TTL 电路时，CMOS 电路输出的高低电平都满足要求，但 CMOS 电路的驱动电流较小，对 TTL 电路的驱动能力有限。可用以下两种方法来实现：一种将同一芯片上的多个 CMOS 电路并联作为驱动门，如图 6.5.11（a）所示；另一种是在 CMOS 电路输出端和 TTL 电路输入端之间接入 CMOS 驱动器（即 CMOS 接口电路），如图 6.5.11（b）所示。

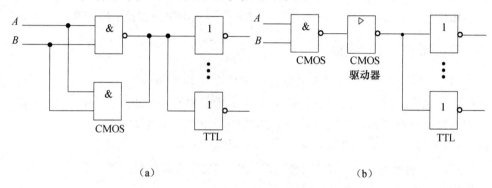

（a）   （b）

图 6.5.11　用 CMOS 电路驱动 TTL 电路

（a）驱动门并联；（b）采用 CMOS 驱动器

二、用 TTL 电路驱动 CMOS 电路

用 TTL 电路驱动 CMOS 电路时，TTL 电路的驱动电流较大，满足对 CMOS 电路的驱动要求。但 TTL 电路输出高电平的下限值 $U_{OH(min)}$ 小于 CMOS 电路输入高电平的下限值 $U_{IH(min)}$，故它们之间不能直接驱动。可用以下两种方法来实现：一种是在 TTL 电路输出端和 CMOS 电路输入端之间接入 CMOS 电平转换器，如图 6.5.12（a）所示；另一种是在 TTL 电路输出端和电源之间接一上拉电阻，如图 6.5.12（b）所示。

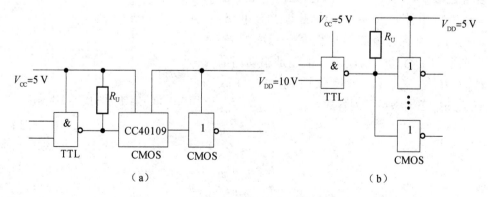

（a）   （b）

图 6.5.12　用 TTL 电路驱动 CMOS 电路

（a）采用 CMOS 电平转换器；（b）接上拉电阻

需要说明的是：有些 CMOS 电路和 TTL 电路性能兼容，可以直接连接，不需要外加元件和器件。如高速 CMOS 电路 HCMOS74 系列中的 74HCT 和 74ACT 系列与 TTL 相兼容，可直接将驱动门的输出端与负载门的输入端相连。

本章小结 <<<

（1）逻辑门电路是数字电路的基本单元电路。本章从分立元件基本逻辑门入手，重点介绍了集成逻辑门电路。

（2）数字电路中，半导体器件都工作在开关状态。利用半导体器件的开关特性，可以构成与门、或门、非门、与非门、或非门、与或非门、异或门等各种逻辑门电路，也可以构成在电路结构和特性两方面都别具特色的三态门、OC 门、OD 门和传输门。

（3）分立元件基本逻辑门电路结构简单，使用灵活、方便，它是理解基本逻辑门电路的基础。随着集成电路技术的飞速发展，分立元件的数字电路已被集成电路所取代。

（4）TTL 集成逻辑门电路是产生较早，至今仍广泛使用的集成逻辑门，它的优点是工作速度快，带负载能力强，缺点是功耗较大。要了解 TTL 电路的内部结构，掌握逻辑功能及外特性，并会熟练使用。

（5）CMOS 集成逻辑门具有制造工艺简单、功耗小、输入阻抗高、集成度高、电源电压范围宽等优点，其主要缺点是工作速度稍低。但随着集成工艺的不断改进，其 HC 系列和 HCT 系列 CMOS 电路的工作速度已有了大幅度提高，目前被广泛应用。

（6）应用集成门电路时，应注意：电源电压的正确使用、输出端的连接、闲置输入端的处理、TTL 与 CMOS 电路的驱动等问题。

习 题 <<<

6.1 在习题图 6.1（a）、（b）两个电路中，试计算当输入端分别接 0 V、5 V 和悬空时输出电压 u_0 的数值，并指出三极管工作在什么状态。假定三极管导通以后 $U_{BE} \approx 0.7\ V$，电路参数如图中所注。

6.2 试说明在下列情况下，用万用表测量习题图 6.2 的 u_{i2} 端得到的电压各为多少？图中的与非为 74 系列的 TTL 电路，万用表使用 5 V 量程，内阻为 20 kΩ/V。

（1）u_{I1}悬空；

（2）u_{I1}接低电平（0.2 V）；

（3）u_{I1}接高电平（3.2 V）；

（4）u_{I1}经51 Ω电阻接地；

（5）u_{I1}经10 kΩ电阻接地。

6.3　若将题6.2中的与非门改为74系列TTL或非门，试问在上列五种情况下测得的u_{I2}各为多少？

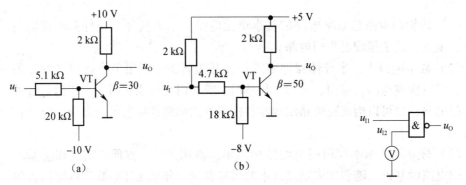

习题图6.1　习题6.1图　　　　**习题图6.2　习题6.2图**

6.4　在CMOS电路中有时采用习题图6.4（a）~（d）所示的扩展功能用法，试分析各图的逻辑功能，写出Y_1~Y_4的逻辑式。已知电源电压$V_{DD}=10$ V，二极管的正向导通压降为0.7 V。

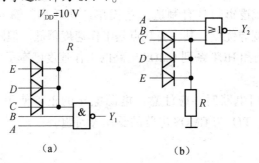

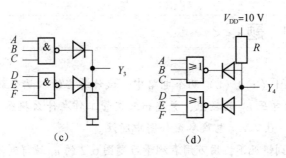

习题图6.4　习题6.4图

6.5 习题图 6.5 是由 74 系列 TTL 与非门组成的电路，试计算门 G_m 能驱动多少同样的与非门。要求 G_m 输出的高、低电平满足 $U_{OH} > 3.2\ V$，$U_{OL} \leqslant 0.4\ V$。与非门的输入电流为 $I_{IL} \leqslant -16\ mA$，$I_{IH} \leqslant 40\ \mu A$，$U_{OL} \leqslant 0.4\ V$ 时输出电流最大值为 $I_{OL(max)} = 16\ mA$，$U_{OH} > 3.2\ V$ 时输出电流最大值为 $I_{OH(max)} = -0.4\ mA$。G_m 的输出电阻可忽略不计。

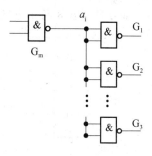

习题图 6.5 习题 6.5 图

6.6 试说明下列各种门电路中哪些可以将输出端并联使用（输入端的状态不一定相同）。

(1) 具有推拉式输出级的 TTL 电路；

(2) TTL 电路的 OC 门；

(3) TTL 电路的三态输出门；

(4) 普通的 CMOS 门；

(5) 漏极开路输出的 CMOS 门；

(6) CMOS 电路的三态输出门。

6.7 判断习题图 6.7 所示各电路能否按各图所要求的逻辑关系正常工作。若不能，说明理由，并指出如何修改，才能实现电路要求的功能。

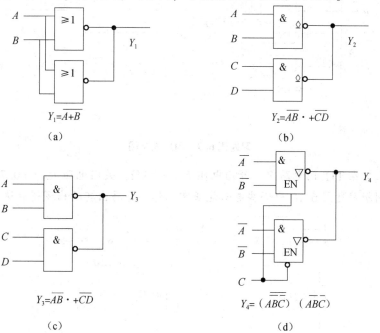

习题图 6.7 习题 6.7 图

(a) TTL 或 CMOS 门；(b) TTL OC 门；(c) TTL 或 CMOS 门；(d) TTL 三态门

6.8 如习题图 6.8 所示电路中，试根据输入波形画出输出波形。

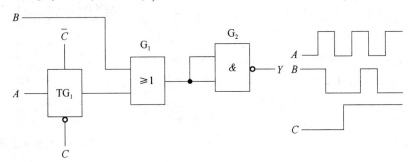

习题图 6.8 习题 6.8 图

6.9 如习题图 6.9（a）所示的三态输出门电路中，输入波形如习题图 6.9（b）所示，试画出 Y_1 和 Y_2 的波形。

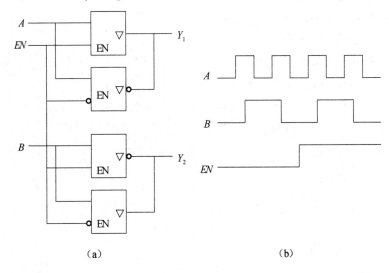

（a）　　　　　　　　　　（b）

习题图 6.9 习题 6.9 图

6.10 已知在 TTL 门电路中，开门电阻 $R_{ON} = 2\ k\Omega$，关门电阻 $R_{OFF} = 0.7\ k\Omega$，试判断习题图 6.10 中哪些电路能正常工作，并写出其输出逻辑表达式。

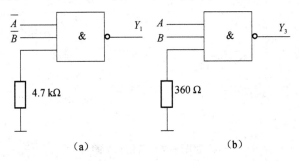

（a）　　　　　　　　　　（b）

习题图 6.10 习题 6.10 图

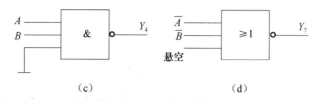

（c） （d）

习题图 6.10 习题 6.10 图（续）

6.11 由 OC 门组成的电路，输入 A、B 与输出 Y 的波形图如习题图 6.11 所示，请写出函数的表达式，并用最少的 OC 门实现它，画出逻辑电路图。

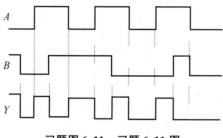

习题图 6.11 习题 6.11 图

第7章 脉冲波形的变换与产生

本章要点

- 脉冲波形的变换电路：施密特触发器和单稳态触发器
- 脉冲波形的产生电路：多谐振荡器
- 555 定时器的结构、原理及应用
- 常用脉冲波形的变换与产生对应集成电路的应用

本章难点

- 555 定时器的应用
- 常用集成电路的应用

微课 555 定时器

7.1 概　述

在数字系统中，常常要用到各种脉冲波形，例如计数器的输入时钟脉冲、控制过程中的定时信号等。这些脉冲波形的获取通常有两种方法：一种是采用脉冲产生电路直接得到，典型电路如多谐振荡器；另一种是通过脉冲变换电路对已有的波形进行整形和变换，获得符合要求的时钟脉冲，典型电路如施密特触发器和单稳态触发器。

施密特触发器和单稳态触发器是用途不同的两种脉冲变换电路。施密特触发器主要用以将变化缓慢的非矩形脉冲变换成边沿陡峭的矩形脉冲；而单稳态触发器主要用以将宽度不符合要求的脉冲变换成宽度符合要求的脉冲信号。

在脉冲产生与变换电路中，常采用 555 集成定时器，只需在其外部配接少量电阻、电容等即可方便地构成多谐振荡器、施密特触发器和单稳态触发器等。

脉冲信号的波形繁多，为表征脉冲波形的特性，这里以实际电压矩形脉冲为例，描述脉冲波形的主要参数，如图 7.1.1 所示。

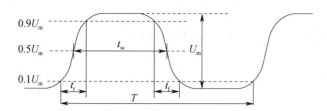

图 7.1.1 脉冲波形的主要参数

（1）脉冲幅度 U_m：脉冲波形变化的最大值。

（2）脉冲上升时间 t_r：脉冲波形从 $0.1U_m$ 上升到 $0.9U_m$ 所需的时间。

（3）脉冲下降时间 t_f：脉冲波形从 $0.9U_m$ 下降到 $0.1U_m$ 所需的时间。

（4）脉冲宽度 t_w：脉冲波形从上升沿 $0.5U_m$ 到下降沿 $0.5U_m$ 所需的时间。

（5）脉冲周期 T：两个相邻脉冲波形中，同一对应点之间所需的时间。若以 f 表示脉冲频率，则有 $f = 1/T$。

（6）占空比 q：脉冲宽度 t_w 与脉冲周期 T 之比，即 $q = t_w/T$。它是表征脉冲波形疏密的参数。

本章主要讨论几种脉冲信号产生和变换的单元电路，如单稳态触发器、多谐振荡器、施密特触发器及 555 定时器等。

7.2 单稳态触发器

单稳态触发器是一种常见的脉冲变换电路，它只有一个稳定状态，还有一个暂稳态。它的工作特点是：

（1）电路没有外加触发脉冲时，电路保持在稳定状态。

（2）在外加触发信号作用下，电路由稳态翻转到暂稳态。但暂稳态不能长久保持，经过一段时间后，将自动返回稳定状态。

（3）电路在暂稳态保持的时间长短取决于电路本身的参数，与触发信号无关。

单稳态触发器的这些特性被广泛地应用于脉冲的整形、延时和定时等。

7.2.1 用门电路组成的单稳态触发器

一、微分型单稳态触发器

1. 电路组成及工作原理

如图 7.2.1 所示为由 CMOS 门电路构成的单稳态触发器，因其阻容元件 R、C 构成微分电路形式，故称为微分型单稳态触发器。

对于 CMOS 门电路，将其特性理想化，可设定输出的低电平 $U_{OL} \approx 0\,\text{V}$，输出的高电平 $U_{OH} \approx V_{DD}$，非门的阈值电压 $U_{TH} \approx \dfrac{V_{DD}}{2}$。下面分析单稳态触发器的工作原理。

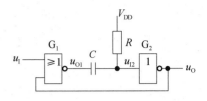

图 7.2.1　CMOS 微分型单稳态触发器

（1）没有触发信号时，电路处于一种稳定状态。

通电后，当电路无外加触发信号输入时，设 u_1 为低电平，由于 G_2 输入通过电阻 R 接 V_{DD}，输出 $u_O \approx 0\,\text{V}$。此时或非门 G_1 的两个输入端全为 0，其输出 $u_{O1} \approx V_{DD}$。这时电容 C 上的电压 $u_C \approx 0\,\text{V}$，几乎没有电荷存储，电容相当于开路，电路处于一种稳定的状态。只要没有正脉冲触发，电路就一直保持这一稳定状态不变，即 $u_{O1} = 1$，$u_O = 0$。

（2）外加触发信号，电路由稳态翻转到暂稳态。

如果在输入端 u_1 外加一个大于阈值电压 U_{TH} 正触发脉冲，G_1 的输出电压 u_{O1} 迅速由高电平跳变为低电平，由于电容 C 两端的电压不能突变，G_2 的输入电压 u_{I2} 也随之跳变为低电平，G_2 截止，输出电压 u_O 跳变为高电平。同时 u_O 反馈到 G_1 的输入端，此后即使 u_1 的触发信号消失，仍可维持 G_1 低电平输出。由于电路的这种状态是不能长久保持的，故将此状态称为暂稳态，暂稳态时 $u_{O1} = 0$，$u_O = 1$。

（3）电容器 C 充电，电路自动从暂稳态返回稳态。

暂稳态期间，由于 $u_{O1} \approx 0\,\text{V}$，电源 V_{DD} 经电阻 R 和 G_1 门内部导通的工作管对电容 C 充电，此时电容器上的电压 $u_C \approx u_{I2}$ 按指数规律升高，经过 t_w 时间后，u_{I2} 上升到非门 G_2 的阈值电压 U_{TH}，G_2 导通，输出电压 u_O 跳变为低电平，暂稳态结束。此后电容 C 通过电阻 R 和 G_2 门的输入保护回路放电，因 G_2 门内部的输入保护二极管导通，放电速度很快，使电容 C 上的电压很快恢复到初始状态时的 0 V，电路从暂稳态返回到稳态，即 $u_{O1} = 1$，$u_O = 0$。

上述工作过程中单稳态触发器各点电压的工作波形如图 7.2.2 所示。

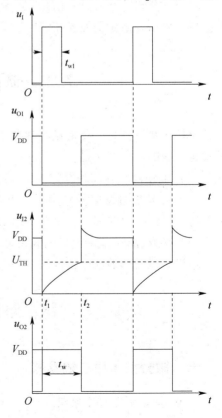

图 7.2.2　单稳态触发器各点电压的工作波形

2. 输出脉冲宽度 t_w 的计算

由波形图可知，RC 充电过程决定了暂稳态持续的时间。单稳态触发器的输出脉冲宽度实际上就是 u_{I2} 从 0 V 上升到阈值电压 U_{TH} 所需的时间。

根据 RC 电路过渡过程的公式为：

$$u_C(t) = u_C(\infty) - [u_C(\infty) - u_C(0_+)]e^{-\frac{t}{\tau}} \tag{7.2.1}$$

由式（7.2.1）推导出 RC 电路过渡过程的时间间隔公式为：

$$t_w = t_2 - t_1 = \tau \ln \frac{u_C(\infty) - u_C(t_1)}{u_C(\infty) - u_C(t_2)} \tag{7.2.2}$$

根据前面的分析可知，电容 C 充电的初始电压 $u_C(t_1) = 0$ V，电容 C 的稳态值为 V_{DD}，即 $u_C(\infty) = V_{DD}$，充电时间常数 $\tau = RC$，电容 C 上最终充得的电压 $u_C(t_2) = \dfrac{V_{DD}}{2}$。将上述参数代入式（7.2.2）计算得

$$t_w = t_2 - t_1 = RC\ln \frac{V_{DD} - 0}{V_{DD} - \dfrac{V_{DD}}{2}} = RC\ln 2$$

$$t_w = 0.7RC \tag{7.2.3}$$

3. CMOS 微分型单稳态触发器改进电路

在图 7.2.1 电路中，输入触发脉冲 u_I 的宽度 t_{w1} 应小于输出脉冲的宽度 t_w，即 $2t_{pd} < t_{w1} < t_w$，其中 t_{pd} 为 CMOS 门电路的传输延迟时间，否则电路不能正常工作。而在实际应用中往往无法避免输入的触发脉冲宽度过大的情况，可在单稳态触发器输入端加一个 RC 微分电路加以解决，如图 7.2.3 所示。

二、积分型单稳态触发器

图 7.2.4 所示为由 CMOS 门电路构成的积分型单稳态触发器，图中阻容元件 R、C 构成积分电路形式。$u_I = 1$ 时 $u_O = 0$，电路处于稳态。u_I 负跳变到 0 时，由于电容电压不能突变，u_{I2} 仍为 0，u_O 变为 1，电路进入暂稳态。此后由于电容 C 放电使 u_{I2} 逐渐升高，直到 $u_{I2} = U_{TH} = \dfrac{V_{DD}}{2}$ 使输出电压 u_O 变为 0，电路恢复稳态。

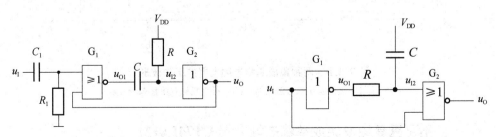

图 7.2.3　CMOS 微分型单稳态触发器改进电路

图 7.2.4　CMOS 积分型单稳态触发器

由分析可知，电路正常工作时触发脉冲宽度应大于输出脉冲宽度。

7.2.2　集成单稳态触发器

用逻辑门组成的单稳态触发器虽然电路结构简单，但它存在触发方式单一、输出脉宽稳定性差、调节范围小等缺点。而集成单稳态触发器触发方式灵活，既可用输入脉冲的正跳变触发，又可用负跳变触发，使用十分方便，且工作稳定性好，因此得到广泛应用。常用的集成单稳态触发器有 TTL 和 CMOS 两大系列产品，如 CT74LS122、CT74LS121、74HC123、MC14098 等。

根据电路工作特性不同，集成单稳态触发器分为可重复触发和不可重复触发两种，其逻辑符号如图 7.2.5（a）、（b）所示。图 7.2.5（a）方框中的总限定符号"1 ⎍"表示不可重复触发单稳态触发器，该电路在触发进入暂稳态期间如再次受到触发，对原暂稳态时间没有影响，输出脉冲宽度 t_w 仍从第一次触发开始计算，如图 7.2.6（a）所示。图 7.2.5（b）方框中的总限定符号"⎍"表示可重复触发单稳态触发器，

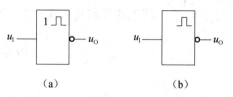

图 7.2.5　集成单稳态触发器的逻辑符号
（a）不可重复触发集成单稳态触发器；
（b）可重复触发集成单稳态触发器

该电路在触发进入暂稳态期间如再次受到触发，则输出脉冲宽度可在此前暂稳态时间的基础上再展宽 t_w，如图 7.2.6（b）所示。因此，采用可重复触发单稳态触发器可方便地得到持续时间更长的输出脉冲宽度。

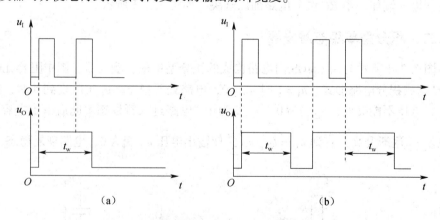

图 7.2.6　两种集成单稳态触发器的工作波形
（a）不可重复触发单稳态触发器；（b）可重复触发单稳态触发器

一、不可重复触发集成单稳态触发器 CT74LS121

CT74LS121 是一种典型的 TTL 型不可重复触发的集成单稳态触发器，其逻辑

符号和引脚排列图如图 7.2.7 所示。图中外引线上的 "×" 号表示非逻辑连接，常接外接电阻、电容和基准电压等；$1A$ 与 $2A$ 端为下降沿触发输入端，B 端为上升沿触发输入端。

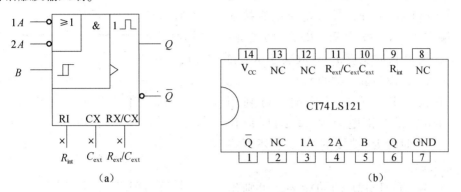

图 7.2.7 CT74LS121 的逻辑符号和引脚排列图

（a）逻辑符号；（b）引脚排列图

CT74LS121 的功能表如表 7.2.1 所示。

表 7.2.1 CT74LS121 的功能表

输　入			输　出		说　明
$1A$	$2A$	B	Q	$\overline{Q}$	
0	×	1	0	1	稳定状态
×	0	1	0	1	
×	×	0	0	1	
1	1	×	0	1	
1	↓	1	⊓	⊔	下降沿触发
↓	1	1	⊓	⊔	
↓	↓	1	⊓	⊔	
0	×	↑	⊓	⊔	上升沿触发
×	0	↑	⊓	⊔	

由功能表可知，在下述情况下，电路有正脉冲输出：

（1）当 $1A$、$2A$ 两个输入端中有 1 个或 2 个为低电平，B 产生由 0 到 1 的正跳变时。

（2）当 $B = 1$，$1A$、$2A$ 中有 1 个为高电平，另 1 个产生由 1 到 0 的负跳变；或者，当 $B = 1$，$1A$、$2A$ 同时产生由 1 到 0 的负跳变时。

集成单稳态触发器 CT74LS121 的输出脉冲宽度 t_w：

$$t_w = 0.7 R_{ext} C_{ext} \qquad (7.2.4)$$

237

R_{ext}是外接定时电阻，取值范围为2~40 kΩ，外接定时电阻接在$R_{\text{ext}}/C_{\text{ext}}$端与电源$V_{\text{CC}}$之间；$C_{\text{ext}}$是外接定时电容，取值范围为10 pF~10 μF，外接定时电容接在C_{ext}端和$R_{\text{ext}}/C_{\text{ext}}$端之间。由式（7.2.4）可见，输出脉冲宽度$t_{\text{w}}$只取决于$R_{\text{ext}}$和$C_{\text{ext}}$的大小，而与触发脉冲无关。

在输出脉冲宽度不大时，可利用CT74LS121的内部电阻$R_{\text{int}}=2$ kΩ 取代R_{ext}，使用时将R_{int}端接电源V_{CC}，不要将R_{int}端开路。

根据CT74LS121的功能表，可画出图7.2.8 所示的工作波形。

二、 可重复触发集成单稳态触发器 CC74HC123

CC74HC123 为 CMOS 系列的集成单稳态触发器，由两个独立可重复触发的单稳态触发器组成，其逻辑符号和引脚排列图如图 7.2.9 所示，其使用方法与CT74LS121 相似。图中 $\overline{R}_{\text{D}}$ 为直接复位端，低电平有效。

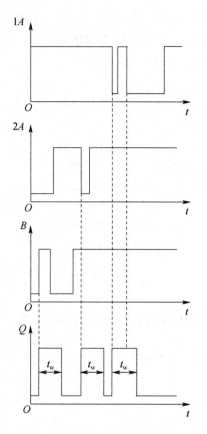

图7.2.8 集成单稳态触发器 CT74LS121 的工作波形

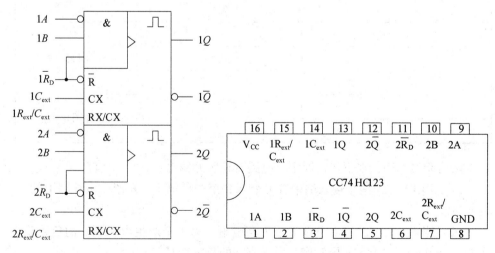

图7.2.9 CC74HC123 的逻辑符号和引脚排列图

（a）逻辑符号；（b）引脚排列图

CC74HC123 的功能表如表 7.2.2 所示。

表 7.2.2　CC74HC123 的功能表

输　　入			输　　出		说　明
$\overline{R}_D$	A	B	Q	$\overline{Q}$	
0	×	×	0	1	稳定状态
1	1	×	0	1	
1	×	0	0	1	
1	0	↑	⊓	⊔	上升沿触发
↑	0	1	⊓	⊔	
1	↓	1	⊓	⊔	下降沿触发

由功能表可知，在下述情况下，电路有正脉冲输出：

（1）当 $A = 0$ 时，$\overline{R}_D$ 和 B 中有 1 个为高电平，另 1 个产生由 0 到 1 的正跳变。

（2）当 $\overline{R}_D = B = 1$ 时，A 产生由 1 到 0 的负跳变。

根据 CC74HC123 的功能表，可画出图 7.2.10 所示的工作波形。

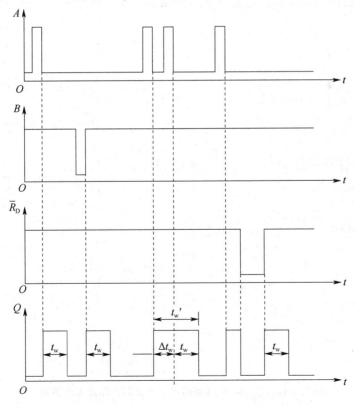

图 7.2.10　集成单稳态触发器 CC74HC123 的工作波形

239

从图 7.2.10 可以看出，进行一次触发时，输出脉冲宽度为 t_w；如电路触发进入暂稳态后再进行触发时，这时，输出脉冲宽度为 $t'_w = \Delta t_w + t_w$；如在暂稳态期间在 $\overline{R}_D$ 端上输入低电平，则电路暂稳态立刻终止。

7.2.3　单稳态触发器的应用

单稳态触发器的应用很广，主要用于脉冲整形、脉冲展宽、脉冲延时、脉冲定时等。

一、脉冲展宽

当脉冲宽度较窄时，可用单稳态触发器进行脉冲展宽，将其加在单稳态触发器的输入端，合理选择 R_{ext} 和 C_{ext} 的值，则在输出端即可获得较宽的脉冲波形。

二、脉冲延时

用两片 CT74LS121 组成的脉冲延时电路和工作波形分别如图 7.2.11（a）、（b）所示，从波形图可以看出，u_O 脉冲的上升沿相对输入信号 u_I 的上升沿延迟了 t_{w1} 时间。

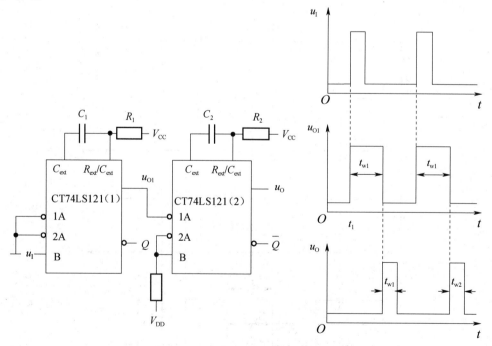

图 7.2.11　CT74LS121 组成的脉冲延时电路及工作波形

（a）延时电路；（b）工作波形

三、脉冲定时

在图 7.2.12 所示电路中，只有在单稳态触发器输出脉冲宽度的 t_w 时间内，u_{I1} 信号才通过与门，单稳态触发器的 RC 取值不同，与门开启的时间就不同，通过与门的脉冲个数也就随之而改变，达到定时的目的。

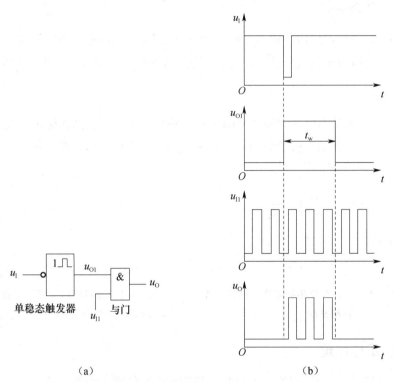

（a）

（b）

图 7.2.12　单稳态触发器的定时电路及工作波形

（a）定时电路；（b）工作波形

除此以外，还可利用可重复单稳态触发器的触发特点，作为脉冲检测电路，广泛应用于医疗仪器中监视病人的心跳，在电力系统中监控发电机组的转速等。

7.3　施密特触发器

施密特触发器在电子电路中常用来完成波形变换、幅度鉴别等工作，能够将边沿变化缓慢的脉冲信号波形变换为边沿陡峭的矩形波。电路具有以下两个工作特点：

（1）触发方式为电平触发的双稳态电路。对于缓慢变化的信号仍然适用，当输入电压达到某一定值时，输出电压会发生突变，输出电压波形的边沿很陡峭。

（2）电路具有回差电压的传输特性。在输入信号正向或负向变化时，分别

有不同的阈值电压，即正向阈值电压U_{T+}和负向阈值电压U_{T-}。

7.3.1　用门电路组成的施密特触发器

一、电路结构

图 7.3.1 所示为由 G_1 和 G_2 两个 CMOS 反相器组成的施密特触发器。分压电阻 R_1、R_2 将输出电压反馈到 G_1 门输入端，工作时设反相器的阈值电压 $U_{TH} \approx \dfrac{V_{DD}}{2}$，$R_1 < R_2$。

根据输入相位和输出相位关系的不同，施密特触发器有同相输出和反相输出两种电路形式，其逻辑符号分别如图 7.3.2 （a）、（b）所示。图中符号"⎍⎍"为施密特触发器的总限定符号。

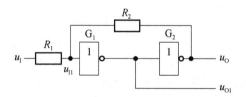

图 7.3.1　CMOS 反相器组成的施密特触发器

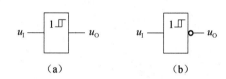

（a）　　　　　　　（b）

图 7.3.2　施密特触发器的逻辑符号

（a）同相输出逻辑符号；（b）反相输出逻辑符号

二、工作原理

由电路图可知，G_1 门的输入电平 u_{I1} 决定着电路的输出状态。因为 G_1 门的 $i_g = 0$，根据叠加原理有：

$$u_{I1} = \frac{R_2}{R_1 + R_2} \cdot u_I + \frac{R_1}{R_1 + R_2} \cdot u_O \tag{7.3.1}$$

设输入信号 u_I 为三角波，如图 7.3.3 所示。

（1）初始状态。当输入电压 $u_I = 0\ \text{V}$ 时，$u_{I1} \approx 0\ \text{V}$，$G_1$ 门截止，$u_{O1} = U_{OH} \approx V_{DD}$，$G_2$ 门导通，$u_O = U_{OL} \approx 0\ \text{V}$。

（2）输入信号上升，电路第一次翻转。当输入电压 u_I 从 0 逐渐开始上升，u_{I1} 也随之开始增大，只要 $u_{I1} < U_{TH}$，电路保持 $u_O \approx 0\ \text{V}$ 不变。由于 $u_O \approx 0\ \text{V}$，根据式（7.3.1）可得

$$u_{I1} = \frac{R_2}{R_1 + R_2} \cdot u_I \tag{7.3.2}$$

当输入电压上升到使 $u_{I1} = U_{TH}$ 时，G_1 门进入其电压传输特性的转折区，因为正反馈的作用使电路的状态在极短的时间内发生翻转，输出电压很快从低电平跳

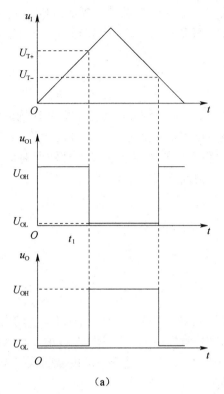

（a）

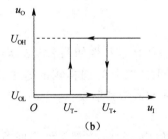

（b）

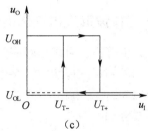

（c）

图7.3.3 施密特触发器的工作波形和电压传输特性曲线

（a）工作波形；（b）u_O输出的传输特性曲线；（c）u_{O1}输出的传输特性曲线

变为高电平，$u_O \approx V_{DD}$。

输入电压 u_I 上升过程中，使电路状态发生翻转所对应的输入电压称为正向阈值电压，用 U_{T+} 表示。根据式（7.3.2）得

$$u_{I1} = U_{TH} = \frac{R_2}{R_1 + R_2} \cdot U_{T+}$$

由上式可得

$$U_{T+} = \left(1 + \frac{R_1}{R_2}\right) U_{TH} \tag{7.3.3}$$

此后，如果输入电压 u_I 继续上升，由于 $u_{I1} > U_{TH}$，输出状态维持不变。

（3）输入信号下降，电路第二次翻转。当输入电压 u_I 从高电平逐渐开始下降，u_{I1} 也随之开始下降，只要 $u_{I1} > U_{TH}$，电路保持 $u_O \approx V_{DD}$ 不变。由于 $u_O \approx V_{DD}$，根据式（7.3.1）可得

$$u_{I1} = \frac{R_2}{R_1 + R_2} \cdot u_I + \frac{R_1}{R_1 + R_2} \cdot V_{DD} \tag{7.3.4}$$

当输入电压下降到使 $u_{I1} = U_{TH}$ 时，因为正反馈的作用使电路的状态在极短的时间内发生翻转，输出电压很快从高电平跳变为低电平，$u_O \approx 0\ V$。

输入电压 u_I 下降过程中，使电路状态发生翻转所对应的输入电压称为负向阈值电压，用 U_{T-} 表示。根据式（7.3.4）得

$$u_{I1} = U_{TH} = \frac{R_2}{R_1 + R_2}U_{T-} + \frac{R_1}{R_1 + R_2}V_{DD}$$

由 $U_{TH} \approx \dfrac{V_{DD}}{2}$ 和上式可得

$$U_{T-} = \left(1 - \frac{R_1}{R_2}\right)U_{TH} \tag{7.3.5}$$

此后，如果输入电压 u_I 继续下降，由于 $u_{I1} < U_{TH}$，输出状态维持不变。

由上分析可知，施密特触发器输出状态完全取决于输入电压的大小，当输入电压 u_I 上升到 U_{T+} 或下降到 U_{T-} 时，施密特触发器的状态才会迅速翻转，从而输出边沿陡峭的矩形脉冲。

三、工作波形及电压传输特性

根据以上分析，可画出对应的工作波形和电压传输特性如图 7.3.3 所示。从图 7.3.3（a）中可知：以 u_O 端作为电路的输出，电路为同相输出施密特触发器；如果以 u_{O1} 作为电路的输出，电路为反相输出施密特触发器。它们的电压传输特性曲线分别如图 7.3.3（b）、（c）所示。

施密特触发器正向阈值电压 U_{T+} 与负向阈值电压 U_{T-} 之差，称为回差电压，用 ΔU_T 表示，$\Delta U_T = U_{T+} - U_{T-}$。

由式（7.3.3）和式（7.3.5）可求得

$$\Delta U_T = U_{T+} - U_{T-} = 2\frac{R_1}{R_2}U_{TH} = \frac{R_1}{R_2}V_{DD} \tag{7.3.6}$$

式（7.3.6）表明，电路的回差电压与 $\dfrac{R_1}{R_2}$ 成正比，改变 R_1、R_2 的比值即可调节回差电压的大小。

7.3.2　集成施密特触发器

集成施密特触发器性能稳定，有较强的带负载能力和抗干扰能力强，使用方

便，故应用十分广泛。代表性产品如 CMOS 集成施密特触发器 CC40106（六反相器）、CC4093，TTL 集成施密特触发器如 CT74LS13、CT74LS132、CT74LS14 等。

图 7.3.4 所示为 TTL 集成施密特触发器 CT74LS132 的逻辑符号和引脚排列图，其内部包括 4 个互相独立的二输入施密特触发器，都是在基本施密特触发电路的基础上，在输入端增加了与逻辑功能，在输出端增加了反相器，因此称为施密特触发器与非门。其两个输入变量必须同时高于施密特触发器的正向阈值电压，输出才是低电平。

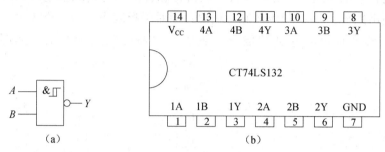

图 7.3.4　CT74LS132 的逻辑符号和引脚排列图

（a）逻辑符号；（b）引脚排列图

需要指出的是，由于集成电路内部器件参数差异较大，故不同的集成施密特触发器的 U_{T+} 和 U_{T-} 的值有较大的差异。

7.3.3　施密特触发器的应用

施密特触发器的应用较广，下面介绍几个典型应用。

一、波形变换

施密特触发器常用于将正弦波、三角波及变化缓慢的波形变换成矩形脉冲，可将需要变换的波形加到施密特触发器的输入端，其输出端可变为同频率的矩形波，如图 7.3.5 所示。改变施密特触发器的 U_{T+} 和 U_{T-} 就可调节 u_O 的脉宽。

二、波形整形与抗干扰

脉冲信号经过传输后常常会因为传输线的电容、传输端与接收端的阻抗不匹配使其上升沿和下降沿

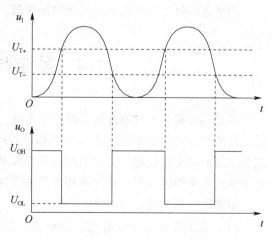

图 7.3.5　施密特触发器用于波形变换

都将明显变坏，这种信号在传输过程中产生的畸变或干扰，可用施密特触发器对波形进行整形。如图7.3.6所示。注意，应合理选择回差电压的大小，方可达到良好的整形效果。

三、幅度鉴别

当输入为一串幅度不等的信号而要求去掉幅度较小的信号时，可用施密特触发器进行幅度鉴别。只有幅度大于施密特触发器的正向阈值电压 U_{T+} 时，才能引起输出翻转，u_O 有相应的脉冲输出；而对于幅度小于 U_{T+} 的脉冲，输出不翻转，u_O 就没有相应的脉冲输出。从而达到幅度鉴别的目的，如图7.3.7所示。

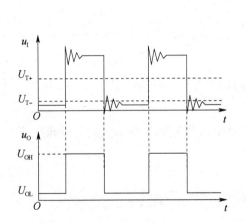

图7.3.6　施密特触发器用于脉冲整形　　　图7.3.7　施密特触发器用于幅度鉴别

四、构成多谐振荡器

用施密特触发反相器可构成多谐振荡器。具体电路见本章下一节内容。

7.4　多谐振荡器

多谐振荡器是一种脉冲波形的产生电路，它无须外加触发信号，在接通电源后，就能产生一定频率和一定幅值矩形脉冲的自激振荡器，常作为脉冲信号源。当要求振荡频率很稳定时，常采用石英晶体多谐振荡器。因产生的矩形脉冲中含有丰富的高次谐波分量，故习惯称为多谐振荡器。

多谐振荡器的特点是：

（1）在工作过程中没有稳定的状态，只有两个暂稳态，所以又称为无稳态电路。

（2）通过电容的充电和放电，使两个暂稳态相互交替，从而产生自激振荡，输出周期性的矩形脉冲信号。

7.4.1 用门电路组成的多谐振荡器

一、不对称式多谐振荡器

1. 电路组成及工作原理

由 CMOS 门电路和 RC 定时电路组成的不对称式多谐振荡器如图 7.4.1 所示。由于 G_1 和 G_2 的外部电路不对称，所以又称为不对称式多谐振荡器。为了使电路产生振荡，要求 G_1 和 G_2 都工作在电压传输特性的转折区，即工作在放大区，$u_{I1} = u_{I2} = U_{TH} = \dfrac{V_{DD}}{2}$。

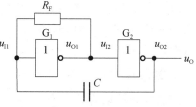

图 7.4.1　CMOS 不对称式多谐振荡器

其具体工作原理如下：

（1）第一暂稳态及电路自动翻转过程。

在接通电源后，由于 G_1 和 G_2 都工作在转折区，由于电源电压变化和干扰等影响，假如使 u_{I1} 有微小下降时，就会产生下列正反馈过程

$$u_{I1}{\downarrow} \rightarrow u_{O1}(u_{I2}){\uparrow} \rightarrow u_{O2}{\downarrow}$$

结果使 G_1 迅速截止、G_2 迅速饱和，u_{O1} 迅速跳至高电平 V_{DD}、u_{O2} 迅速跳至低电平 0 V，即 $u_{O1} = 1$，$u_{O2} = 0$，电路进入第一暂稳态。由于电容两端的电压不能突变，u_{I1} 也应与 u_{O2} 下跳同样的幅度，u_{I1} 本应降至 $U_{TH} - V_{DD}$，但由于 G_1 内部下面保护二极管的钳位作用，u_{I1} 实际仅上跳至 $-U_{D(on)} \approx 0$ V。随后，u_{O1} 的高电平经 R_F、C 和 G_2 的输出电阻（此时因导通很小）从左向右对电容 C 进行充电，此时 $u_{I1} = u_C$，使 u_{I1} 随之按指数规律上升。

（2）第二暂稳态及电路自动翻转过程。

当 u_{I1} 上升到 U_{TH} 时，会产生下列正反馈过程

$$u_{I1}{\uparrow} \rightarrow u_{O1}(u_{I2}){\downarrow} \rightarrow u_{O2}{\uparrow}$$

结果使 G_1 迅速饱和、G_2 迅速截止，u_{O1} 迅速跳至低电平 0 V、u_{O2} 迅速跳至高电平 V_{DD}，即 $u_{O1} = 0$，$u_{O2} = 1$，电路进入第二暂稳态。由于电容两端的电压不能突变，u_{I1} 也应与 u_{O2} 上跳同样的幅度，u_{I1} 本应升至 $V_{DD} + U_{TH}$，但由于 G_1 内部上面保护二极管的钳位作用，u_{I1} 实际仅上跳至 $V_{DD} + U_{D(on)} \approx V_{DD}$。随后，$u_{O2}$ 的高电平经 C、

R_F 和 G_1 的输出电阻（此时因导通很小）从右向左对电容 C 进行反向充电（即 C 放电），此时 $u_{I1} = V_{DD} - u_C$，使 u_{I1} 随之按指数规律下降。

（3）返回过程。

当 u_{I1} 下降到 U_{TH} 时，G_1 迅速截止、G_2 迅速饱和，$u_{O1} = 1$，$u_{O2} = 0$，电路返回第一个暂稳态。

从分析不难看出，多谐振荡器两个暂稳态的转换过程是通过对电容 C 的充放电作用来实现的，电容的充、放电作用又集中体现在 u_{I1} 的变化上。上述原理分析过程对应的工作波形如图 7.4.2 所示。

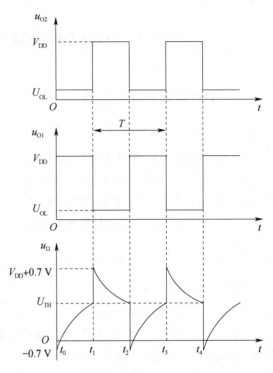

图 7.4.2　不对称式多谐振荡器的工作波形

2. 振荡周期的计算

多谐振荡器的振荡周期与两个暂稳态时间有关，两个暂稳态时间分别由电容的充、放电时间决定。设电路的第一暂稳态和第二暂稳态时间分别为 T_1、T_2，根据上述原理分析和 RC 电路过渡过程的时间间隔公式（7.2.2）可得：

$$T_1 = t_1 - t_0 = R_F Cln \frac{V_{DD} - (-0.7)}{V_{DD} - U_{TH}} \approx R_F Cln \frac{V_{DD} - 0}{V_{DD} - \dfrac{V_{DD}}{2}} = R_F Cln2 \approx 0.7R_F C$$

$$T_2 = t_2 - t_1 = R_F Cln \frac{0 - (V_{DD} + 0.7)}{0 - U_{TH}} \approx R_F Cln \frac{0 - V_{DD}}{0 - \dfrac{V_{DD}}{2}} = R_F Cln2 \approx 0.7R_F C$$

$$T = T_1 + T_2 = R_F Cln4 \approx 1.4R_F C \qquad (7.4.1)$$

二、对称式多谐振荡器

1. 电路组成及工作原理

由 TTL 门电路和 RC 定时电路组成的对称多谐振荡器如图 7.4.3 所示。由于 G_1 和 G_2 的外部电路完全对称，所以又称为对称多谐振荡器。合理选择 R_{F1} 和 R_{F2}，使 G_1 和 G_2 都工作在电压传输特性的转折区，

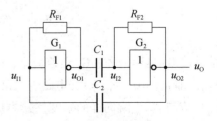

图 7.4.3　TTL 对称式多谐振荡器

即工作在放大区。

其具体工作原理如下：

（1）第一暂稳态及电路自动翻转过程。

在接通电源后，由于 G_1 和 G_2 都工作在转折区，由于电源电压变化和干扰等影响，假如使 u_{I1} 有微小上升时，就会产生下列正反馈过程

$$u_{I1} \uparrow \rightarrow u_{O1} \downarrow \rightarrow u_{I2} \downarrow \rightarrow u_{O2} \uparrow$$

结果使 G_1 迅速饱和，u_{O1} 迅速跳至低电平 U_{OL}；由于电容 C_1 两端的电压不能突变，u_{I2} 也随之下跳变，但由于 G_2 内部下面保护二极管的钳位作用，u_{I2} 实际仅下跳至 $-U_{D(on)} \approx -0.7 \text{ V}$，使 G_2 迅速截止，u_{O2} 迅速跳至高电平 U_{OH}；由于电容 C_2 两端的电压不能突变，u_{I1} 跳变同样的幅度，$u_{I1} = U_{TH} + (U_{OH} - U_{OL})$（TTL 集成门电路内部上面不需要保护二极管）；即 $u_{O1} = 0$，$u_{O2} = 1$，电路进入第一暂稳态。随后，u_{O2} 的高电平经 R_{F2}、C_1 和 G_1 的输出电阻从右向左对电容 C_1 进行充电，且此时 V_{CC} 通过 G_2 内部电阻对电容 C_1 充电，此时 $u_{I2} = u_{C_1}$，使 u_{I2} 随之按指数规律很快上升。同时，u_{O2} 的高电平经 C_2、R_{F1} 和 G_1 的输出电阻（此时因导通很小）从右向左对电容 C_2 进行反向充电（即放电），此时 $u_{I1} = U_{OH} - u_{C_2}$，使 u_{I1} 随之按指数规律下降。

（2）第二暂稳态及电路自动翻转过程。

由于集成门电路内电路的影响，C_1 的充电比 C_2 的放电快，当 u_{I2} 首先上升到 U_{TH} 时，会产生另一个正反馈过程

$$u_{I2} \uparrow \rightarrow u_{O2} \downarrow \rightarrow u_{I1} \downarrow \rightarrow u_{O1} \uparrow$$

结果使 G_2 迅速饱和，u_{O2} 迅速跳至低电平 U_{OL}，由于电容 C_2 两端的电压不能突变，u_{I1} 也随之下跳变，但由于 G_1 内部保护二极管的钳位作用，u_{I1} 实际仅下跳至 $-U_{D(on)} \approx -0.7 \text{ V}$；使 G_1 迅速截止，u_{O1} 迅速跳至高电平 U_{OH}；由于电容 C_1 两端的电压不能突变，u_{I2} 跳变同样的幅度，$u_{I2} = U_{TH} + (U_{OH} - U_{OL})$，即 $u_{O1} = 1$，$u_{O2} = 0$，电路进入第二暂稳态。随后，u_{O1} 的高电平经 R_{F1}、C_2 和 G_2 的输出电阻（此时因导通很小）从左向右对电容 C_2 进行充电，且此时 V_{CC} 通过 G_1 内部电阻对电容 C_2 充电，$u_{I1} = u_{C_2}$，使 u_{I1} 随之按指数规律很快上升。同时，u_{O1} 的高电平经 C_1、R_{F2} 和 G_2 的输出电阻从左向右对电容 C_1 进行反向充电（即 C_1 放电），此时 $u_{I2} = U_{OH} - u_{C_1}$，使 u_{I2} 随之按指数规律下降。

（3）返回过程。

同理，充电比放电快，u_{I1} 首先上升到 U_{TH} 时，G_1 迅速饱和、G_2 迅速截止，即 $u_{O1} = 0$，$u_{O2} = 1$，电路返回第一个暂稳态。

上述原理分析过程对应的工作波形如图7.4.4所示。

2. 振荡周期的计算

多谐振荡器的振荡周期与两个暂稳态时间有关，两个暂稳态时间分别由电容 C_1 和 C_2 的充、放电时间决定。设电路的第一暂稳态和第二暂稳态时间分别为 T_1、T_2。

当取 TTL 电路的 $U_{OH} = 3.6$ V、$U_{OL} = 0.3$ V、$U_{TH} = 1.4$ V、$R_{F1} = R_{F2} = R_F$、$C_1 = C_2 = C$，设内部保护二极管的导通电压 $U_{D(on)} = 0.7$ V，根据上述原理分析和 RC 电路过渡过程的时间间隔公式（7.2.2）可得：

$$T_1 = t_1 - t_0$$

$$= R_{F2}C_1\ln\frac{(U_{OH} - U_{OL}) - (-0.7)}{(U_{OH} - U_{OL}) - U_{TH}}$$

$$= R_{F2}C_1\ln\frac{3.3 + 0.7}{3.3 - 1.4} \approx R_{F2}C_1\ln2$$

$$T_2 = t_2 - t_1$$

$$= R_{F1}C_2\ln\frac{(U_{OH} - U_{OL}) - (-0.7)}{(U_{OH} - U_{OL}) - U_{TH}}$$

$$= R_{F1}C_2\ln\frac{3.3 + 0.7}{3.3 - 1.4} \approx R_{F1}C_2\ln2$$

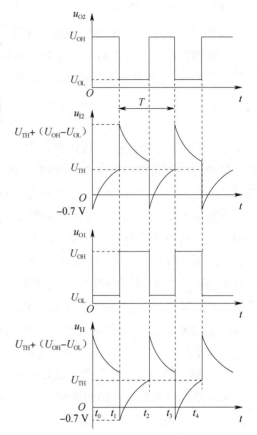

图 7.4.4 对称式多谐振荡器的工作波形

$$T = T_1 + T_2$$

$$= R_{F1}C_2\ln2 + R_{F2}C_1\ln2$$

$$= RC\ln4 \approx 1.4R_F C \qquad\qquad (7.4.2)$$

7.4.2 用施密特触发器构成多谐振荡器

一、电路组成

用施密特触发器构成多谐振荡器的电路如图7.4.5所示，将施密特触发器的输出端经 RC 积分电路接回其输入端即可。

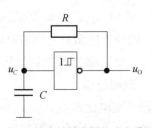

图 7.4.5 用施密特触发器构成多谐振荡器

二、工作原理

设接通电源瞬间，电容 C 上的初始电压为 0，则输出电压 u_O 为高电平。此时 u_O 通过对电容 C 充电，当 u_C 按指数规律上升到正向阈值电压 U_{T+} 时，施密特触发器发生翻转，u_O 变为低电平。此后，电容 C 通过电阻 R 开始放电，u_C 按指数规律下降，当 u_C 下降到负向阈值电压 U_{T-} 时，电路又发生翻转，u_O 又跳变为高电平，对电容 C 充电。如此周而复始，在电路输出端，得到一定频率的矩形脉冲。对应的工作波形如图 7.4.6 所示。其振荡周期的计算请读者自行分析。

7.4.3　石英晶体多谐振荡器

用门电路组成的多谐振荡器的振荡周期不仅与时间常数 RC 有关，而且还取决于门电路的阈值电压 U_{TH}，故容易受到温度、电源电压及干扰的影响，因此频率稳定性差，只能用在对频率稳定性要求不高的场合。

如果要求产生频率稳定性很高的脉冲波形，需采用石英晶体多谐振荡器。石英晶体的电路符号和阻抗频率特性如图 7.4.7 所示。石英晶体的选频特性很好，它有一个极为稳定的串联谐振频率 f_0，只有频率为 f_0 的信号最容易通过，而其他频率的信号均会被晶体所衰减。

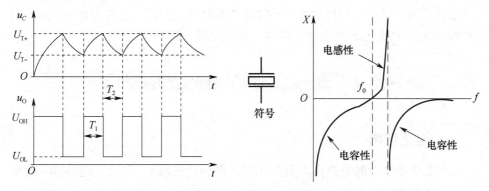

图 7.4.6　用施密特触发器构成多
谐振荡器的工作波形

图 7.4.7　石英晶体的电路符号
和阻抗频率特性

对称式石英晶体多谐振荡器是在对称式多谐振荡器的电容回路中串接石英晶体后组成，电路如图 7.4.8 所示。在频率为 f_0 时，阻抗极小，可忽略不计。

石英晶体多谐振荡器另一接法电路如图 7.4.9 所示。图中，并联在两个反相器输入、输出间的电阻 R 的作用是使反相器工作在线性放大区，对于 TTL 门电路通常在 $0.7 \sim 2\,\text{k}\Omega$；对于 CMOS 门电路通常在 $10 \sim 100\,\text{M}\Omega$。电容 C_1 用于两个反相器间的耦合，而电容 C_2 的作用则是抑制高次谐波，保证稳定的频率输出。电路的振荡频率仅取决于石英晶体的串联谐振频率 f_0，而与电路中的 R、C 的数值无关。

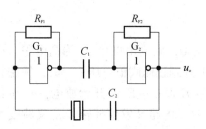

图 7.4.8　对称式石英晶体多谐振荡器

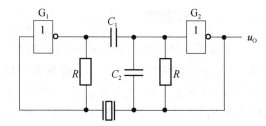

图 7.4.9　石英晶体多谐振荡器

7.5　555 定时器及其应用

　　555 定时器是一种集模拟、数字于一体的中规模集成电路，其应用极为广泛。它不仅用于信号的产生和变换，还可方便地组成延时和定时电路用于控制与检测系统中。

　　目前生产的 555 定时器品种繁多，主要有 TTL 和 COMS 两种类型，它们的电路结构和工作原理基本相同。TTL 型（以 5G555 为代表）的驱动能力较强，电源电压范围为 5 ~ 16 V，最大负载电流可达 200 mA；而 CMOS（以 CC7555 为代表）型则具有功耗低、输入电阻高等优点，电源电压范围为 3 ~ 18V，最大负载电流在 20 mA 以下。产品型号尾数为 555 的是 TTL 型单定时器，双定时器为 556；型号尾数为 7555 的是 CMOS 型单定时器，双定时器为 7556。

7.5.1　555 定时器的电路结构及功能

一、电路结构

　　555 定时器的内部电路由电阻分压器、电压比较器 C_1 和 C_2、基本 RS 触发器、放电三极管及缓冲器 G_4 组成，电路图如图 7.5.1（a）所示，555 定时器采用双列直插式 8 引脚封装，引脚排列图如图 7.5.1（b）所示。

　　电阻分压器由三个 5 kΩ 的电阻串联分压而成（555 定时器名称的来历），为电压比较器 C_1 和 C_2 提供基准电压。C_1 的基准电压为 $U_{R1} = \dfrac{2}{3} V_{CC}$，$C_2$ 的基准电压为 $U_{R2} = \dfrac{1}{3} V_{CC}$。$CO$ 为电压控制端，在 CO 端外加控制电压 U_{CO} 时，可改变电压比较器 C_1 和 C_2 的基准电压，这时 $U_{R1} = U_{CO}$，$U_{R2} = \dfrac{1}{2} U_{CO}$；$CO$ 端不用时，可通过一个 0.01 μF 的电容接地，以旁路高频干扰。

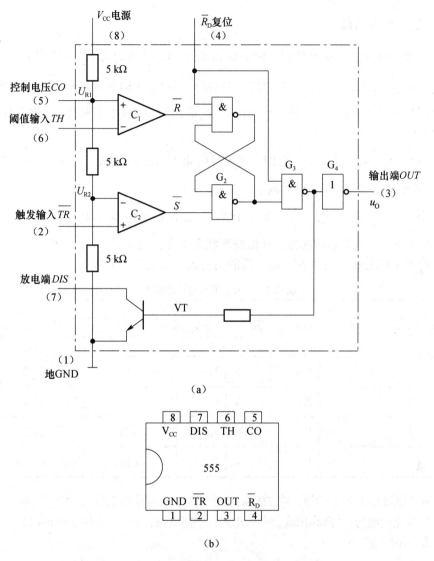

图 7.5.1 555 定时器的电路结构和引脚排列图

(a) 电路结构；(b) 引脚排列图

G_1 和 G_2 组成与非门基本 RS 触发器，其逻辑功能为："00 不定，11 保持，其余随对方的输入变（随 $\overline{R}$ 变）"。$\overline{R}_D$ 为复位输入端（即直接清 0 端）。当 $\overline{R}_D = 0$ 时，G_3 的输出为 1，则输出 $u_O = 0$。正常工作时，$\overline{R}_D = 1$。

G_3 和 G_4 组成输出缓冲级，它有较强的电流驱动能力，同时，G_4 还可隔离外接负载对定时器工作的影响。

TH 端是比较器 C_1 的信号输入端，称为阈值输入端；$\overline{TR}$ 端是比较器 C_2 的信号输入端，称为触发输入端。

DIS 端（7 脚）为放电三极管 VT 的集电极，为外接电路提供放电通路。

二、电路功能

当 $\overline{R}_\mathrm{D} = 0$ 时，无论其他输入端的状态如何，G_3 的输出为 1，则输出 $u_\mathrm{O} = 0$。

当 $U_\mathrm{TH} > \dfrac{2}{3} V_\mathrm{CC}$，$U_{\overline{\mathrm{TR}}} > \dfrac{1}{3} V_\mathrm{CC}$ 时，比较器 C_1 和 C_2 分别输出 $\overline{R} = 0$，$\overline{S} = 1$，根据与非门基本 RS 触发器的功能，$Q = 0$，G_3 的输出为 1，放电三极管 VT 饱和导通，输出 $u_\mathrm{O} = 0$。

当 $U_\mathrm{TH} < \dfrac{2}{3} V_\mathrm{CC}$，$U_{\overline{\mathrm{TR}}} < \dfrac{1}{3} V_\mathrm{CC}$ 时，比较器 C_1 和 C_2 分别输出 $\overline{R} = 1$，$\overline{S} = 0$，则 $Q = 1$，G_3 的输出为 0，放电三极管 VT 截止，输出 $u_\mathrm{O} = 1$。

当 $U_\mathrm{TH} < \dfrac{2}{3} V_\mathrm{CC}$，$U_{\overline{\mathrm{TR}}} > \dfrac{1}{3} V_\mathrm{CC}$ 时，比较器 C_1 和 C_2 分别输出 $\overline{R} = 1$，$\overline{S} = 1$，根据与非门基本 RS 触发器的功能，Q 保持原状态不变，则输出 u_O 保持不变。

综合上述分析，可得 555 定时器的功能表，如表 7.5.1 所示。

表 7.5.1　555 定时器的功能表

输　入			输　出	
$\overline{R}_\mathrm{D}$（复位）	TH（阈值输入）	$\overline{TR}$（触发输入）	OUT（输出 u_O）	VT 状态（放电管）
0	×	×	0	导通
1	$> \dfrac{2}{3} V_\mathrm{CC}$	$> \dfrac{1}{3} V_\mathrm{CC}$	0	导通
1	$< \dfrac{2}{3} V_\mathrm{CC}$	$< \dfrac{1}{3} V_\mathrm{CC}$	1	截止
1	$< \dfrac{2}{3} V_\mathrm{CC}$	$> \dfrac{1}{3} V_\mathrm{CC}$	保持	保持
1	$> \dfrac{2}{3} V_\mathrm{CC}$	$< \dfrac{1}{3} V_\mathrm{CC}$	不允许	不允许

根据 555 定时器的功能，将 TH 和 $\overline{TR}$ 两个输入端与输出端 u_O 的对应关系进行总结，口诀化归纳为："两高出低，两低出高，中间保持；VT 的状态与输出相反。"

使用时注意：

（1）TH 端电平高低是与 $\dfrac{2}{3} V_\mathrm{CC}$ 相比较，$\overline{TR}$ 端电平高低是与 $\dfrac{1}{3} V_\mathrm{CC}$ 相比较。

（2）当 CO 端外加控制电压 U_CO 时，此时 TH 和 $\overline{TR}$ 端电平高低的比较值将分别变成 U_CO 和 $\dfrac{1}{2} U_\mathrm{CO}$。

7.5.2　用 555 定时器组成施密特触发器

一、电路组成

将 555 定时器的阈值输入端 TH 和触发输入端 $\overline{TR}$ 连接在一起，作为触发信号

u_I 的输入端，即组成施密特触发器，电路如图 7.5.2（a）所示。

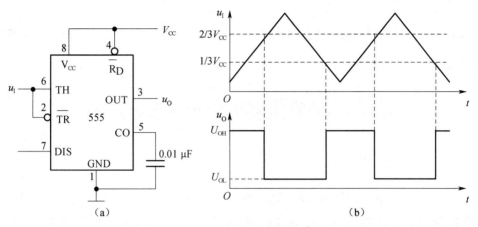

图 7.5.2 用 555 定时器组成施密特触发器

（a）电路图；（b）工作波形

二、工作原理

设输入 u_I 的波形是三角波，参照图 7.5.2（b）所示的波形讨论用 555 定时器组成施密特触发器的工作原理。

输入 u_I 由 0 开始逐渐增加，当 $u_I < \dfrac{V_{CC}}{3}$ 时，根据 555 定时器总结得出的功能口诀："两高出低，两低出高，中间保持"，则输出 $u_O = 1$。

u_I 继续增加，当 $\dfrac{1}{3}V_{CC} \leqslant u_I < \dfrac{2}{3}V_{CC}$，根据 555 定时器的功能口诀："中间保持"，即 $u_O = 1$。

u_I 再增加，当 $u_I \geqslant \dfrac{2}{3}V_{CC}$，根据 555 定时器的功能口诀："两高出低"，$u_O = 0$。

同理，当 u_I 下降到 $\dfrac{1}{3}V_{CC} \leqslant u_I < \dfrac{2}{3}V_{CC}$ 时，输出保持低电平不变，即 $u_O = 0$。当 u_I 下降到 $u_I < \dfrac{V_{CC}}{3}$ 时，根据 555 定时器的功能："两低出高"，电路再次翻转，$u_O = 1$。

由上述分析可知，施密特触发器的正、负向阈值电压分别为 $\dfrac{2}{3}V_{CC}$ 和 $\dfrac{1}{3}V_{CC}$，其回差电压 ΔU_T 为

$$\Delta U_T = U_{T+} - U_{T-} = \frac{1}{3}V_{CC}$$

图 7.5.3 所示为施密特触发器的电压传输

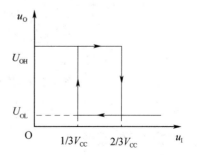

图 7.5.3 用 555 定时器组成施密特触发器的电压传输特性

特性。不难理解，如果在 CO 端外加控制电压 U_{CO} 时，则 $U_{T+} = U_{CO}$，$U_{T-} = \frac{1}{2}U_{CO}$，$\Delta U_T = \frac{1}{2}U_{CO}$。调节 U_{CO} 可改变 ΔU_T 的大小，U_{CO} 越大，ΔU_T 也越大，电路的抗干扰能力就越强。

7.5.3　用 555 定时器组成单稳态触发器

一、电路组成

将 555 定时器的触发输入端 $\overline{TR}$ 作为触发信号 u_I 的输入端，同时将放电端 DIS 和阈值输入端 TH 相连后和定时元件 R、C 相接，便组成了单稳态触发器，如图 7.5.4（a）所示。

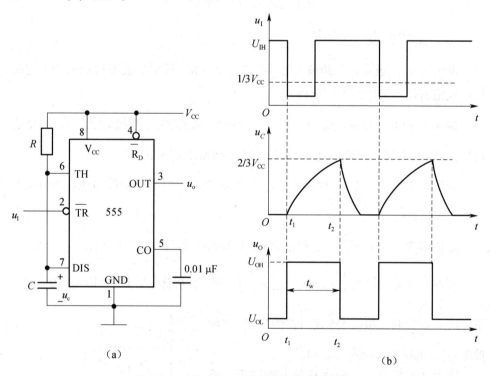

图 7.5.4　用 555 定时器组成单稳态触发器
（a）电路图；（b）工作波形

二、工作原理

下面参照图 7.5.4（b）所示的波形讨论用 555 定时器组成单稳态触发器的工作原理。

256 ···

1. 稳定状态

当输入没有负跃变的触发信号时，u_I 为高电平（$u_I > \dfrac{V_{CC}}{3}$）。接通电源后，如果 $Q = 0$，$u_0 = 0$，放电管 VT 导通，电容通过放电管 VT 放电，使 $u_C = 0$。此时输入端 TH 为低电平，而 $\overline{TR}$ 为高电平，根据 555 定时器的功能，u_0 保持低电平不变。

如果接通电源后 $Q = 1$，$u_0 = 1$，放电管 VT 就会截止，此时电源通过电阻 R 向电容 C 充电，当 u_C 按指数规律上升到 $\dfrac{2}{3}V_{CC}$ 时，此时两个输入端 TH 和 $\overline{TR}$ 均为高电平，根据 555 定时器的功能："两高出低"，$u_0 = 0$，同时，放电管 VT 导通，电容通过放电管 VT 放电，使 $u_C \approx 0$，故 u_0 保持低电平不变。

因此，电路通电后，在没有触发信号时，无论电路原来的状态如何，最终电路只有一种稳定状态 $u_0 = 0$，且此时 $u_C = 0$。

2. 输入触发信号进入暂稳态

当输入端 u_I 施加负跃变的触发信号（$u_I < \dfrac{V_{CC}}{3}$）时，由于稳态时 $u_C \approx 0$，此时两个输入端 TH 和 $\overline{TR}$ 均为低电平，根据 555 定时器的功能："两低出高"，$u_0 = 1$，同时，放电管 VT 截止，电源 V_{CC} 经电阻 R 对电容 C 进行充电，充电时间常数 $\tau = RC$，电路进入暂稳态。

3. 自动返回稳态

随着 C 的充电，u_C 按指数规律上升，在此期间，输入端 u_I 回到高电平（$u_I > \dfrac{V_{CC}}{3}$）。当 u_C 上升到 $\dfrac{2}{3}V_{CC}$ 时，根据"两高出低"，$u_0 = 0$，同时，放电管 VT 导通，电容通过放电管 VT 迅速放电，使 $u_C \approx 0$，u_0 保持低电平不变。电路返回到稳定状态。

三、输出脉冲宽度 t_w 的计算

如果忽略放电三极管 VT 的饱和压降，则电容 u_C 从 0 V 上升到 $\dfrac{2}{3}V_{CC}$ 所需的时间，即为输出电压 u_0 的脉冲宽度 t_w。由波形图可知，$u_C(t_1) = 0\ V$，$u_C(\infty) = V_{CC}$，$u_C(t_2) = \dfrac{2}{3}V_{CC}$，将上述参数代入时间间隔公式计算，得

$$t_w = t_2 - t_1 = RC\ln\frac{V_{CC} - 0}{V_{CC} - \dfrac{2V_{CC}}{3}} = RC\ln 3$$

$$t_w \approx 1.1RC \tag{7.5.1}$$

四、输入具有 RC 微分电路的单稳态触发器

由上述分析可知，图 7.5.4 所示电路只有在输入信号 u_I 的负脉冲宽度小于输出脉

冲宽度 t_w 时，才能正常工作。如果输入 u_I 的负脉冲宽度大于输出脉冲宽度 t_w，需在 $\overline{TR}$ 端和输入端之间接入 $R_d C_d$ 微分电路，如图 7.5.5 所示，电路才能正常工作。

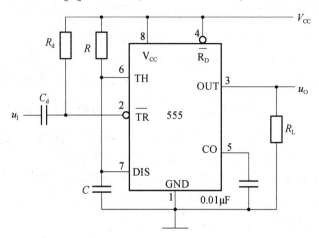

图 7.5.5　输入具有 RC 微分电路的单稳态触发器

7.5.4　用 555 定时器组成多谐振荡器

一、电路组成

用 555 定时器组成多谐振荡器如图 7.5.6（a）所示，将 555 定时器的阈值输入端 TH 和触发输入端 $\overline{TR}$ 相连后对地接电容 C，电源 V_{CC} 通过电阻 R_1、R_2 与电容连接，放电端 DIS 和定时元件 R_1、R_2、C 相接。

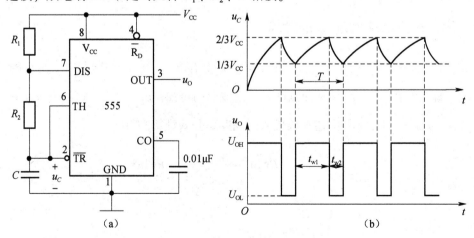

图 7.5.6　用 555 定时器组成多谐振荡器

（a）电路图；（b）工作波形

二、工作原理

设电容 C 上的初始电压值为 0 V。

接通电源后，根据 555 定时器的功能："两低出高"，$u_0 = 1$，这时，放电管 VT 截止。电源 V_{CC} 通过电阻 R_1 和 R_2 对电容 C 充电，u_c 按指数规律上升，充电时间常数 $\tau = (R_1 + R_2)C$。

当 $u_c \geq \dfrac{2}{3}V_{CC}$ 时，根据 555 定时器的功能："两高出低"，$u_0 = 0$。同时，放电管 VT 导通，电容通过电阻 R_2 和放电管 VT 放电，u_c 按指数规律下降，忽略放电管的导通内阻，放电时间常数 $\tau = R_2 C$。

在 $\dfrac{1}{3}V_{CC} < u_c < \dfrac{2}{3}V_{CC}$ 期间，输出保持不变，即 $u_0 = 0$。当 $u_c \leq \dfrac{1}{3}V_{CC}$ 时，根据 555 定时器的功能："两低出高"，$u_0 = 1$，这时，放电管 VT 截止，电源 V_{CC} 又通过电阻 R_1 和 R_2 对电容 C 充电。

当 $u_c \geq \dfrac{2}{3}V_{CC}$ 时，电路状态再一次翻转。如此周而复始地对电容 C 充电和放电，输出一个一定频率的矩形脉冲。

上述分析过程对应的工作波形如图 7.5.6（b）所示。

三、振荡周期 T 的计算

多谐振荡器的振荡周期 T 为

$$T = t_{w1} + t_{w2}$$

t_{w1} 为电容 u_c 从 $\dfrac{1}{3}V_{CC}$ 充到 $\dfrac{2}{3}V_{CC}$ 所需的时间；t_{w2} 为电容 u_c 从 $\dfrac{2}{3}V_{CC}$ 放电到 $\dfrac{1}{3}V_{CC}$ 所需的时间。忽略放电管 VT 的饱和压降和导通内阻，根据时间间隔公式分别计算，得

$$t_{w1} = (R_1 + R_2)C\ln \frac{V_{CC} - \dfrac{V_{CC}}{3}}{V_{CC} - \dfrac{2V_{CC}}{3}} = (R_1 + R_2)C\ln 2 \approx 0.7(R_1 + R_2)C \qquad (7.5.2)$$

$$t_{w2} = R_2 C\ln \frac{0 - \dfrac{2V_{CC}}{3}}{0 - \dfrac{V_{CC}}{3}} = R_2 C\ln 2 \approx 0.7R_2 C \qquad (7.5.3)$$

故多谐振荡器的振荡周期 T 为

$$T = t_{w1} + t_{w2} = 0.7(R_1 + 2R_2)C \qquad (7.5.4)$$

振荡频率 f 为

$$f = \frac{1}{T} = \frac{1}{0.7(R_1 + 2R_2)C} \tag{7.5.5}$$

由于 555 定时器内部的比较器灵敏度较高，而且采用差分电路形式，故用 555 定时器组成的多谐振荡器的振荡频率受电源电压和温度变化的影响很小。

四、占空比可调的多谐振荡器

如图 7.5.6 所示的电路，$t_{w1} \neq t_{w2}$，且占空比固定不变。如果要实现占空比可调，采用图 7.5.7 所示的电路。由于电路中二极管 VD_1、VD_2 的单向导电特性，使电容 C 的充放电回路分开，调节电位器，就可调节多谐振荡器的占空比。

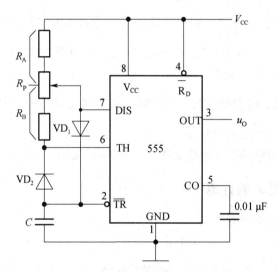

图 7.5.7　占空比可调的多谐振荡器

图 7.5.7 中，电源 V_{CC} 通过电阻 R_A 和 VD_1 对电容 C 充电，充电时间常数 $\tau = R_A C$；电容 C 通过电阻 R_B、VD_2 及内部放电管 VT 放电，忽略放电管 VT 的导通内阻，其放电时间常数 $\tau = R_B C$。计算可得

$$t_{w1} \approx 0.7 R_A C \tag{7.5.6}$$

$$t_{w2} \approx 0.7 R_B C \tag{7.5.7}$$

电路输出波形的占空比为

$$q = \frac{t_{w1}}{T} = \frac{0.7 R_A C}{0.7 R_A C + 0.7 R_B C} = \frac{R_A}{R_A + R_B} \tag{7.5.8}$$

上面仅讨论了由上述 555 定时器组成的施密特触发器、单稳态触发器和多谐振荡器，实际上，由于 555 定时器的灵敏度高、功能灵活，故在电子电路中得到了广泛应用，在此就不一一举例了。

7.6　项目　双路防盗报警器（案例四）

一、项目任务

某企业承接了一批双路防盗报警器的组装与调试任务，请按照相应的企业生产标准完成该产品的组装与调试，实现该产品的基本功能，满足相应的技术指标。装配完成后，利用相关的仪表对电路进行通电测试，记录测试数据。

二、电路结构

双路防盗报警器如图7.6.1所示，电路共由三部分组成。第1个555定时器和 R_1、R_2、C_1、C_2 构成多谐振荡器，控制 LED_1、LED_2；第2个555定时器和 R_5、R_6、C_3、R_7 构成多谐振荡器，控制扬声器；K_1、K_2、两个与非门组成双路防盗控制电路，R_9、R_{11}、C_4 为延时电路。

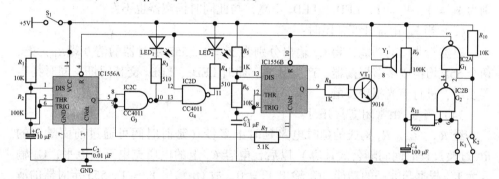

图7.6.1　双路防盗报警器

三、工作原理

1. 元器件介绍

（1）NE556定时器：双定时器。

NE556定时器内部由两个555定时器构成，引脚分布如图7.6.2所示。根据 *TH* 和 *TR* 两个输入端与输出端 u_0 的对应关系，555定时器的功能可归纳为："两高出低，两低出高，中间保持；放电管 VT 的状态与输出相反"。

（2）74LS00：二输入端与非门。

74LS00由4个二输入端的与非门构成，GND、V_{CC} 分别为接地端和电源端，引脚排列图如图7.6.3所示。与非门的功能特点是：有0出1，全1出0。

2. 工作原理

（1）多谐振荡器：

由556（1）构成多谐振荡器，输出一定频率的矩形脉冲，其周期计算公式为：

$T_1 = 0.7(R_1 + 2R_2)C_1$。556（2）也构成多谐振荡器，周期计算方法同上。

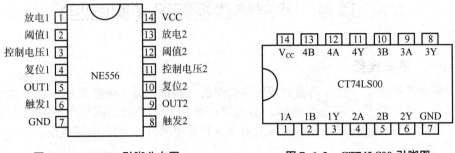

图 7.6.2　NE556 引脚分布图　　　　图 7.6.3　CT74LS00 引脚图

（2）当 K_1 常闭，K_2 常开时：

根据与非门的功能，得 G_2、G_1 的输出分别为 $Y_2 = 1$，$Y_1 = 0$。555 定时器的清 0 端 $\overline{R_D} = 0$（有效），两个 555 的输出均为 0，因此，与非门 G_3、G_4 的输出分别为 $Y_3 = 1$，$Y_4 = 1$，LED_1、LED_2 不亮，与此同时扬声器也不发声。

（3）当 K_2 由常开变常闭时：

根据与非门的功能，得 G_1 输出分别为 $Y_1 = 1$。555 定时器的清 0 端 $\overline{R_D}$ 无效，两个 555 均构成多谐振荡器，产生脉冲。此时 LED_1、LED_2 交替闪烁，同时扬声器发声，进行声光报警提醒。

（4）当 K_1 由常闭变常开时：

经 R_{11}、C_4、R_9 构成的延时电路延时十多秒（延时时间可通过前面学习的 RC 过渡过程时间间隔公式计算）以后，电容 C_4 上的电压充电至高电平，G_2 输入为 1，根据与非门的功能，G_2 输出 $Y_2 = 0$，故 G_1 输出 $Y_1 = 1$。555 定时器的清 0 端 $\overline{R_D}$ 无效，两个 555 均构成多谐振荡器，产生脉冲。此时 LED_1、LED_2 交替闪烁，扬声器发声，进行声光报警提醒。

报警时，在 R_7 的作用下，第 1 个 555 定时器输出高低电平脉冲时，改变第 2 个 555 定时器的基准电压控制端 CO 的电压点，使第 2 个 555 产生的脉冲频率发生改变，扬声器发声高低音频交替（变频），效果类似于救护车"120"的音调。

变频原理如下：

当第 1 个 555 定时器输出 $u_{O1} = 1$ 时，红灯亮绿灯灭，第 2 个 555 定时器的基准电压控制端 CO 的电压等于在双电源基础上 R_7 与内部 3 个 5 kΩ 串并联分压叠加的结果，比较点不是 $\frac{1}{3}V_{CC} \sim \frac{2}{3}V_{CC}$（通过计算为 2 ~ 4 V），可计算出 555（2）的输出频率 $f = 500$ Hz，此时的扬声器发出低音。当第 1 个 555 定时器输出 $u_{O1} = 0$ 时，红灯灭绿灯亮，第 2 个 555 定时器的基准电压控制端 CO 的电压等于在单电源基础上 R_7 与内部 3 个 5 kΩ 串并联直接分压的结果，比较点也不是 $\frac{1}{3}V_{CC} \sim \frac{2}{3}V_{CC}$（通过计算为 1 ~ 2 V），经过计算 555（2）的输出频率 $f = 1\,670$ Hz，此时的扬声器发出高音。

本章小结 <<<

（1）脉冲信号的产生与整形电路主要包括多谐振荡器、单稳态触发器和施密特触发器。多谐振荡器用于产生脉冲方波信号，而单稳态触发器和施密特触发器主要用于对波形进行整形和变换，它们都是电子系统中经常使用的单元电路。

（2）单稳态触发器可将输入的触发脉冲变换为宽度和幅度都符合要求的矩形脉冲，它有一个稳态和一个暂稳态，其输出脉冲宽度只取决于电路本身 R、C 定时元件的数值，与输入信号没有关系，输入信号只起到使触发电路进入暂稳态的作用。单稳态触发器常用于脉冲的定时、整形和展宽等。

（3）施密特触发器可将任意波形变换成矩形脉冲，它有两个稳定状态，其稳态是靠两个不同的输入电平来维持的，因此具有回差特性。调节回差电压的大小，可改变输出脉冲的宽度。其常用于进行幅度鉴别、脉冲整形、构成多谐振荡器等。

（4）多谐振荡器接通电源后就能输出周期性的矩形脉冲。它没有稳定状态，只有两个暂稳态，暂稳态间的相互转换完全靠电路本身电容的充电和放电自动完成，改变 R、C 定时元件数值的大小，可调节振荡频率。在振荡频率稳定度要求很高的情况下，可采用石英晶体振荡器。

（5）555 定时器是一种多用途的集成电路，只需外接少量阻容元件便可组成多谐振荡器、施密特触发器和单稳态触发器。此外，它还可组成其他各种实用电路。由于 555 定时器使用方便、灵活，有较强的带负载能力和较高的触发灵敏度，因此，它在自动控制、仪器仪表、家用电器等许多领域都有着广泛的应用。除 555 单定时器外，还有双定时器 556、四定时器 558 等。

习 题 <<<

7.1 如习题图 7.1 所示为反相输出的施密特触发器，试根据输入波形画出对应的输出波形，并画出电压传输特性曲线。

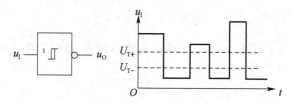

习题图 7.1 习题 7.1 图

7.2 如施密特触发与非门的输入波形如习题图 7.2 所示，试画出 u_0 的波形。

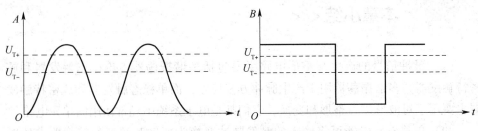

习题图 7.2　习题 7.2 图

7.3 由 CT74LS121 组成的单稳态触发器电路如习题图 7.3 所示。如果外接电容 $C_1 = 0.01\ \mu F$，输出脉冲宽度的调节范围为 $10\ \mu s \sim 1\ ms$，试求外接电阻 R_1 的调节范围为多少？

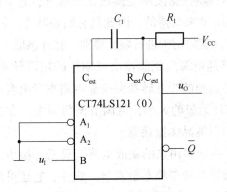

习题图 7.3　习题 7.3 图

7.4 某控制系统要求产生的信号 u_a、u_b 与系统时钟 CP 的时序关系如习题图 7.4 所示。试用 4 位二进制计数器 74LS161、集成单稳态触发器 74LS121 设计该信号产生电路并画出电路图。

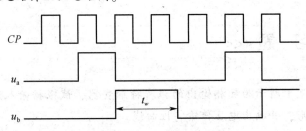

习题图 7.4　习题 7.4 图

7.5 由集成施密特 CMOS 与非门电路组成的脉冲占空比可调的多谐振荡器如习题图 7.5 所示。求：

(1) 画出 u_C 和 u_0 的波形；

(2) 写出输出信号频率的表达式。

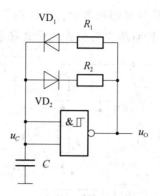

习题图 7.5 习题 7.5 图

7.6 如习题图 7.6 所示为 555 定时器组成的门铃电路。

(1) 分析电路的工作原理。

(2) 画出响铃时 2、6、3 脚的电压波形。

(3) 计算响铃频率。

(4) 分析 R_4 断开后，会产生什么影响？

7.7 如习题图 7.7 所示为 555 定时器组成的过压监视器，试分析：

(1) 电路的工作原理。

(2) 稳压二极管 D_Z 的作用。

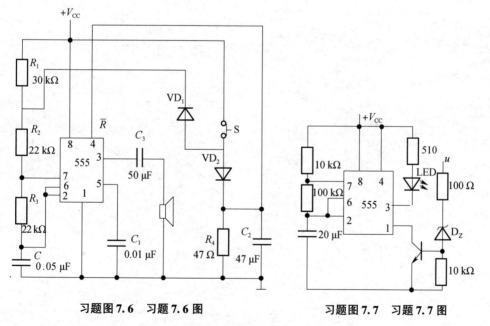

习题图 7.6 习题 7.6 图　　　　　　**习题图 7.7 习题 7.7 图**

7.8 如习题图 7.8 所示为 555 定时器组成的电子门铃电路。

(1) 画出 A、B、C 三点的波形。

(2) 如果要改变铃声的音调，应该调节哪些元件的参数？

（3）如果要改变铃声持续时间的长短，应该调节哪些元件的参数？

（4）如 555（1）的 3 脚断路，则会出现什么现象？

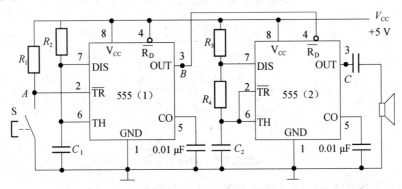

习题图7.8　习题7.8图

第8章 数/模和模/数转换器

本章要点

- DAC 和 ADC 的定义、应用、分类及主要参数
- DAC 的结构和基本原理
- ADC 的结构和基本原理

本章难点

- $R-2R$ 倒 T 形电阻网络实现数字量到模拟量的转换
- A/D 转换须经过采样、保持、量化、编码四个步骤

8.1 概 述

随着数字技术，特别是信息技术的飞速发展与普及，在现代控制、通信及检测等领域，为了提高系统的性能指标，对信号的处理广泛采用了数字计算机技术。由于系统的实际对象往往都是一些模拟量（如温度、压力、位移、图像等），要使计算机或数字仪表能识别、处理这些信号，必须首先将这些模拟信号转换成数字信号；而经计算机分析、处理后输出的数字量也往往需要将其转换为相应模拟信号才能为执行机构所接收。这样，就需要一种能在模拟信号与数字信号之间起桥梁作用的电路——模/数和数/模转换器。

将模拟信号转换成数字信号的电路，称为模/数转换器（简称 A/D 转换器或 ADC）；将数字信号转换为模拟信号的电路称为数/模转换器（简称 D/A 转换器或 DAC）。显然，ADC 和 DAC 是数字系统的重要接口部件。随着集成技术的发展，现已研制和生产出许多单片的和混合集成型的 A/D 和 D/A 转换器，它们具有越来越先进的技术指标。

本章介绍数/模和模/数转换的电路结构、工作原理及其应用。

8.2　D/A 转换器

　　D/A 转换器将输入的二进制代码转换成相应的输出模拟电压。它是数字系统和模拟系统的接口。图 8.2.1 为一个 DAC 的框图，一般包括基准电压、输入寄存器、电子模拟开关、由数字代码所控制的电阻网络和运算放大器等几部分。

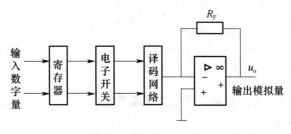

图 8.2.1　DAC 框图

8.2.1　权电阻网络 D/A 转换器

一、电路组成

　　图 8.2.2 所示为 n 位权电阻网络 D/A 转换器，它主要由电子模拟开关 $S_0 \sim S_{n-1}$、权电阻网络、基准电压 U_{REF} 和求和运算放大器等部分组成。构成权电阻网络的电阻的阻值与该位的位权值成反比。

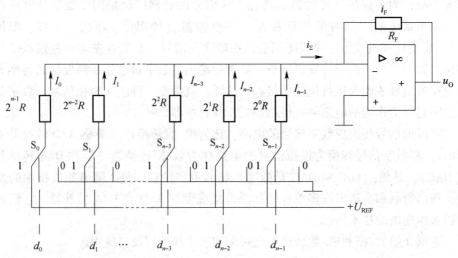

图 8.2.2　n 位权电阻网络 D/A 转换器

二、工作原理

运算放大器反向输入端"虚地",该点电位总是近似为 0。当电子开关 $S_0 \sim S_{n-1}$ 都接 1 端时,流入求和运算放大器的总电流 i_Σ 为

$$i_\Sigma = I_{n-1} + I_{n-2} + \cdots + I_1 + I_0$$
$$= \frac{U_{\text{REF}}}{2^0 R} + \frac{U_{\text{REF}}}{2^1 R} + \cdots + \frac{U_{\text{REF}}}{2^{n-2} R} + \frac{U_{\text{REF}}}{2^{n-1} R} \qquad (8.2.1)$$

模拟开关 S_i 受 d_i 控制,因此

$$i_\Sigma = \frac{U_{\text{REF}}}{R} d_{n-1} + \frac{U_{\text{REF}}}{2^1 R} d_{n-2} + \cdots + \frac{U_{\text{REF}}}{2^{n-2} R} d_1 + \frac{U_{\text{REF}}}{2^{n-1} R} d_0$$

$$= \frac{U_{\text{REF}}}{2^{n-1} R} (2^{n-1} d_{n-1} + 2^{n-2} d_{n-2} + \cdots + 2^1 d_1 + 2^0 d_0)$$

$$= \frac{U_{\text{REF}}}{2^{n-1} R} \sum_{i=0}^{n-1} 2^i d_i \qquad (8.2.2)$$

因运算放大器的输入偏置电流近似为 0,故电流 $i_\Sigma = i_F$,则运算放大器输出电压为

$$u_O = -i_F R_F = -i_\Sigma R_F$$

$$= -R_F \frac{U_{\text{REF}}}{2^{n-1} R} (2^{n-1} d_{n-1} + 2^{n-2} d_{n-2} + \cdots + 2^1 d_1 + 2^0 d_0)$$

$$= -R_F \frac{U_{\text{REF}}}{2^{n-1} R} \sum_{i=0}^{n-1} 2^i d_i \qquad (8.2.3)$$

式(8.2.3)说明输出的电压模拟量 u_O 与输入的二进制数字量 d 成正比,完成了数/模转换。改变 U_{REF} 或 R_F 可以改变输出电压的变化范围。

通常取 $R_F = \dfrac{R}{2}$,则可简化为

$$u_O = -\frac{U_{\text{REF}}}{2^n} \sum_{i=0}^{n-1} (d_i \times 2^i) \qquad (8.2.4)$$

权电阻网络 D/A 转换器的优点是电路简单,转换速度也比较快,其转换精度取决于基准电压 U_{REF} 以及模拟电子开关、运算放大器和各权电阻值的精度。它的缺点是各权电阻的阻值都不相同,位数多时,其阻值相差很大,这给保证精度带来很大困难,特别是对于集成电路的制作很不利,因此在集成的 D/A 转换器中很少单独使用该电路。

[**例 8.2.1**] 4 位权电阻网络 D/A 转换器,设基准电压 $U_{\text{REF}} = -8$ V,$2R_F = R$,试求:

(1)当输入数字量 $d_3 d_2 d_1 d_0 = 0001$ 时,输出电压的值;

（2）当输入数字量 $d_3 d_2 d_1 d_0 = 1101$ 时，输出电压的值；

（3）当输入数字量 $d_3 d_2 d_1 d_0 = 1111$ 时，输出电压的值。

解：

（1）将 $d_3 d_2 d_1 d_0 = (0001)_2 = (1)_{10}$ 代入式（8.2.4），得

$$u_0 = -\frac{U_{REF}}{2^n} \sum_{i=0}^{n-1} (d_i \times 2^i) = \frac{8}{2^4} \times 1 = 0.5(V)$$

（2）将 $d_3 d_2 d_1 d_0 = (1101)_2 = (13)_{10}$ 代入式（8.2.4），得

$$u_0 = \frac{8}{2^4} \times 13 = 6.5(V)$$

（3）将 $d_3 d_2 d_1 d_0 = (1111)_2 = (15)_{10}$ 代入式（8.2.4），得

$$u_0 = \frac{8}{2^4} \times 15 = 7.5(V)$$

8.2.2 $R-2R$ 倒 T 形电阻网络 D/A 转换器

一、电路组成

在单片集成 D/A 转换器中，使用最多的是倒 T 形电阻网络 D/A 转换器。

4 位倒 T 形电阻网络 D/A 转换器的原理图如图 8.2.3 所示。$S_0 \sim S_3$ 为模拟开关，$R-2R$ 电阻解码网络呈倒 T 形，运算放大器构成求和电路。电子开关 S_i 由输入数码 d_i 控制，当 $d_i = 1$ 时，S_i 接运放反相输入端（"虚地"），I_i 流入求和电路；当 $d_i = 0$ 时，S_i 将电阻 2R 接地。

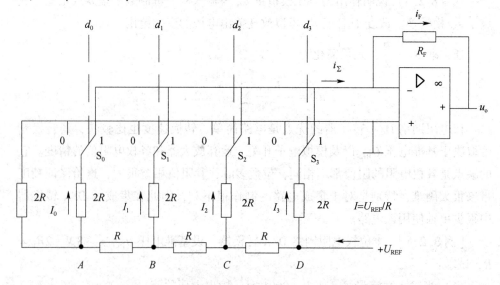

图 8.2.3　4 位 $R-2R$ 倒 T 形电阻网络 D/A 转换器

无论模拟开关 S_i 处于何种位置，与 S_i 相连的 $2R$ 电阻均等效接"地"（地或虚地）。这样流经 $2R$ 电阻的电流与开关位置无关，为确定值。

二、工作原理

分析 $R-2R$ 电阻网络不难发现，从 A、B、C、D 每个节点向左看的二端网络等效电阻均为 R，流入每个 $2R$ 电阻的电流从高位到低位按 2 的整倍数递减。设由基准电压源提供的总电流为 $I(I=U_{REF}/R)$，则 $I_3=\dfrac{I}{2}$，$I_2=\dfrac{I_3}{2}$，$I_1=\dfrac{I_2}{2}$，$I_0=\dfrac{I_1}{2}$，可见流过各开关支路（从右到左）的电流分别为 $I/2$、$I/4$、$I/8$ 和 $I/16$。

于是可得总电流

$$i_\Sigma = \frac{U_{REF}}{R}\left(\frac{d_0}{2^4}+\frac{d_1}{2^3}+\frac{d_2}{2^2}+\frac{d_3}{2^1}\right)$$

$$= \frac{U_{REF}}{2^4 \times R}\sum_{i=0}^{3}(d_i \times 2^i) \tag{8.2.5}$$

输出电压

$$u_O = -i_F R_F = -i_\Sigma R_F$$

$$= -\frac{R_F}{R}\cdot\frac{U_{REF}}{2^4}\sum_{i=0}^{3}(d_i \times 2^i) \tag{8.2.6}$$

将输入数字量扩展到 n 位，可得 n 位倒 T 形电阻网络 D/A 转换器输出模拟量与输入数字量之间的一般关系式如下：

$$u_O = -\frac{R_F}{R}\cdot\frac{U_{REF}}{2^n}\left[\sum_{i=0}^{n-1}(d_i \times 2^i)\right] \tag{8.2.7}$$

若取 $R_F = R$，则

$$u_O = -\frac{U_{REF}}{2^n}\cdot\sum_{i=0}^{n-1}(d_i \times 2^i) \tag{8.2.8}$$

由式（8.2.8）可以看出：输出模拟电压与输入数字量成正比，完成了数/模转换。

倒 T 形电阻网络 D/A 转换器中各支路的电流恒定不变，直接流入运算放大器的反相输入端，它们之间不存在传输时间差，有效地减小了动态误差，因而提高了转换速度；并且，电阻只有 R、$2R$ 两种，为集成电路的设计和制作带来了很大的方便。

8.2.3 权电流型 D/A 转换器

上述两种 DAC 都为电压型，它们都是利用电子开关将基准电压接到电阻网络中去的，由于电子开关存在导通电阻和导通压降，而且各开关的导通电阻和导

通压降值也各不相同，不可避免要引起转换误差。为了提高转换精度，可采用权电流型 DAC。

一、电路组成

图 8.2.4 所示为 4 位权电流型 DAC，它主要由权电流恒流源、运算放大器、电子开关和基准电压源组成。

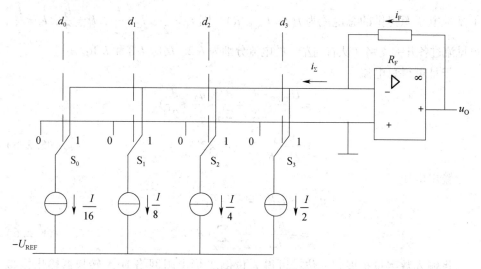

图 8.2.4　权电流型 D/A 转换器

二、工作原理

这组恒流源从高位到低位电流的大小依次为 $I/2$、$I/4$、$I/8$、$I/16$。

当输入数字量的某一位代码 $d_i = 1$ 时，开关 S_i 接运算放大器的反相输入端，相应的权电流流入求和电路；当 $d_i = 0$ 时，开关 S_i 接地。分析该电路可得出

$$u_O = i_\Sigma R_F$$

$$= R_F \left(\frac{I}{2} d_3 + \frac{I}{4} d_2 + \frac{I}{8} d_1 + \frac{I}{16} d_0 \right)$$

$$= \frac{I}{2^4} \times R_F \left(d_3 \times 2^3 + d_2 \times 2^2 + d_1 \times 2^1 + d_0 \times 2^0 \right)$$

$$= \frac{I}{2^4} \cdot R_F \sum_{i=0}^{3} d_i \times 2^i \tag{8.2.9}$$

采用了恒流源电路之后，各支路权电流的大小均不受开关导通电阻和压降的影响，这就降低了对开关电路的要求，提高了转换精度。

8.2.4 D/A 转换器的主要参数

一、转换精度

在 DAC 中转换精度通常用分辨率和转换误差来描述。

1. 分辨率

D/A 转换器模拟输出电压可能被分离的等级数称为分辨率。输入数字量位数越多，输出电压可分离的等级越多，即分辨率越高。在实际应用中，往往用输入数字量的位数表示 D/A 转换器的分辨率。此外，D/A 转换器也可以用能分辨的最小输出电压 U_{LSB}（此时输入的数字代码只有最低有效位为 1，其余各位都是 0）与最大输出电压 U_{FSR}（此时输入的数字代码各有效位全为 1）之比给出。n 位 D/A 转换器的分辨率可表示为 $\dfrac{1}{2^n-1}$。它表示 D/A 转换器在理论上可以达到的精度。

2. 转换误差

D/A 转换器实际输出模拟电压与理想输出模拟电压间的最大误差称为转换误差。它是一个综合指标，不仅与 DAC 中元件参数的精度有关，而且与环境温度、求和运算放大器的温度漂移以及转换器的位数有关。

要获得较高精度的 D/A 转换结果，除了正确选用 DAC 的位数外，还要选用低漂移高精度的求和运算放大器。

通常要求 DAC 的转换误差小于 $U_{\text{LSB}}/2$。

二、转换时间

转换时间是指输入数字量变化时，输出电压变化到相应稳定电压值所需时间。一般用 D/A 转换器输入的数字量从全 0 变为全 1 时，输出电压达到规定的误差范围（$\pm U_{\text{LSB}}/2$）时所需时间表示。转换时间越小，转换速度就越高。D/A 转换器的转换时间较快，单片集成 D/A 转换器转换时间最短可达 $0.1\ \mu s$ 以内。

8.2.5 集成 D/A 转换器 AD7520

集成 D/A 转换器品种很多，其中 $R-2R$ 倒 T 形电阻网络 DAC 较常见。10 位 D/A 转换器 AD7520 就是 $R=10\ \text{k}\Omega$ 的倒 T 形电阻网络 D/A 转换器，内有反馈电

阻 $R_F = R$。使用时须外接运算放大器和基准电压 U_{REF}。

一、电路组成

AD7520 为 10 位 CMOS 电流开关 $R - 2R$ 倒 T 形电阻网络 D/A 转换器，电路如图 8.2.5 虚线框内所示。芯片内部包含倒 T 形电阻网络 $R = 10\ k\Omega$ 和 $2R = 20\ k\Omega$、CMOS 电流开关和反馈电阻 R_F。

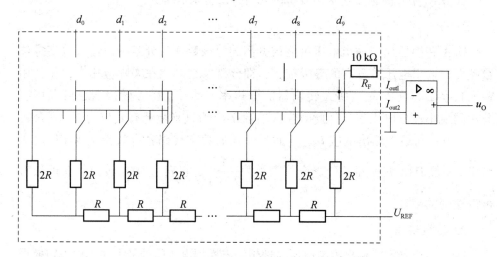

图 8.2.5　AD7520 内部结构

AD7520 各引脚功能见图 8.2.6，其中 $D_0 \sim D_9$ 为数码输入端；I_{out1} 和 I_{out2} 为电流输出端；R_F 为内部反馈电阻输出端；U_{REF} 为基准电压输入端；$+V_{DD}$ 为芯片工作电源。

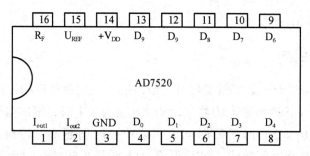

图 8.2.6　AD7520 引脚图

二、应用

1. 数字式可编程增益控制电路

如图 8.2.7（a）所示，电路中运算放大器接成普通的反相比例放大形式，AD7520 内部的反馈电阻 R 为运算放大器的输入电阻，而由数字量控制的倒 T

形电阻网络为其反馈电阻。当输入数字量变化时，倒 T 形电阻网络的等效电阻便随之改变。这样，反相比例放大器在其输入电阻一定的情况下可得到不同的增益。

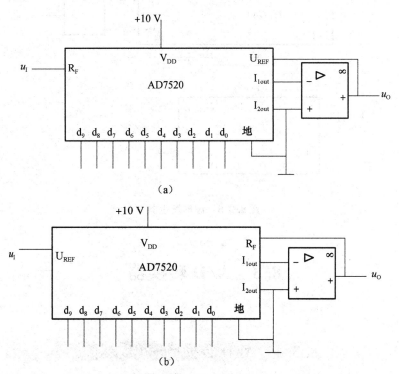

图 8.2.7 数字式可编程增益控制电路

根据运算放大器虚地原理，可以得到

$$\frac{u_\mathrm{I}}{R} = \frac{-u_\mathrm{O}}{2^{10}R}(2^0 d_0 + 2^1 d_1 + \cdots + 2^9 d_9)$$

所以

$$A_u = \frac{u_\mathrm{O}}{u_\mathrm{I}} = \frac{-2^{10}}{2^0 d_0 + 2^1 d_1 + \cdots + 2^9 d_9}$$

它的电压放大倍数，由数码输入端 $d_0 \sim d_9$ 的值决定，故构成增益可编程放大器。

如图 8.2.7（b）所示，将 AD7520 芯片中的反馈电阻 R_F 作为反相运算放大器的反馈电阻，数控 AD7520 的倒 T 形电阻网络连接成运算放大器的输入电阻，即可得到数字式可编程衰减器。

2. 波形发生器

在图 8.2.8 中，输出模拟电压的值随计数器 74LS161 的 Q_3、Q_2、Q_1、Q_0 的变化而发生周期性的变化，故构成波形发生器。

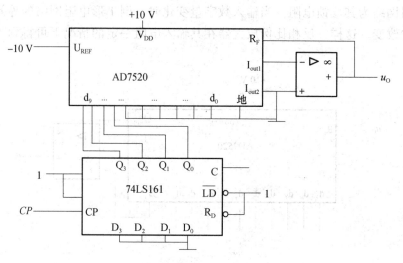

图 8.2.8　波形发生器

8.3　A/D 转换器

8.3.1　A/D 转换的一般步骤

在进行 A/D 转换时，输入的模拟信号在时间上是连续的，而输出的数字信号是离散的，所以进行转换时只能在一系列选定的瞬间对输入信号取样，然后再把这些取样的值转换为输出的数字量。因此一般的 A/D 转换过程要经过取样、保持、量化和编码这四个步骤进行。前两个步骤在取样 – 保持电路中完成，后两个步骤在 A/D 转换器中完成。

一、取样与保持电路

取样是对模拟信号进行周期性抽取样值的过程。图 8.3.1 为取样保持电路的基本形式。N 沟道增强型 MOS 管，受取样脉冲信号 u_S 的控制，运算放大器构成电压跟随器。

当取样脉冲 u_S 为高电平时，NMOS 管导通，存储电容 C 迅速充电，使电容 C 上的电压 u_C 跟上输入电压 u_I 变化；当 u_S 为低电平时，NMOS 管截止，C 上的电压在此期间保持不变，直到下一个取样脉冲的到来。电压跟随器的输出电压始终跟随存储电容上的电压变化。该电路在每次取样结束后 A/D 转换器输出电压保持一段时间，以便进行量化和编码。输入电压、取样脉冲信号和 A/D 转换器的输出电压波形如图 8.3.2 所示。

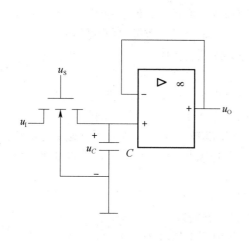

图 8.3.1　取样—保持电路

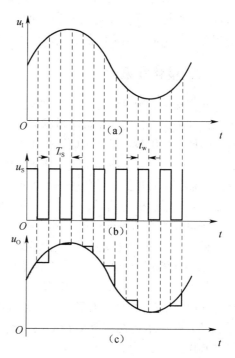

图 8.3.2　取样－保持电路工作波形图

可以证明，为了正确无误地用图 8.3.3 中所示的取样信号 u_S 表示模拟信号 u_I，必须满足：取样信号的频率大于等于输入模拟信号频谱中最高频率的 2 倍，即

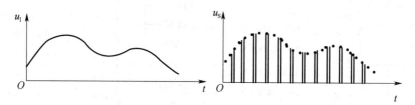

图 8.3.3　对输入模拟信号的采样

$$f_S \geqslant 2f_{imax} \tag{8.3.1}$$

式中，f_S 为取样频率；f_{imax} 为输入信号 u_I 的最高频率分量的频率。

在满足取样定理的条件下，可以用一个低通滤波器将信号 u_S 还原为 u_I，这个低通滤波器的电压传输系数 $|A(f)|$ 在低于 f_{imax} 的范围内应保持不变，而在 $f_S - f_{imax}$ 以前应迅速下降为零，如图 8.3.4 所示。因此，取样定理规定了 A/D 转换的频率下限。

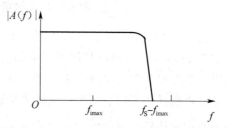

图 8.3.4　还原取样信号所用滤波器的频率特性

因为每次把取样电压转换为相应的数字量都需要一定的时间，所以在每次取样以后，必须把取样电压保持一段时间。可见，进行 A/D 转换时所用的输入电压，实际上是每次取样结束时的 u_1 值。

二、量化和编码

我们知道，数字信号不仅在时间上是离散的，而且在数值上的变化也不是连续的。这就是说，任何一个数字量的大小，都是以某个最小数量单位的整倍数来表示的。因此，在用数字量表示取样电压时，也必须把它化成这个最小数量单位的整倍数，这个转化过程就叫作量化。所规定的最小数量单位叫作量化单位，用 Δ 表示。显然，数字信号最低有效位中的 1 表示的数量大小，就等于 Δ。把量化的数值用二进制代码表示，称为编码。这个二进制代码就是 A/D 转换器的输出信号。

既然模拟电压是连续的，那么它就不一定能被 Δ 整除，因而不可避免地会引入误差，我们把这种误差称为量化误差。在把模拟信号划分为不同的量化等级时，用不同的划分方法可以得到不同的量化误差。

假定需要把 $0 \sim +1\,\text{V}$ 的模拟电压信号转换成 3 位二进制代码，这时便可以取 $\Delta = (1/8)\,\text{V}$，并规定凡数值在 $0 \sim (1/8)\,\text{V}$ 的模拟电压都当作 $0 \times \Delta$ 看待，用二进制的 000 表示；凡数值在 $1/8 \sim (2/8)\,\text{V}$ 的模拟电压都当作 $1 \times \Delta$ 看待，用二进制的 001 表示，等等，如图 8.3.5（a）所示。不难看出，最大的量化误差可达 Δ，即 $(1/8)\,\text{V}$。

模拟电平	二进制代码	代表的模拟电平	模拟电平	二进制代码	代表的模拟电平
1 V	111	$7\Delta = (7/8)\,\text{V}$	1 V	111	$7\Delta = (14/15)\,\text{V}$
7/8	110	$6\Delta = (6/8)\,\text{V}$	13/15	110	$6\Delta = (12/15)\,\text{V}$
6/8	101	$5\Delta = (5/8)\,\text{V}$	11/15	101	$5\Delta = (10/15)\,\text{V}$
5/8	100	$4\Delta = (4/8)\,\text{V}$	9/15	100	$4\Delta = (8/15)\,\text{V}$
4/8	011	$3\Delta = (3/8)\,\text{V}$	7/15	011	$3\Delta = (6/15)\,\text{V}$
3/8	010	$2\Delta = (2/8)\,\text{V}$	5/15	010	$2\Delta = (4/15)\,\text{V}$
2/8	001	$1\Delta = (1/8)\,\text{V}$	3/15	001	$1\Delta = (2/15)\,\text{V}$
1/8	000	$0\Delta = 0\text{V}$	1/15	000	$0\Delta = 0\text{V}$
0			0		

（a）   （b）

图 8.3.5　划分量化电平的两种方法

为了减少量化误差，通常采用图 8.3.5（b）所示的划分方法，取量化单位 $\Delta = (2/15)\,\text{V}$，并将 000 代码所对应的模拟电压规定为 $0 \sim (1/15)\,\text{V}$，即 $0 \sim \Delta/2$。这时，最大量化误差将减少为 $\Delta/2 = (1/15)\,\text{V}$。这个道理不难理解，因为现在把每个二进制代码所代表的模拟电压值规定为它所对应的模拟电压范围的中点，所以最大的量化误差自然就缩小为 $\Delta/2$ 了。

8.3.2 并联比较型 A/D 转换器

一、电路组成

图 8.3.6 所示为 3 位并联比较型 A/D 转换器的原理电路图。它由电压比较器、寄存器和代码转换器 3 部分组成。分压器将基准电压分为 $\dfrac{U_{REF}}{15}$、$\dfrac{3U_{REF}}{15}$、…、$\dfrac{13U_{REF}}{15}$ 等不同电压值，分别作为比较器 $C_1 \sim C_7$ 的参考电压，与输入电压 u_I 进行比较。

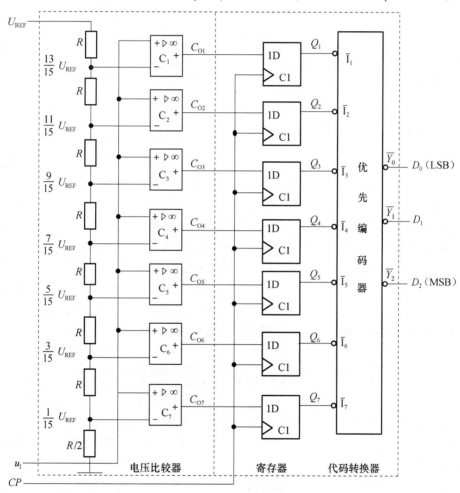

图 8.3.6　3 位并联比较型 A/D 转换器

二、工作原理

由于 u_I 直接送到各比较器的正端，所以若在 $0 \leqslant u_I < (1/15)U_{REF}$ 范围内，则

所有的比较器都输出 0，即量化值为 0，在 CP 触发后，各触发器的输出 $Q_1Q_2\cdots$ $Q_7 = 0000000$，这时优先编码器对 $\overline{I_7} = Q_7 = 0$ 进行编码，输出 $D_2D_1D_0 = 000$。

若在 $(1/15)U_{REF} \leqslant u_1 < (3/15)U_{REF}$ 范围内，则只有比较器 C_1 输出 1，即量化值为 $1 \times (2/15)U_{REF}$，在 CP 触发后，使 $Q_1Q_2\cdots Q_7 = 0000001$，这时优先编码器对 $\overline{I_6} = Q_6 = 0$ 进行编码，输出 $D_2D_1D_0 = 001$。其余依此类推。由此可得到编码器的对应编码输出如表 8.3.1 所示。

表 8.3.1　3 位并联比较型 A/D 转换器量化编码表

u_1 输入范围	$Q_1Q_2Q_3Q_4Q_5Q_6Q_7$	$D_2D_1D_0$
$0 \leqslant u_1 < (1/15)U_{REF}$	0000000	000
$(1/15)U_{REF} \leqslant u_1 < (3/15)U_{REF}$	0000001	001
$(3/15)U_{REF} \leqslant u_1 < (5/15)U_{REF}$	0000011	010
$(5/15)U_{REF} \leqslant u_1 < (7/15)U_{REF}$	0000111	011
$(7/15)U_{REF} \leqslant u_1 < (9/15)U_{REF}$	0001111	100
$(9/15)U_{REF} \leqslant u_1 < (11/15)U_{REF}$	0011111	101
$(11/15)U_{REF} \leqslant u_1 < (13/15)U_{REF}$	0111111	110
$(13/15)U_{REF} \leqslant u_1 < U_{REF}$	1111111	111

注意：如果输入电压范围超出正常范围，即 $u_1 > U_{REF}$，7 个比较器仍然都输出 1，ADC 输出 111 不变，而进入"饱和"状态，不能正常转换。

并联比较型 A/D 转换器由于转换是并行的，其转换时间只受比较器、触发器和编码电路延迟时间限制，因此转换速度最快。随着分辨率的提高，元件数目要按几何级数增加。一个 n 位转换器，所用的比较器个数为 $2^n - 1$，如 8 位的并行 A/D 转换器就需要 $2^8 - 1 = 255$ 个比较器。由于位数越多，电路越复杂，因此制成分辨率较高的集成并行 A/D 转换器是比较困难的。使用这种含有寄存器的并行 A/D 转换电路时，可以不用附加取样 - 保持电路，因为比较器和寄存器这两部分也兼有取样 - 保持功能。这也是该电路的一个优点。

8.3.3　逐次逼近型 A/D 转换器

逐次逼近型 A/D 转换器是一种反馈比较型 A/D 转换器，它的转换原理与天平称物体重量的过程相似。先放一个最重的砝码与被称物体重量进行比较，如砝码比物体轻，则砝码保留；如砝码比物体重，则去掉，换上一个次重量的砝码，再与被称物的重量进行比较。按照此办法，直至加到最轻的一个砝码为止。将所有留下的砝码重量相加，就是最接近被称物体的重量。根据这一思路可构成逐次逼近型 A/D 转换器。

一、电路组成

图 8.3.7 所示为 3 位逐次逼近型 A/D 转换器的原理逻辑图，它主要由 3 位

D/A 转换器、电压比较器、数码寄存器（$FF_6 \sim FF_8$）、环形移位寄存器（$FF_1 \sim FF_5$）及控制逻辑电路（$G_1 \sim G_9$）等部分组成。

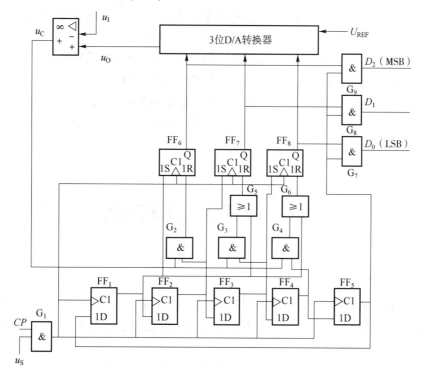

图8.3.7 3位逐次逼近型 A/D 转换器原理图

二、工作原理

转换开始前，将数码寄存器 $FF_6 \sim FF_8$ 清 0，$Q_6 Q_7 Q_8 = 000$，同时将环形移位寄存器 $FF_1 \sim FF_5$ 置成 $Q_1 Q_2 Q_3 Q_4 Q_5 = 10000$ 态，这时 $Q_1 = 1$，因 $Q_5 = 0$，故无数码输出，即 $D_2 D_1 D_0 = 000$。

转换控制信号 u_S 为高电平时，转换开始。

第一个时钟脉冲 CP 作用后，由于 $Q_1 = 1$，使 FF_6 置 1，FF_7、FF_8 保持 0 状态不变，数码寄存器 $Q_6 Q_7 Q_8 = 100$ 状态，经 D/A 转换器后输出的电压 u_O 送到电压比较器与输入被测电压 u_I 进行比较。如 $u_O > u_I$，则 $u_C = 1$；如 $u_O < u_I$，则 $u_C = 0$，同时，环形移位寄存器中的数码向右移一位，其状态为 $Q_1 Q_2 Q_3 Q_4 Q_5 = 01000$，$Q_2 = 1$。由于 $Q_5 = 0$，因此，$G_7 \sim G_9$ 被封锁，无数码输出。

第二个时钟脉冲 CP 到来时，由于 $Q_2 = 1$，使 FF_7 置 1。如原来的 $u_C = 1$，则 FF_6 被置 0；如原来的 $u_C = 0$，则 FF_6 保留 1 状态。同时，环形移位寄存器中的数码右移一位，其状态为 $Q_1 Q_2 Q_3 Q_4 Q_5 = 00100$，$Q_3 = 1$，这时 $Q_5 = 0$，无数码输出。

第三个时钟脉冲 CP 到来时，由于 $Q_3 = 1$，使 FF_8 置 1，如原来的 $u_C = 1$，则 FF_7 被置 0；反之，则保留 1 状态。同时，环形移位寄存器中的数码向右移一位，其状态为 $Q_1 Q_2 Q_3 Q_4 Q_5 = 00010$，$Q_4 = 1$。这时 $Q_5 = 0$，无数码输出。

第四个时钟脉冲 CP 到来时，根据 u_C 的状态确定 FF_8 的 1 状态是否保留。

这时，FF_6、FF_7 和 FF_8 的状态就是所要求转换的结果。同时，环形移位寄存器中的数码向右移一位，处于 $Q_1Q_2Q_3Q_4Q_5 = 00001$ 状态。由于 $Q_5 = 1$，因此，$FF_6 \sim FF_8$ 的状态通过 $G_7 \sim G_9$ 输出，即 $D_2D_1D_0 = Q_6Q_7Q_8$。

第五个时钟脉冲 CP 到达后，移位寄存器又移一位，使电路返回到 $Q_1Q_2Q_3Q_4Q_5 = 10000$ 初始状态。由于 $Q_5 = 0$，$G_7 \sim G_9$ 重新被封锁，输出的数字信号消失。

上述过程完成了将输入的模拟电压 u_1 转换成数字量输出，即完成了 A/D 转换。

逐次逼近型 A/D 转换器的转换速度比并联比较型 A/D 转换器慢，但比双积分型 A/D 转换器高，为中速 A/D 转换器。其使用元器件少，转换精度比较高，因此使用很广泛。

8.3.4 双积分型 A/D 转换器

一、电路组成

双积分型 A/D 转换器是一种间接 A/D 转换器。图 8.3.8 所示为双积分型 A/D 转换器的原理图，它由积分器、过零比较器、计数器、定时触发器、基准电压 U_{REF}、控制电路等部分组成。

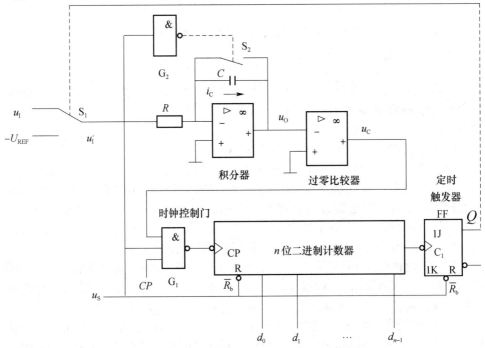

图 8.3.8 双积分型 A/D 转换器

二、工作原理

双积分型 A/D 转换器在一次转换过程中要进行两次积分：第一次，积分器对模拟电压进行定时积分；第二次，对基准电压进行定值积分。故称双积分型 A/D 转换器。

（1）转换开始前，转换控制信号 $u_S = 0$，计数器和定时触发器均被置 0，驱动电路将开关 S_1 接入采样保持电压 u_I。同时，G_2 输出 1，驱动电路使开关 S_2 闭合，令电容 C 充分放电。

（2）第一次积分（采样阶段）。当转换控制信号 u_S 由 0 变为 1，G_2 输出 0，开关 S_2 断开，开关 S_1 接入采样保持电压 u_I 一侧，积分器开始对 u_I 进行定时积分（第一次积分）。积分结束时，积分器的输出电压 $u_{O1}(t)$ 为

$$u_{O1}(t) = -\frac{1}{C}\int_0^{T_1}\frac{u_I}{R}dt = -\frac{u_I}{RC}T_1$$

可见，$u_{O1}(t)$ 以 $u_I/(RC)$ 的斜率随时间下降，如图 8.3.9 所示。

由于积分器输出电压是自 0 开始向负方向变化，过零比较器输出 $u_C = 1$。这期间，时钟控制门 G_1 一直打开，计数器对脉冲周期为 T_C 的时钟脉冲 CP 从 0 开始计数。直到计数器计满 2^n 个 CP 脉冲后，计数的各触发器自动返回 0 状态，同时给定时触发器 FF 送出一个进位信号，令 $Q = 1$，使开关 S_1 接到 $-U_{REF}$ 一侧，第一次积分结束。这段时间就是第一次积分时间 T_1，显然 $T_1 = 2^n T_C$。所以

$$u_{O1}(t_1) = -\frac{T_1}{RC}u_I = -\frac{2^n T_C}{RC}u_I$$

可见，输出电压与输入 u_I 成正比。

（3）第二次积分（比较阶段）。第一次积分结束，S_1 接基准电压 $-U_{REF}$，电容 C 开始放电，积分器对 $-U_{REF}$ 进行反向积分（第二次积分），计数器从 0 开始第二次计数，直到积分器输出电压上升到 $u_O(t)$ 时，由于过零比较器输出 $u_C = 0$，G_1 封锁，计数器停止计数。此

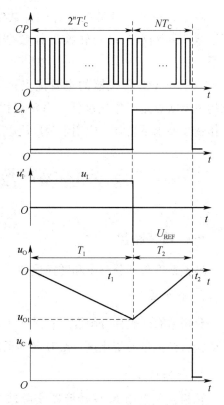

图 8.3.9 双积分型 A/D 转换器工作波形

时，比较阶段结束，计数器中所存的数码即为所要转换的数字输出量。第二次积分的时间 $T_2 = t_2 - t_1$。这时，输出电压为

$$u_{O2}(t_2) = u_{O1}(t_1) + \frac{-1}{RC}\int_{t_1}^{t_2}(-U_{REF})\mathrm{d}t = 0$$

所以

$$\frac{2^n T_C}{RC}u_I = \frac{U_{REF}}{RC}T_2$$

$$T_2 = \frac{2^n T_C}{U_{REF}}u_I$$

可见，第二次积分时间与输入信号 u_I 是成正比的。

如在 T_2 时间内，计数器对固定频率 $f_C = 1/T_C$ 的 CP 信号计数，且计数结果为 D，则

$$T_2 = DT_C$$

所以

$$D = \frac{2^n}{U_{REF}}u_I$$

由上式可知：计数器统计的计数结果与输入电压 u_I 是成正比的，从而实现了模拟量到数字量的转换。计数器的位数就是 A/D 转换器输出数字量的位数。

双积分 A/D 转换器的主要优点是工作稳定，抗干扰能力强，转换精度高；它的主要缺点是工作速度低。由于双积分型 A/D 转换器的优点突出，所以，在工作速度要求不高时，应用十分广泛。

8.3.5 A/D 转换器的主要参数

一、转换精度

转换精度包括分辨率和转换误差。

1. 分辨率

分辨率有时也称分解度，它是 A/D 转换器输出最低位（LSB）变化一个数码对应输入模拟量的变化量。A/D 转换器的位数越多，分辨率越高。

2. 转换误差

转换误差是指 A/D 转换器实际输出的数字量与理论输出数字量之间的差值，通常以相对误差的形式出现。例如，给出相对误差（1/2）LSB，则说明实际输出的数字量和理论上应得到的输出数字量之间的误差不大于最低位的一半。

二、转换速度

转换速度是指 A/D 转换器完成一次转换所需的时间。所谓转换时间，是指从接到转换控制信号起，到输出端得到稳定的数字量输出为止所需的时间。转换时间短，转换速度就高。不同的转换电路，其转换速度的差别是很大的。逐次逼近型 A/D 转换器比双积分型 A/D 转换器转换速度高。

8.4 项目 A/D 转换与显示电路（案例五）

一、项目任务

某企业承接了一批 A/D 转换与显示器的组装与调试任务，请按照相应的企业生产标准完成该产品的组装与调试，实现该产品的基本功能，满足相应的技术指标。装配完成后，利用相关的仪表对电路进行通电测试，记录测试数据。

二、电路结构

A/D 转换与显示电路如图 8.4.1 所示，电路共由三部分组成。555 定时器和 R_1、R_2、C_1 构成多谐振荡器；ADC0804CN、R_3（1kΩ）、C_3、C_4 为 8 位模/数转换器；$LED_0 \sim LED_7$、R_4 为数字信号输出显示电路。

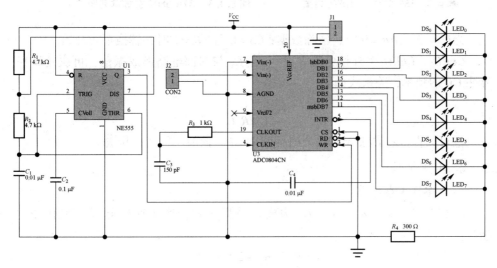

图 8.4.1 A/D 转换与显示电路

三、工作原理

1. 集成元件介绍

（1）555 定时器：

555 定时器的引脚排列如图 8.4.2 所示，555 定时器的功能可归纳为："两高出低，两低出高，中间保持；放电管 VT 的状态与输出相反。"

（2）ADC0804 模/数转换器：

ADC0804 引脚排列如图 8.4.3 所示，为八位 CMOS 逐次逼近型模/数转换器，三态锁定输出。其中，$\overline{CS}$ 为芯片选择信号控制端；$\overline{R_D}$ 为外部读取转换结果的控制输出信号；$\overline{WR}$ 为启动转换的控制输入；$\overline{INTR}$ 为中断请求信号输出；AGND、DGND 分别为模拟信号与数字信号的接地。

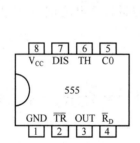

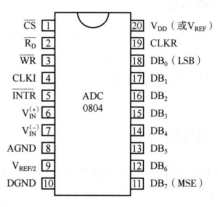

8.4.2 555 定时器引脚排列图   **图 8.4.3 ADC0804 引脚排列图**

当 $\overline{CS}=0$ 且 $\overline{WR}=0$ 时，清除数据；$\overline{CS}=0$ 且 $\overline{WR}=1$ 时，转换正式开始。

CLKIN、*CLKOUT* 外接电阻 R_3 和电容 C_3 与内部电路形成振荡，可决定转换脉冲 *CP* 的频率，关系式如下：

$$f=\frac{1}{1.1R_3C_3}$$

也可以直接从 *CLKIN* 端输入时钟脉冲 *CP*，此时不需要外接 *RC*。

2. 工作原理

（1）多谐振荡电路：

由 555 定时器、R_1、R_2、C_1 构成多谐振荡器，产生时钟脉冲。其脉冲周期为：

$$T=0.7(R_1+2R_2)\cdot C_1$$

可计算出输出脉冲频率为 10 kHz，当输出为高电平 1 时，ADC0804 转换开始；而当输出为 0 时，ADC0804 清除数据，为下一次 A/D 转换做准备。

（2）模/数转换电路：

当 555 定时器的输出为 1 时，ADC0804 进行模/数转换，转换速度由 f_{CP}（正常值在 $100 \sim 1460$ kHz 之间）决定。

根据逐次逼近型 A/D 转换电路的原理，转换时间为：（n 在这里代表输出数字信号的位数）

$$t_{转换时间} = (n+2)T_{CP}$$
$$= (8+2) \times \frac{1}{f_{CP}}$$

为保证转换正常进行，555 定时器输出脉冲中高电平持续的时间（转换开始）应大于 ADC 的转换时间。

（3）输出显示：

输入模拟信号越大，转换后对应输出的二进制数 $DB_7 \sim DB_0$ 就越大（并不代表 LED 灯亮的越多，而是高位亮的概率越高）。输入输出转换关系式为：

$$D = \frac{2^8}{U_{REF}} u_I$$

其中，U_{REF} 表示基准电压，u_I 为输入模拟信号的大小（注意：$u_I \leqslant U_{REF}$），D 为输出数字信号的大小，用二进制数表示。

注：如在调试过程中出现输入大于某一电压值时输出 LED 灯全亮的情况，可增大电容 C_3 的容量或将 R_3 由 1 kΩ 改为 $2 \sim 3$ kΩ。

本章小结 <<<

（1）A/D 和 D/A 转换器是现代数字系统的重要部件，应用日益广泛。

（2）倒 T 形电阻网络 D/A 转换器具有如下特点：电阻网络阻值仅有两种，即 R 和 $2R$；各 $2R$ 支路电流 I_i 与相应的 d_i 数码状态无关，是一定值；由于支路电流流向运放反相端时不存在传输时间，因而具有较高的转换速度。

（3）在权电流型 D/A 转换器中，由于恒流源电路和高速模拟开关的运用使其具有精度高、转换快的优点，双极型单片集成 D/A 转换器多采用此种类型电路。

（4）不同的 A/D 转换方式具有各自的特点，在要求转换速度高的场合，选用并行 A/D 转换器；在要求精度高的情况下，可采用双积分型 A/D 转换器，当然也可选高分辨率的其他形式 A/D 转换器，但会增加成本。由于逐次比较型 A/D 转换器在一定程度上兼有以上两种转换器的优点，因此得到普遍应用。

（5） A/D 转换器和 D/A 转换器的主要技术参数是转换精度和转换速度，在与系统连接后，转换器的这两项指标决定了系统的精度与速度。目前，A/D 与 D/A 转换器的发展趋势是高速度、高分辨率及易于与微型计算机接口，用以满足各个应用领域对信号处理的要求。

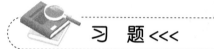 习　题 <<<

8.1　D/A 转换器的作用是什么？D/A 转换器的位数与分辨率有什么关系？

8.2　在图 8.2.2 权电阻型 D/A 转换器中，$U_{REF} = +10$ V，$R = 2$ kΩ，$R_F = 1$ kΩ。输入 8 位二进制数 $D = 10100111$，试求出输出模拟电压。

8.3　八位倒 T 形电阻网络 D/A 转换器中，$U_{REF} = +10$ V，（参考图 8.2.3）。试求，输入 8 位如下二进制数时的输出电压值。（1） 各位全为 1；（2） 只有最低位为 1；（3） 只有最高位为 1。

8.4　A/D 转换器的作用是什么？实现 A/D 转换要经过哪几个步骤？

8.5　A/D 转换器中，输入模拟信号有 200 Hz、600 Hz、3 kHz、5 kHz 等频率的信号。试问取样信号的频率怎么取？

8.6　一个 8 位逐次逼近型 A/D 转换器完成一次转换需要多少个 CP 脉冲？

8.7　双积分型 A/D 转换器中，如果计数器为 8 位二进制，CP 信号频率为 1 MHz，试计算转换器的最大转换时间是多少？

8.8　在双积分型 A/D 转换器中，输入电压的绝对值可否大于参考电压的绝对值？

第 9 章　半导体存储器和可编程逻辑器件

本章要点

- ROM、RAM 的结构、工作原理和存储单元
- ROM 实现组合逻辑电路
- RAM 的扩展
- 可编程逻辑器件 PLD 的结构与特点

本章难点

- ROM 的存储原理
- 六管 CMOS 静态存储单元的存储原理

9.1　只读存储器（ROM）

只读存储器简称 ROM，因工作时其内容只能读出而得名。它是一种固定存储器，它把需要长期存放的程序、表格、函数和符号等数据固定于存储器内，所以断电后存储的内容也不丢失。正常工作时，它只能读出，不能写入。

ROM 种类很多，按照数据写入方式特点不同，可分为固定 ROM、一次性可编程 ROM（PROM）、光可擦除可编程 ROM（EPROM）、电可擦除可编程 ROM（E²PROM）、快闪存储器（Flash Memory）。

9.1.1　固定 ROM

一、内部结构

固定 ROM，也称掩膜 ROM，这种 ROM 在制造时，厂家利用掩膜技术直接把

数据写入存储器中，ROM 制成后，其存储的数据也就固定不变了，用户对这类芯片无法进行任何修改。一般 ROM 的结构如图 **9.1.1** 所示，由地址译码器和存储矩阵组成。

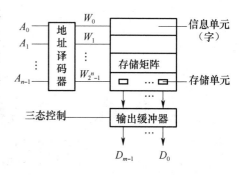

图 9.1.1 ROM 内部结构示意图

二、工作原理

1. 电路组成

电路如图 **9.1.2** 所示，输入地址码是 $A_1 A_0$，输出数据是 $D_3 D_2 D_1 D_0$。输出缓冲器用的是三态门，它有两个作用，一是提高带负载能力，二是实现对输出端状态的控制，以便于和系统总线的连接。其中与门阵列组成译码器，或门阵列构成存储阵列，其存储容量为 $4 \times 4 = 16$ 位。

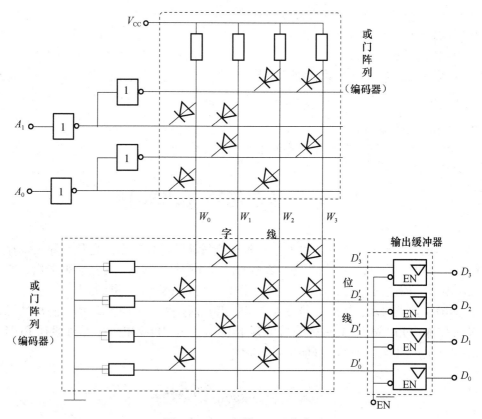

图 9.1.2 二极管 ROM 电路

2. 输出信号表达式

与门阵列输出表达式：

$$W_0 = \overline{A_1}\,\overline{A_0} \qquad W_1 = \overline{A_1}A_0 \qquad W_2 = A_1\,\overline{A_0} \qquad W_3 = A_1A_0$$

或门阵列输出表达式：

$$D_0 = W_0 + W_2 \qquad\qquad D_1 = W_1 + W_2 + W_3$$

$$D_2 = W_0 + W_2 + W_3 \qquad D_3 = W_1 + W_3$$

3. ROM 输出信号的真值表

ROM 输出信号真值表如表 **9.1.1** 所示。

表 9.1.1　ROM 输出信号真值表

A_1	A_0	D_3	D_2	D_1	D_0
0	0	0	1	0	1
0	1	1	0	1	0
1	0	0	1	1	1
1	1	1	1	1	0

4. 功能说明

从存储器角度看，A_1A_0 是地址码，$D_3D_2D_1D_0$ 是数据。表 9.1.1 说明：在 00 地址中存放的数据是 0101；01 地址中存放的数据是 1010；10 地址中存放的是 0111；11 地址中存放的是 1110。

从函数发生器角度看，A_1、A_0 是两个输入变量，D_3、D_2、D_1、D_0 是 4 个输出函数。表 9.1.1 说明：当变量 A_1、A_0 取值为 00 时，函数 $D_3 = 0$、$D_2 = 1$、$D_1 = 0$、$D_0 = 1$；当变量 A_1、A_0 取值为 01 时，函数 $D_3 = 1$、$D_2 = 0$、$D_1 = 1$、$D_0 = 0 \cdots$。

从译码编码角度看，与门阵列先对输入的二进制代码 A_1A_0 进行译码，得到 4 个输出信号 W_0、W_1、W_2、W_3，再由或门阵列对 $W_0 \sim W_3$ 这 4 个信号进行编码。表 9.1.1 说明：W_0 的编码是 0101；W_1 的编码是 1010；W_2 的编码是 0111；W_3 的编码是 1110。

9.1.2　可编程只读存储器（PROM）

可编程只读存储器 PROM 封装出厂前，存储单元中的内容全为"1"（或全为"0"），用户可根据需要进行一次性编程处理，将某些单元的内容改为"0"（或"1"）。图 9.1.3 是 PROM 的原理图，其存储单元由三极管和熔丝组成。出厂前，所有存储单元的熔丝都是通的，存储内容全为"1"。用户在使用前进行一次性编程。

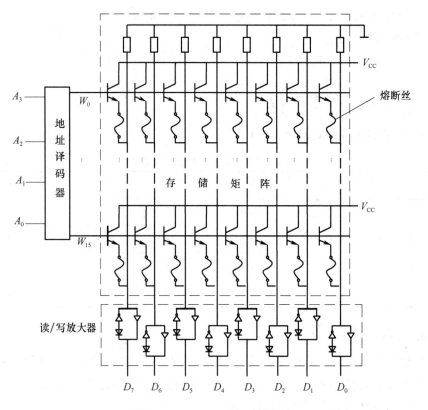

图 9.1.3 PROM 原理结构图

9.1.3 可擦除可编程只读存储器（EPROM）

EPROM 是采用浮栅技术生产的可编程存储器，它的存储单元多采用 N 沟道叠栅 MOS 管（SIMOS），其结构及符号如图 9.1.4（a）所示。除控制栅外，还有一个无外引线的栅极，称为浮栅。当浮栅上无电荷时，给控制栅（接在行选择线

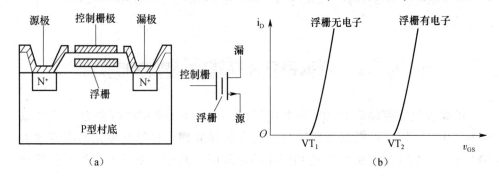

图 9.1.4 叠栅 MOS 管

（a）叠栅 MOS 管的结构及符号图；（b）叠栅 MOS 管浮栅上积累电子与开启电压的关系

上）加上控制电压，MOS 管导通；而当浮栅上带有负电荷时，则衬底表面感应的是正电荷，使得 MOS 管的开启电压变高，如图 9.1.4（b）所示，如果给控制栅加上同样的控制电压，MOS 管仍处于截止状态。由此可见，SIMOS 管可以利用浮栅是否积累有负电荷来存储二值数据。

在写入数据前，浮栅是不带电的，要使浮栅带负电荷，必须在 SIMOS 管的漏、栅极加上足够高的电压（如 25 V），使漏极及衬底之间的 PN 结反向击穿，产生大量的高能电子。这些电子穿过很薄的氧化绝缘层堆积在浮栅上，从而使浮栅带有负电荷。当移去外加电压后，浮栅上的电子没有放电回路，能够长期保存。当用紫外线或 X 射线照射时，浮栅上的电子形成光电流而泄放，从而恢复写入前的状态。照射一般需要 15 ~ 20 min。为了便于照射擦除，芯片的封装外壳装有透明的石英盖板。EPROM 的擦除为一次全部擦除，数据写入需要通用或专用的编程器。

9.1.4 ROM 应用

一、作函数运算表电路

数学运算是数控装置和数字系统中需要经常进行的操作，如果事先把要用到的基本函数变量在一定范围内的取值和相应的函数取值列成表格，写入只读存储器中，则在需要时只要给出规定"地址"就可以快速地得到相应的函数值。这种 ROM 实际上已经成为函数运算表电路。

[例 9.1.1] 试用 ROM 构成能实现函数 $y = x^2$ 的运算表电路，x 的取值范围为 0 ~ 15 的正整数。

解：（1）分析要求、设定变量。

自变量 x 的取值范围为 0 ~ 15 的正整数，对应的 4 位二进制正整数，用 $B = B_3 B_2 B_1 B_0$ 表示。根据 $y = x^2$ 的运算关系，可求出 y 的最大值是 $15^2 = 225$，可以用 8 位二进制 $Y = Y_7 Y_6 Y_5 Y_4 Y_3 Y_2 Y_1 Y_0$ 数表示。

（2）列真值表 – 函数运算表如表 9.1.2 所示。

表 9.1.2 [例 9.1.1] 的真值表

B_3	B_2	B_1	B_0	Y_7	Y_6	Y_5	Y_4	Y_3	Y_2	Y_1	Y_0	十进制数
0	0	0	0	0	0	0	0	0	0	0	0	0
0	0	0	1	0	0	0	0	0	0	0	1	1
0	0	1	0	0	0	0	0	0	1	0	0	4
0	0	1	1	0	0	0	0	1	0	0	1	9

B_3	B_2	B_1	B_0	Y_7	Y_6	Y_5	Y_4	Y_3	Y_2	Y_1	Y_0	十进制数
0	1	0	0	0	0	0	1	0	0	0	0	16
0	1	0	1	0	0	0	1	1	0	0	1	25
0	1	1	0	0	0	1	0	0	1	0	0	36
0	1	1	1	0	0	1	1	0	0	0	1	49
1	0	0	0	0	1	0	0	0	0	0	0	64
1	0	0	1	0	1	0	1	0	0	0	1	81
1	0	1	0	0	1	1	0	0	1	0	0	100
1	0	1	1	0	1	1	1	1	0	0	1	121
1	1	0	0	1	0	0	1	0	0	0	0	144
1	1	0	1	1	0	1	0	1	0	0	1	169
1	1	1	0	1	1	0	0	0	1	0	0	196
1	1	1	1	1	1	1	0	0	0	0	1	225

（3）写标准与或表达式。

$$Y_7 = m_{12} + m_{13} + m_{14} + m_{15}$$

$$Y_6 = m_8 + m_9 + m_{10} + m_{11} + m_{14} + m_{15}$$

$$Y_5 = m_6 + m_7 + m_{10} + m_{11} + m_{13} + m_{15}$$

$$Y_4 = m_4 + m_5 + m_7 + m_9 + m_{11} + m_{12}$$

$$Y_3 = m_3 + m_5 + m_{11} + m_{13}$$

$$Y_2 = m_2 + m_6 + m_{10} + m_{14}$$

$$Y_1 = 0$$

$$Y_0 = m_1 + m_3 + m_5 + m_7 + m_9 + m_{11} + m_{13} + m_{15}$$

（4）画 ROM 存储矩阵节点连接图。

为作图方便，可将 ROM 矩阵中的二极管用节点表示。

在图 9.1.5 所示电路中，字线 $W_0 \sim W_{15}$ 分别与最小项 $m_0 \sim m_{15}$ 一一对应，我们注意到作为地址译码器的与门阵列，其连接是固定的，它的任务是完成对输入地址码（变量）的译码工作，产生一个个具体的地址——地址码（变量）的全部最小项；而作为存储矩阵的或门阵列是可编程的，各个交叉点——可编程点的状态，也就是存储矩阵中的内容，可由用户编程决定。

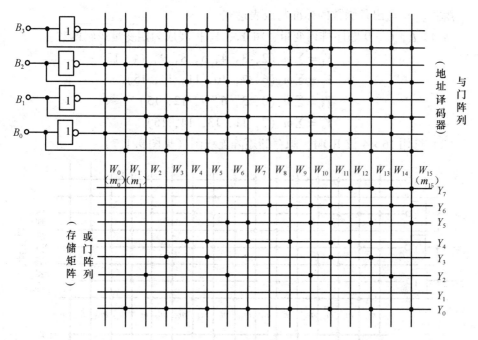

图 9.1.5　例 9.1.1ROM 存储矩阵连接图

当我们把 ROM 存储矩阵作为一个逻辑部件应用时，可将其用方框图表示，如图 9.1.6 所示。

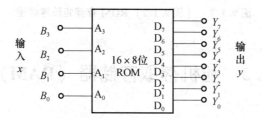

图 9.1.6　[例 9.1.1] ROM 的方框图表示方法

二、实现任意组合逻辑函数

从 ROM 的逻辑结构示意图可知，只读存储器的基本部分是与门阵列和或门阵列，与门阵列实现对输入变量的译码，产生变量的全部最小项，或门阵列完成有关最小项的或运算，因此从理论上讲，利用 ROM 可以实现任何组合逻辑函数。

[例 9.1.2]　试用 ROM 实现下列函数：

$$Y_1 = \overline{A}\,\overline{B}C + \overline{A}B\,\overline{C} + A\overline{B}\,\overline{C} + ABC$$

$$Y_2 = BC + CA$$

$$Y_3 = \overline{A}\,\overline{B}\,\overline{C}\,\overline{D} + \overline{A}\,\overline{B}CD + \overline{A}BC\,\overline{D} + \ + A\,\overline{B}\,\overline{C}\,D + AB\overline{C}\,\overline{D} + ABCD$$

$$Y_4 = ABC + ABD + ACD + BCD$$

解：（1）写出各函数的标准与或表达式。

按 A、B、C、D 顺序排列变量，将 Y_1、Y_2 扩展成为四变量逻辑函数。

$$Y_1 = \sum m \ (2, \ 3, \ 4, \ 5, \ 8, \ 9, \ 14, \ 15)$$

$$Y_2 = \sum m \ (6, \ 7, \ 10, \ 11, \ 14, \ 15)$$

$$Y_3 = \sum m \ (0, \ 3, \ 6, \ 9, \ 12, \ 15)$$

$$Y_4 = \sum m \ (7, \ 11, \ 13, \ 14, \ 15)$$

（2）选用 16×4 位 ROM，画存储矩阵连线图（见图9.1.7）。

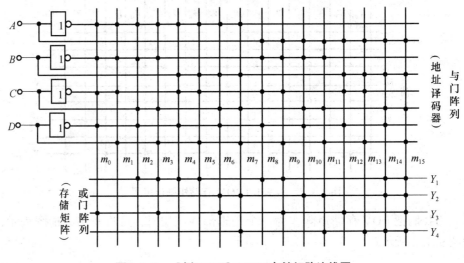

图9.1.7 ［例9.1.2］ROM存储矩阵连线图

9.2　随机存取存储器（RAM）

随机存取存储器简称 RAM，也叫作读/写存储器，既能方便地读出所存数据，又能随时写入新的数据。RAM 的缺点是数据的易失性，即一旦掉电，所存的数据全部丢失。

9.2.1　RAM 的基本结构

RAM 由存储矩阵、地址译码器、读/写控制器、输入/输出、片选控制等几部分组成，如图9.2.1所示。

1. 存储矩阵

存储矩阵是存储器的主体，由若干个存储单元组成。每个存储单元可存放一位二进制信息。为了存取方便，通常将这些存储单元设计成矩阵形式。例如：一

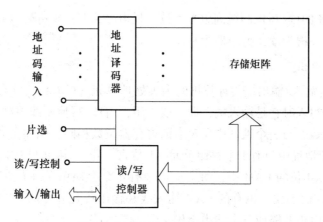

图 9.2.1　RAM 的结构示意框图

个容量为 256×4(256 个字，每个字 4 位) 的存储器，共有 1 024 个存储单元，这些单元可排成如图 9.2.2 所示的 32 行 $\times$ 32 列的矩阵。

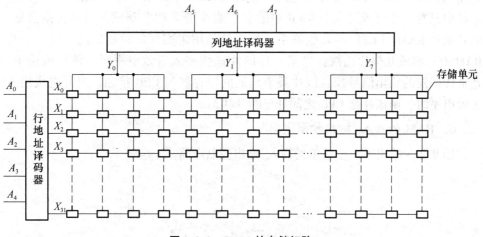

图 9.2.2　RAM 的存储矩阵

2. 地址译码器

为了区别不同的字，将存放同一个字的存储单元编为一组，并赋予 1 个号码，称为地址。不同的字单元具有不同的地址，从而在进行读写操作时，可以按地址选择要访问的存储单元。

存储器中的地址译码器通常采用双译码结构。即将输入地址分为行地址和列地址两部分，分别由行、列地址译码电路译码。

3. 读/写与片选控制

访问 RAM 时，对被选中的寄存器，究竟是读还是写，通过读/写控制线进行控制。如果是读，则被选中单元存储的数据经数据线、输入/输出线传送给 CPU；如果是写，则 CPU 将数据经过输入/输出线、数据线存入被选中单元。

一般 RAM 的读/写控制线高电平为读，低电平为写；也有的 RAM 读/写控制线是分开的，一根为读，另一根为写。

4. 输入/输出

RAM 通过输入/输出端与计算机的中央处理单元（CPU）交换数据，读出时它是输出端，写入时它是输入端，即一线二用，由读/写控制线控制。输入/输出端数据线的条数，与一个地址中所对应的寄存器位数相同，例如在 1 024 × 1 位的 RAM 中，每个地址中只有 1 个存储单元（1 位寄存器），因此只有 1 条输入/输出线；而在 256 × 4 位的 RAM 中，每个地址中有 4 个存储单元（4 位寄存器），所以有 4 条输入/输出线。也有的 RAM 输入线和输出线是分开的。RAM 的输出端一般都具有集电极开路或三态输出结构。

5. 片选控制

由于受 RAM 的集成度限制，一台计算机的存储器系统往往由许多片 RAM 组合而成。CPU 访问存储器时，一次只能访问 RAM 中的某一片（或几片），即存储器中只有一片（或几片）RAM 中的一个地址接受 CPU 访问，与其交换信息，而其他片 RAM 与 CPU 不发生联系，片选就是用来实现这种控制的。通常一片 RAM 有一根或几根片选线，当某一片的片选线接入有效电平时，该片被选中，地址译码器的输出信号控制该片某个地址的寄存器与 CPU 接通；当片选线接入无效电平时，则该片与 CPU 之间处于断开状态。

6. RAM 的输入/输出控制电路

图 9.2.3 给出了一个简单的输入/输出控制电路。

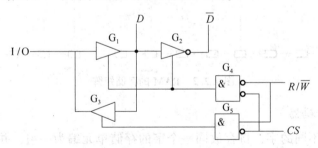

图 9.2.3　输入/输出控制电路

当片选信号 $CS = 1$ 时，G_5、G_4 输出为 0，三态门 G_1、G_2、G_3 均处于高阻状态，输入/输出（I/O）端与存储器内部完全隔离，存储器禁止读/写操作，即不工作。

当 $CS = 0$ 时，芯片被选通：

当 $R/\overline{W} = 1$ 时，G_5 输出高电平，G_3 被打开，于是被选中的单元所存储的数据出现在 I/O 端，存储器执行读操作；

当 $R/\overline{W} = 0$ 时，G_4 输出高电平，G_1、G_2 被打开，此时加在 I/O 端的数据以互补的形式出现在内部数据线上，并被存入所选中的存储单元，存储器执行写操作。

7. RAM 的工作时序

为保证存储器准确无误地工作，加到存储器上的地址、数据和控制信号必须遵守几个时间边界条件。

图 9.2.4 示出了 RAM 读出过程的定时关系。读出操作过程如下：

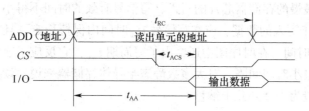

图 9.2.4　RAM 读操作时序图

将欲读出单元的地址加到存储器的地址输入端；

加入有效的片选信号 CS；

在 $R/\overline{W}$ 线上加高电平，经过一段延时后，所选择单元的内容出现在 I/O 端；

让片选信号 CS 无效，I/O 端呈高阻态，本次读出过程结束。

由于地址缓冲器、译码器及输入/输出电路存在延时，在地址信号加到存储器上之后，必须等待一段时间 t_{AA}，数据才能稳定地传输到数据输出端，这段时间称为地址存取时间。如果在 RAM 的地址输入端已经有稳定地址的条件下，加入片选信号，从片选信号有效到数据稳定输出，这段时间间隔记为 t_{ACS}。显然在进行存储器读操作时，只有在地址和片选信号加入，且分别等待 t_{AA} 和 t_{ACS} 以后，被读单元的内容才能稳定地出现在数据输出端，这两个条件必须同时满足。图中 t_{RC} 为读周期，它表示该芯片连续进行两次读操作必需的时间间隔。

写操作的定时波形如图 9.2.5 所示。写操作过程如下：

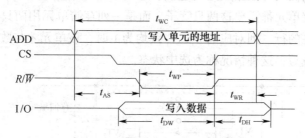

图 9.2.5　RAM 写操作时序图

将欲写入单元的地址加到存储器的地址输入端；

在片选信号 CS 端加上有效电平，使 RAM 选通；

将待写入的数据加到数据输入端；

在 $R/\overline{W}$ 线上加入低电平，进入写工作状态；

使片选信号无效，数据输入线回到高阻状态。

由于地址改变时，新地址的稳定需要经过一段时间，如果在这段时间内加入写控制信号（即 $R/\overline{W}$ 变低），就可能将数据错误地写入其他单元。为防止这种情况出现，在写控制信号有效前，地址必须稳定一段时间 t_{AS}，这段时间称为地址建立时间。同时在写信号失效后，地址信号至少还要维持一段写恢复时间 t_{WR}。为了保证速度最慢的存储器芯片的写入，写信号有效的时间不得小于写脉冲宽度 t_{WP}。此外，对于写入的数据，应在写信号 t_{DW} 时间内保持稳定，且在写信号失效后继续保持 t_{DH} 时间。在时序图中还给出了写周期 t_{WC}，它反应了连续进行两次写操作所需要的最小时间间隔。对大多数静态半导体存储器来说，读周期和写周期是相等的，一般为十几到几十纳秒。

9.2.2 RAM 的存储单元

存储单元是存储器的核心部分。按工作方式不同可分为静态和动态两类，按所用元件类型又可分为双极型和 MOS 型两种，因此存储单元电路形式多种多样。

1. 六管 NMOS 静态存储单元

由六只 NMOS 管（$VT_1 \sim VT_6$）组成。VT_1 与 VT_2 构成一个反相器，VT_3 与 VT_4 构成另一个反相器，两个反相器的输入与输出交叉连接，构成基本触发器，作为数据存储单元。

VT_1 导通、VT_3 截止为 0 状态，VT_3 导通、VT_1 截止为 1 状态。

VT_5、VT_6 是门控管，由 X_i 线控制其导通或截止，它们用来控制触发器输出端与位线之间的连接状态。VT_7、VT_8 也是门控管，其导通与截止受 Y_j 线控制，它们是用来控制位线与数据线之间连接状态的，工作情况与 VT_5、VT_6 类似。但并不是每个存储单元都需要这两只管子，而是一列存储单元用两只。所以，只有当存储单元所在的行、列对应的 X_i、Y_j 线均为 1 时，该单元才与数据线接通，才能对它进行读或写，这种情况称为选中状态。

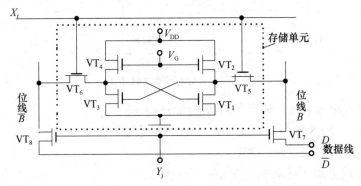

图 9.2.6　六管 NMOS 静态存储单元

2. 双极型晶体管存储单元

图9.2.7是一个双极型晶体管存储单元电路，它用两只多发射极三极管和两只电阻构成一个触发器，一对发射极接在同一条字线上，另一对发射极分别接在位线 B 和 $\bar{B}$ 上。

在维持状态，字线电位约为 0.3 V，低于位线电位（约 1.1 V），因此存储单元中导通管的电流由字线流出，而与位线连接的两个发射结处于反偏状态，相当于位线与存储器断开。处于维持状态的存储单元可以是 VT_1 导通、VT_2 截止（称为 0 状态），也可以是 VT_2 导通、VT_1 截止（称为 1 状态）。

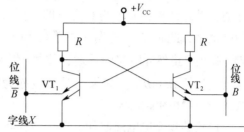

图 9.2.7　双极型晶体管存储单元

当单元被选中时，字线电位被提高到 2.2 V 左右，位线的电位低于字线，于是导通管的电流转而从位线流出。

如果要读出，只要检测其中一条位线有无电流即可。例如可以检测位线 $\bar{B}$，若存储单元为 1 状态，则 VT_2 导通，电流由 $\bar{B}$ 线流出，经过读出放大器转换为电压信号，输出为 1；若存储单元为 0 状态，则 VT_2 截止，$\bar{B}$ 线中无电流，读出放大器无输入信号，输出为 0。

如果要写入 1，则存储器输入端的 1 信号通过写入电路使 $B = 1$、$\bar{B} = 0$，将位线 B 切断（无电流），迫使 VT_1 截止，VT_2 导通，VT_2 的电流由位线 $\bar{B}$ 流出。当字线恢复到低电平后，VT_2 电流再转向字线，而存储单元状态不变，这样就完成了写 1；若要写 0，则令 $B = 0$，$\bar{B} = 1$，使位线 $\bar{B}$ 切断，迫使 VT_2 截止、VT_1 导通。

3. 四管动态 MOS 存储单元

动态 MOS 存储单元存储信息的原理，是利用 MOS 管栅极电容具有暂时存储信息的作用。由于漏电流的存在，栅极电容上存储的电荷不可能长久保持不变，因此为了及时补充漏掉的电荷，避免存储信息丢失，需要定时地给栅极电容补充电荷，通常把这种操作称作刷新或再生。

如图9.2.8所示是四管动态 MOS 存储单元电路。VT_1 和 VT_2 交叉连接，信息（电荷）存储在 C_1、C_2 上。C_1、C_2 上的电压控制 VT_1、VT_2 的导通或截止。当 C_1 充有电荷（电压大于 VT_1 的开启电压），C_2 没有电荷（电压小于 VT_2 的开启电压）时，VT_1 导通、VT_2 截止，我们称此时存储单元为 0 状态；当 C_2 充有电荷，C_1 没有电荷时，VT_2 导通、VT_1 截止，我们则称此时存储单元为 1 状态。VT_3 和 VT_4 是门控管，控制存储单元与位线的连接。

VT_5 和 VT_6 组成对位线的预充电电路，并且为一列中所有存储单元所共用。在访问存储器开始时，VT_5 和 VT_6 栅极上加"预充"脉冲，VT_5、VT_6 导通，位

线 B 和 $\overline{B}$ 被接到电源 V_{DD} 而变为高电平。当预充脉冲消失后，VT$_5$、VT$_6$ 截止，位线与电源 V_{DD} 断开，但由于位线上分布电容 C_B 和 $C_{\overline{B}}$ 的作用，可使位线上的高电平保持一段时间。

在位线保持为高电平期间，当进行读操作时，X 线变为高电平，VT$_3$ 和 VT$_4$ 导通，若存储单元原来为 0 态，即 VT$_1$ 导通、VT$_2$ 截止，G_2 点为低电平，G_1 点为高电平，此时 C_B 通过导通的 VT$_3$ 和 VT$_1$ 放电，使位线 B 变为低电平，而由于 VT$_2$ 截止，虽然此时 VT$_4$ 导通，位线 $\overline{B}$ 仍保持为高电平，这样就把存储单元的状态读到位线 B 和 $\overline{B}$ 上。如果此时 Y 线亦为高电平，则 B、$\overline{B}$ 的信号将通过数据线被送至 RAM 的输出端。

位线的预充电电路起什么作用呢？在 VT$_3$、VT$_4$ 导通期间，如果位线没有事先进行预充电，那么位线 $\overline{B}$ 的高电平只能靠 C_1 通过 VT$_4$ 对 $C_{\overline{B}}$ 充电建立，这样 C_1 上将要损失掉一部分电荷。由于位线上连接的元件较多，$C_{\overline{B}}$ 甚至比 C_1 还要大，这就有可能在读一次后便破坏了 G_1 的高电平，使存储的信息丢失。采用了预充电电路后，由于位线 $\overline{B}$ 的电位比 G_1 的电位还要高一些，所以在读出时，C_1 上的电荷不但不会损失，反而还会通过 VT$_4$ 对 C_1 再充电，使 C_1 上的电荷得到补充，即进行一次刷新。

当进行写操作时，RAM 的数据输入端通过数据线、位线控制存储单元改变状态，把信息存入其中。

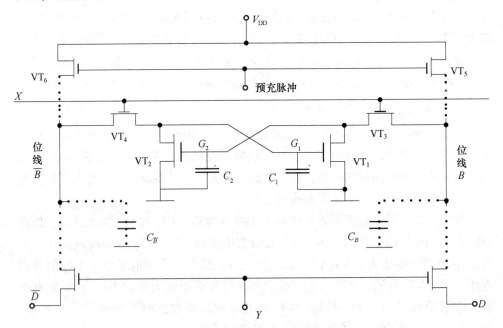

图 9.2.8　四管动态 MOS 存储单元

9.2.3 RAM 的容量扩展

在实际应用中，经常需要大容量的 RAM。在单片 RAM 芯片容量不能满足要求时，就需要进行扩展，将多片 RAM 组合起来，构成存储器系统（也称存储体）。RAM 的扩展分为位扩展和字扩展两种。

1. 位扩展

用 1 024(1K) ×1 位 RAM 扩展为 1 024 ×8 位存储器需要 1 024 ×1 RAM 的片数为：

$$N = \frac{\text{总存储容量}}{\text{片存储容量}} = \frac{1\ 024 \times 8}{1\ 024 \times 1} = 8（片）$$

各片地址线的寻址范围相同，为：0000000000 ~ 1111111111（000H ~ 3FFH）。

用 8 片 1 024(1K) ×1 位 RAM 构成的 1 024 ×8 位 RAM 系统如图 9.2.9 所示。

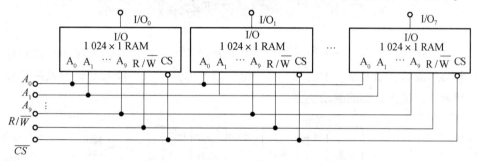

图 9.2.9　1K ×1 位 RAM 扩展成 1K ×8 位 RAM

2. 字扩展

用 8 片 1K ×8 位 RAM 构成的 8K ×8 位 RAM。

图 9.2.10 中，输入/输出线、读/写线和地址线 $A_0 \sim A_9$ 是并联起来的，高位

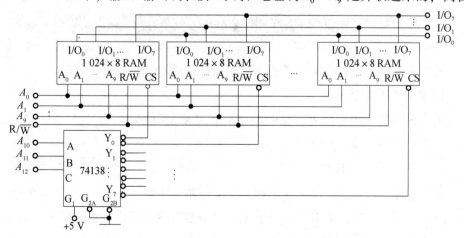

图 9.2.10　1 K ×8 位 RAM 扩展成 8 K ×8 位 RAM

地址码 A_{10}、A_{11} 和 A_{12} 经 74138 译码器 8 个输出端分别控制 8 片 $1K \times 8$ 位 RAM 的片选端，以实现字扩展。

如果需要，我们还可以采用位与字同时扩展的方法扩大 RAM 的容量。

9.3　可编程逻辑器件

PLD 是指用户自行定义功能（编程）的一类通用型逻辑器件的总称。它可以把一个数字系统集成到一片 PLD 上，而不必由芯片制造商去设计和制作专用集成芯片。PLD 兼顾了通用型器件批量大、成本低和专用型器件构成系统体积小、可靠性高的特点，在科技开发中得到了广泛的应用。

9.3.1　PLD 的基本结构

可编程逻辑器件的基本结构是由与阵列和或阵列、再加上输入缓冲电路和输出电路组成的，如图 9.3.1 所示。其中输入缓冲电路可产生输入变量的原变量和反变量，并提供足够的驱动能力。

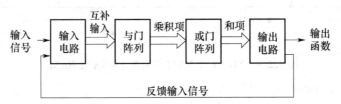

图 9.3.1　PLD 的基本结构

9.3.2　PLD 的逻辑符号表示方法

PLD 具有较大的与或阵列，逻辑图的画法与传统的画法有所不同。

1. 输入缓冲器表示

输入缓冲器可产生输入变量的原变量和反变量（见图 9.3.2），并提供足够的驱动能力。

2. PLD 器件中连接的表示

图 9.3.2　输入缓冲器

PLD 器件中连接的习惯画法如图 9.3.3 所示。图 9.3.3（a）表示永久性连接，又称为固定连接；图 9.3.3（b）表示可编程连接，其连接状态由编程决定；图 9.3.3（c）表示断开连接。

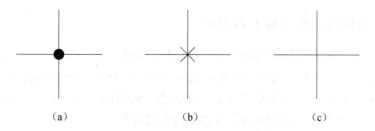

（a）　　　　　　　（b）　　　　　　　（c）

图 9.3.3　PLD 器件中连接的画法

3. 与门和或门的表示

为了方便逻辑图的表达，PLD 器件中与门和或门的逻辑表示如图 9.3.4 所示，图 9.3.4（a）表示 $F_1 = ABC$；图 9.3.4（b）表示 $F_2 = B + C + D$。

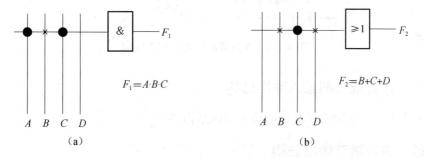

图 9.3.4　与门和或门的表示

9.3.3　可编程阵列逻辑器件（PAL）

PAL 采用双极型熔丝工艺，工作速度较高。PAL 是由可编程的与阵列、固定的或阵列和输出电路三部分组成。有些 PAL 器件中，输出电路包含触发器和从触发器输出端到与阵列的反馈线，便于实现时序逻辑电路。同一型号的 PAL 器件的输入、输出端个数固定。本节介绍 PAL 的几种基本结构。

一、专用输出基本门阵列结构

图 9.3.5 所示为 PAL 的专用输出基本门阵列结构。当输出为或门时为高电平有效 PAL 器件；为或非门时为低电平有效 PAL 器件；为互补器件时为互补输出 PAL 器件。

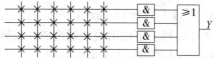

图 9.3.5　专用输出基本门阵列结构

二、带反馈的可编程 I/O 结构

图 9.3.6 所示为带反馈的可编程 I/O 结构。输出端为一个可编程控制的三态缓冲器。当 EN 为 0 时，三态缓冲器输出为高阻态，对应的 I/O 引脚作为输入使用；当 EN 为 1 时，三态缓冲器处于工作状态，对应的 I/O 引脚作为输出使用。输出端经过一个互补输出的缓冲器反馈到与逻辑阵列上。

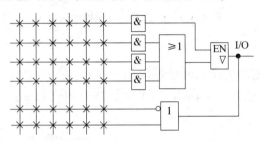

图 9.3.6　带反馈的可编程 I/O 结构

三、带异或门的输入输出结构

图 9.3.7 所示为带异或门的输入输出结构。

四、寄存器型输出结构

寄存器型输出结构如图 9.3.8 所示。它在或门输出后面接了一个同步 D 锁存器，锁存器 Q 端经三态门输出，用于实现计数器、移位寄存器等时序逻辑电路。

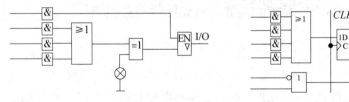

图 9.3.7　带异或门的输入输出结构　　**图 9.3.8　寄存器型输出结构**

9.3.4　通用阵列逻辑（GAL）

一、GAL 的结构特点

图 9.3.9 所示为 GAL 器件 GAL16V8 的逻辑图，它由与阵列、输出逻辑宏单元、输出缓冲器、反馈缓冲器和三态输出缓冲器组成，或阵列包含在输出逻辑宏单元中。GAL16V8 有 16 个输入引脚，8 个输出引脚。

GAL 与 PAL 的区别：

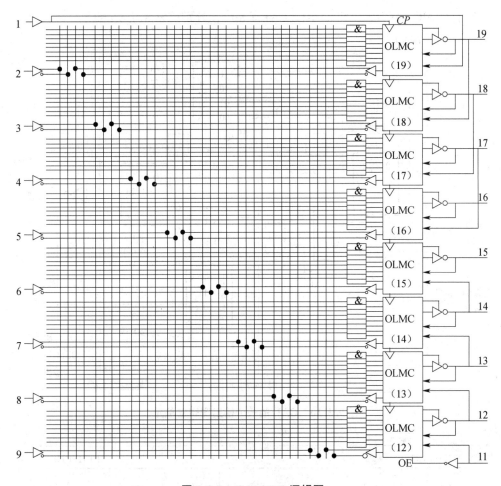

图 9.3.9　GAL16V8 逻辑图

（1）PAL 是 PROM 熔丝工艺，为一次编程器件，而 GAL 是 E^2PROM 工艺，可重复编程；

（2）PAL 的输出是固定的，而 GAL 用一个可编程的输出逻辑宏单元（OLMC）作为输出电路。

GAL 比 PAL 更灵活，功能更强，应用更方便，几乎能替代所有的 PAL 器件。

二、输出逻辑宏单元 （OLMC） 的结构与输出组态

图 9.3.10 是 GAL 的一个输出逻辑宏单元的逻辑图。其中的 （n） 表示 OLMC 的编号（输出引脚号）。

1. 结构控制字寄存器

图 9.3.11 是对 OLMC 编程的结构控制字寄存器，它有 82 位，两端各有 32 位为乘积项失效位，中间的 18 位为控制字，其中 SYN 和 AC_0 各占一位，同时控

制 8 个 OLMC。$AC_1(n)$ 和 $XOR(n)$ 各有 8 位，分别控制 8 个 OLMC。

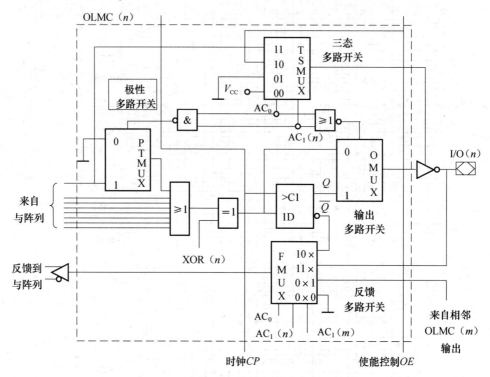

图 9.3.10 GAL 的一个输出逻辑宏单元

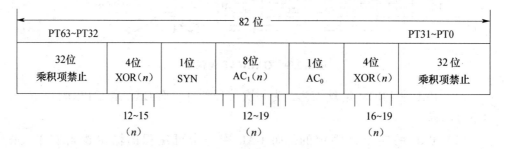

图 9.3.11 OLMC 编程的结构控制字寄存器

$XOR(n)$：是输出极性选择位。共有 8 位，分别控制 8 个 OLMC 的输出极性。异或门的输出 D 与它的输入信号 B 和 $XOR(n)$ 之间的关系为

$$D = B \oplus XOR(n)$$

当 $XOR(n) = 0$ 时，即 $D = B$；当 $XOR(n) = 1$ 时，即 $D = \overline{B}$。

SYN：由它决定 OLMC 是时序逻辑电路（D 触发器工作）还是组合逻辑电路（D 触发器不工作）。当 $SYN = 0$ 时，OLMC 为时序逻辑电路，此时 OLMC 中的 D 触发器处于工作状态，能够用它构成时序电路；当 $SYN = 1$ 时，OLMC 中的 D 触发器处于非工作状态，因此，这时 OLMC 只能是组合逻辑电路。这里要指出一点，当

SYN $=0$ 时，8 个 OLMC 均可构成时序电路，但并不是说 8 个 OLMC 都必须构成时序电路，可以通过其他控制字，使 D 触发器不被使用，这样便可以构成组合逻辑输出。但只要有一个 OLMC 需要构成时序逻辑电路时，就必须使 SYN $=0$。

AC_0、$AC_1(n)$：与 SYN 相配合，用来控制输出逻辑宏单元的输出组态。

2. OLMC 的工作模式

OLMC 的工作模式由可编程结构控制位 SYN、AC_0、$AC_1(n)$ 和 XOR(n) 决定，共有 5 种工作模式，如图 9.3.12 所示，分别为专用输入、专用组合输出、选通组合输出、时序电路中的组合输出和寄存器型输出模式。其功能如表 9.3.1 所示。

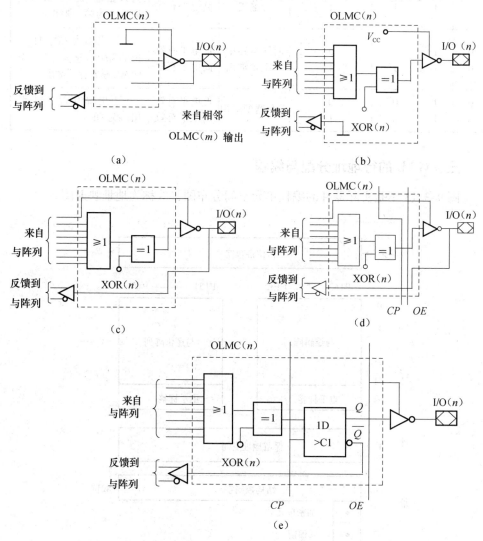

图 9.3.12　OLMC 的 5 种工作模式

(a) 专用输入；(b) 专用组合输出；(c) 选通组合输出；
(d) 时序电路中的组合输出；(e) 寄存器型输出

表 9.3.1　OLMC 的工作模式

SYN	AC_0	$AC_1(n)$	$XOR(n)$	工作模式	输出极性	备　注
1	0	1	×	专用输入	—	1 引出端和 11 引出端为数据输入，三态门不通
1 1	0 0	0 0	0 1	专用组合输出	低电平有效 高电平有效	1 引出端和 11 引出端为数据输入，三态门总是选通
1 1	1 1	1 1	0 1	选通组合输出	低电平有效 高电平有效	1 引出端和 11 引出端为数据输入，三态门选通信号为第一乘积项
0 0	1 1	1 1	0 1	时序电路中的组合输出	低电平有效 高电平有效	1 引出端为 CP，11 引出端为 $\overline{OE}$，至少另有一个 OLMC 是寄存器输出
0 0	1 1	0 0	0 1	寄存器型输出	低电平有效 高电平有效	1 引出端为 CP，11 引出端为 OE

三、GAL 的行地址分配与编程

图 9.3.13 不是实际器件的编程单元空间分布图，故称为地址映射图。

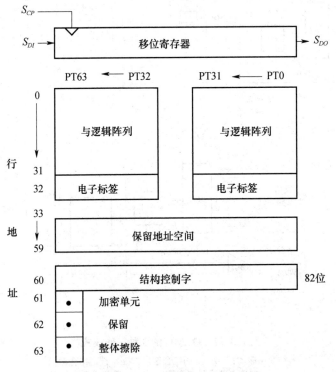

图 9.3.13　GAL16V8 地址映射图

SRL：82 位串行右移寄存器。

（1）在对器件编程时，用于把各位编程数据由 9 脚串行输入；在测试编程结果时，用于从阵列中读出编程数据，并由 12 脚串行输出。

（2）0～31 行为可编程与阵列的行地址，每行为 64（0～63）位数据位。

（3）第 32 行为 64 位电子标签，供用户标注说明。

（4）33～59 行为厂家预留的备用地址空间。

（5）第 60 行是 82 位的结构控制字，用于设定 OLMC 的组态和 64 个乘积项的禁止。

（6）第 61 行只有一位，是加密单元。对该单元编程后，就不能再对编程阵列进行修改和读出数据，从而对设计结果加以保密，避免被仿制。只有当芯片被整体擦除时，加密才能解除。

（7）第 63 行只有一位，是片擦除位，可使芯片恢复到编程前的原始状态。

9.3.5　复杂的可编程逻辑器件（CPLD）

CPLD 是阵列型高密度可编程控制器，其基本结构形式和 PAL、GAL 相似，都由可编程的与阵列、固定的或阵列和逻辑宏单元组成，但集成规模都比 PAL 和 GAL 大得多。

目前各公司生产的 CPLD 的产品都各有特点，但总体结构大致相同，基本包括三种结构：逻辑阵列块（LAB）、可编程 I/O 单元、可编程连线阵列（PIA）。如图 9.3.14 所示。

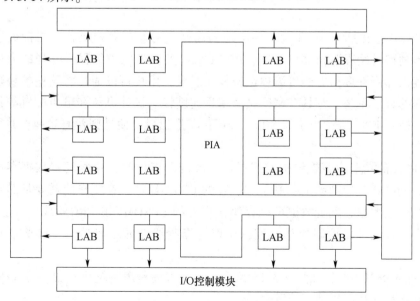

图 9.3.14　CPLD 的结构图

一、逻辑阵列块（LAB）

一个逻辑阵列块由十多个宏单元的阵列组成，而每个宏单元由三个功能块组成：逻辑阵列、乘积项选择矩阵和可编程寄存器。它们可以被单独地配置为时序逻辑或组合逻辑工作方式。如果每个宏单元中的乘积项不够用时，还可以利用其结构中的共享和并联扩展乘积项，用尽可能少的逻辑资源，得到尽可能快的工作速度。

二、可编程 I/O 单元

输入输出单元简称 I/O 单元，它是内部信号到 I/O 引脚的接口部分。由于 CPLD 通常只有少数几个专有输入端，大部分端口均为 I/O 端，而且系统的输入信号常常需要锁存，因此，I/O 端常作为一个独立单元处理。通过对 I/O 端口编程，可以使每个引脚单独地配置为输入输出和双向工作、寄存器输入等各种不同的工作方式，因此 I/O 端的使用更为方便、灵活。

三、可编程连线阵列

可编程连线阵列的作用是在各 LAB 之间以及各 LAB 和 I/O 单元之间提供互连网。各可编程阵列通过可编程连线阵列接收来自专用输入或输出端的信号，并将宏单元的信号反馈到其需要到达的目的地。这种互连机制有很大的灵活性，它允许在不影响引脚分配的情况下改变内部的设计。

9.3.6 现场可编程门阵列（FPGA）

FPGA 是 20 世纪 80 年代中期出现的高密度可编程逻辑器件。与前面所介绍的阵列型可编程逻辑器件不同，FPGA 采用类似于掩膜编程门阵列的通用结构，其内部由许多独立的可编程逻辑模块组成，用户可以通过将这些模块连接成所需的数字系统。它具有密度高、编程速度快、设计灵活和可再配置等许多优点，因此 FPGA 自 1985 年 Xilinx 公司首家推出后，便受到普遍欢迎，并得到迅速发展。

FPGA 的功能由逻辑结构的配置数据决定。工作时，这些配置数据存放在片内的 SRAM 或熔丝图上。基于 SRAM 的 FPGA 器件，在工作前需要从芯片外部加载配置数据。配置数据可以存储在片外的 EPROM、E^2PROM 或计算机软、硬盘中。人们可以控制加载过程，在现场修改器件的逻辑功能，即所谓现场编程。

FPGA 的基本结构如图 9.3.15 所示。它由可编程逻辑模块 CLB、输入/输出模块 IOB 和互联资源 IR 三部分组成。

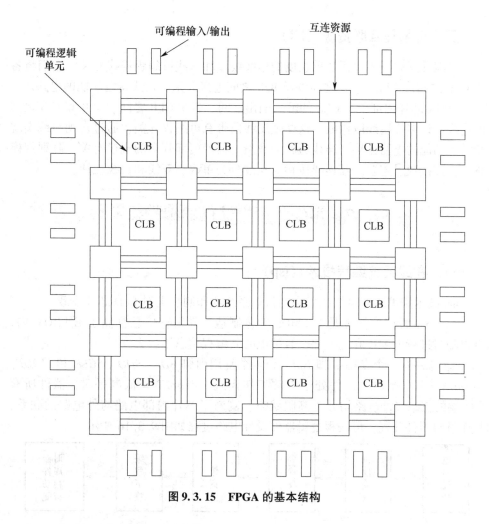

图 9.3.15　FPGA 的基本结构

一、可编程逻辑模块 CLB

可编程逻辑模块 CLB 是实现用户功能的基本单元，它们通常规则地排列成一个阵列，散布于整个芯片。可编程逻辑模块（CLB）一般有三种结构形式：（1）查找表结构；（2）多路开关结构；（3）多级与非门结构。它主要由逻辑函数发生器、触发器、数据选择器和信号变换四部分电路组成。

二、可编程输入/输出模块（IOB）

IOB 主要完成芯片内部逻辑与外部封装脚的接口，它通常排列在芯片的四周；提供了器件引脚和内部逻辑阵列的接口电路。每一个 IOB 控制一个引脚（除电源线和地线引脚外），可将它们定义为输入、输出或者双向传输信号端。

三、可编程互联资源（IR）

可编程互联资源包括各种长度的连线线段和一些可编程连线开关，它们将各个 CLB 之间或 CLB、IOB 之间以及 IOB 之间连接起来，构成特定功能的电路。

FPGA 芯片内部单个 CLB 的输入输出之间、各个 CLB 之间、CLB 和 IOB 之间的连线由许多金属线段构成，这些金属线段带有可编程开关，通过自动布线实现所需要功能的电路连接。连线通路的数量与器件内部阵列的规模有关，阵列规模越大，连线数量越多。互连线按相对长度分为单线、双线和长线三种。

9.3.7　可编程逻辑器件的编程技术

一、在线系统编程技术（isp）

isp 技术用编程器直接在用户的目标系统或印制板上对 PLD 芯片下载。

具有 isp 性能的器件是 E^2CMOS 工艺制造，其编程信息存储于 E^2PROM 内，可以随时进行电编程和电擦除，且掉电时其编程信息不会丢失。

isp 器件有一个专门引脚 $\overline{ispEN}$ 和 4 个复用引脚 SDI、SDO、$SCLK$ 和 $MODE$。当 $\overline{ispEN}$ = 高电平时，器件处于正常工作模式；当 $\overline{ispEN}$ = 低电平时，器件所有 I/O 端的三态缓冲电路均处于高阻状态，割断了芯片内部电路与外电路的联系，从而可对器件编程。可编程逻辑器件设计电路过程如图 9.3.16 所示

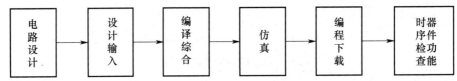

图 9.3.16　可编程逻辑器件设计电路过程

二、icr 编程技术

具有 icr 功能的器件采用了 SRAM 制造工艺，由 SRAM 存储编程数据。

事先把编程数据存放于外接 PROM、EPROM 或 E^2PROM 内，上电后由 PLD 器件本身控制 ROM 把数据装入片内，这称为主动型重构方式。

本章小结 <<<

（1）半导体存储器是现代数字系统特别是计算机系统中的重要组成部件，

可分为 RAM 和 ROM 两大类。

（2）RAM 是一种时序逻辑电路，具有记忆功能。其存储的数据随电源断电而消失，因此是一种易失性的读写存储器。它包含有 SRAM 和 DRAM 两种类型，前者用触发器记忆数据，后者靠 MOS 管栅极电容存储数据。因此，在不停电的情况下，SRAM 的数据可以长久保持，而 DRAM 则必须定期刷新。

（3）ROM 是一种非易失性的存储器，它存储的是固定数据，一般只能被读出。根据数据写入方式的不同，ROM 又可分成固定 ROM 和可编程 ROM。后者又可细分为 PROM、EPROM、E^2ROM 和快闪存储器等，特别是 E^2ROM 和快闪存储器可以进行电擦写，已兼有了 RAM 的特性。

（4）PLD 是指用户自行定义功能（编程）的一类通用型逻辑器件的总称。PLD 兼顾了通用型器件批量大、成本低和专用型器件构成系统体积小、可靠性高的特点，在科技开发中得到广泛的应用。

 习 题 <<<

9.1 ROM 有哪几种类型？各有什么特点？

9.2 只读存储器 ROM 和随机存取存储器 RAM 各有什么特点？

9.3 试用 6116(2 K×8 位) 存储器芯片组成一个容量为 8 K×8 位的 RAM。

9.4 试用两片 2114(1 024×4 位) 芯片组成 1 024×8 位的存储器。

9.5 试用 PROM 实现下列函数，画出相应的电路图：

$$F_1(A, B, C, D) = \sum m(1, 3, 6, 9, 11, 12, 15)$$

$$F_2(A, B, C, D) = \sum m(0, 5, 9, 10, 11, 13, 14, 15)$$

9.6 PAL 和 GAL 器件在电路结构形式上有哪些相同点和不同点？

《数字电子技术》
试题库 150 标准含解析

参考文献

［1］龙治红.电子产品调试与检修［M］.北京：北京理工大学出版社，2008.

［2］康华光.电子技术基础 数字部分［M］.5 版.北京：高等教育出版社，2005.

［3］杨志忠.数字电子技术基础［M］.北京：清华大学出版社，2004.

［4］阎石.数字电子技术基础［M］.4 版.北京：高等教育出版社，1998.

［5］于晓平.数字电子技术［M］.北京：高等教育出版社，2006.

［6］郑慰萱.数字电子技术基础［M］.北京：高等教育出版社，1997.

［7］朱强.数字逻辑电路［M］.北京：机械工业出版社，2005.

［8］陈大钦.电子技术基础实验［M］.2 版.北京：机械工业出版社，2000.